本专著是国家社会科学基金教育学青年项目"在线讨论中的动态知识共享机制研究"(项目编号：CCA130137)成果之一

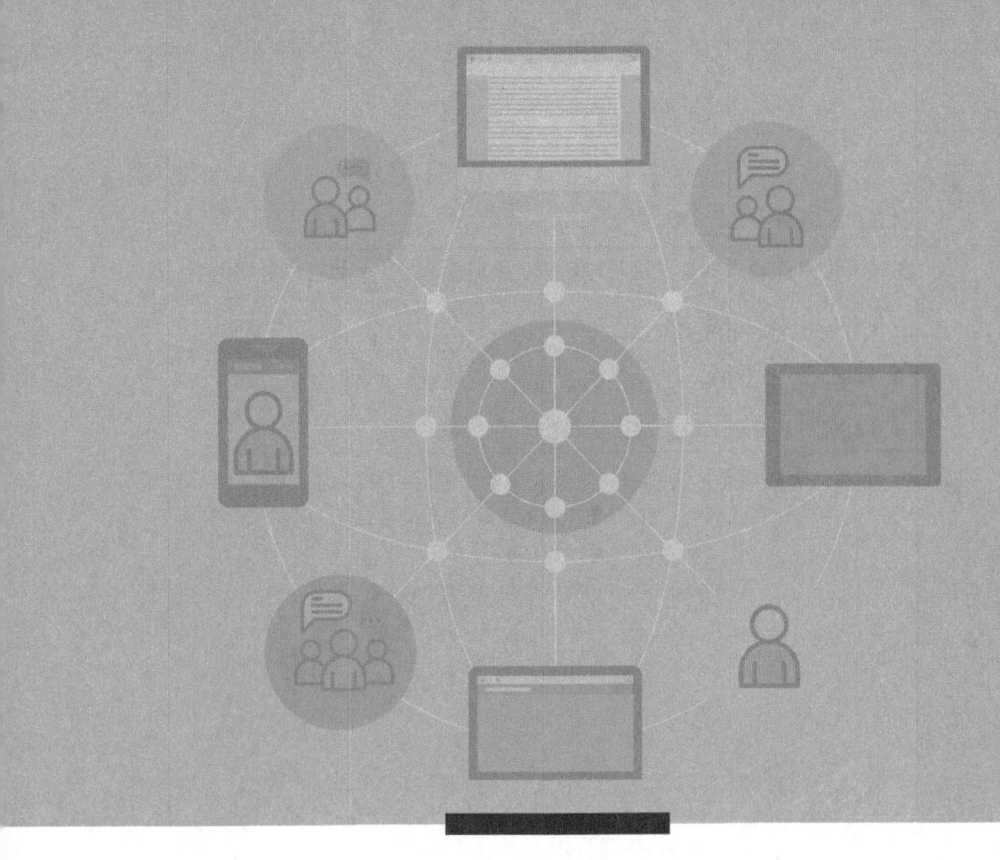

在线讨论中的
动态知识共享机制研究

詹泽慧 梅 虎 梁 婷 等/著

Research on Dynamic Knowledge Sharing
Mechanism in Online Discussion

科学出版社
北　京

图书在版编目（CIP）数据

在线讨论中的动态知识共享机制研究/詹泽慧等著. —北京：科学出版社，2018.10
ISBN 978-7-03-050155-4

Ⅰ.①在⋯　Ⅱ.①詹⋯　Ⅲ.①知识管理-研究　Ⅳ.①G302

中国版本图书馆 CIP 数据核字（2018）第 214317 号

责任编辑：杨婵娟　吴春花/责任校对：王　瑞
责任印制：张欣秀/封面设计：无极书装
编辑部电话：010-64035853
E-mail：houjunlin@mail.sciencep.com

科学出版社出版
北京东黄城根北街 16 号
邮政编码：100717
http://www.sciencep.com
北京中科印刷有限公司 印刷
科学出版社发行　各地新华书店经销
*
2018 年 10 月第 一 版　开本：720×1000　B5
2019 年 1 月第二次印刷　印张：17
字数：343 000
定价：98.00 元
（如有印装质量问题，我社负责调换）

序

  互联网时代，海量的信息和多样化的交流途径为各种类型的知识共享带来了极大的便利。人们通过互联网络，以在线讨论的形式交流互动、分享知识、解决问题，已经成为信息时代个体学习的重要方式。本书以社会化学习理论、知识管理理论、基于项目的学习理论、博弈论、复杂网络理论和信息生命周期理论为指导，系统开展了私下共享、团队共享、开放共享三个层次中知识共享的结构性研究、动态性研究和策略性研究，改变了以往仅从单一层面和静态视角分析知识共享过程的常规思维，丰富了社会化学习和知识管理理论的内涵，并为在线讨论活动的研究提供了从个体到群体层面、从静态至动态的立体分析框架。

  本书的特色之一在于归纳了私下共享、团队共享、开放共享的典型模式与知识流向，并在各层次知识共享模式横向比较的基础上，总结了知识共享的五大系统要素：目标要素、内容要素、结构要素、制度要素、技术要素，为在线讨论中知识共享的结构性机制提供理论支撑和实证数据。

  本书的特色之二在于对在线讨论中知识共享动态性机制的研究。本书以博弈论为基础，对基于项目的知识共享动态机制展开了研究，建立了私下共享、团队共享、开放共享三个层次的知识共享动态模型，基于项目生命周期理论对项目形成期、风暴期、稳定期、成果期、完结期的系统要素变化进行系统分析，以呈现基于项目的知识共享机制的动态过程。此外，专著对教学型虚拟社区和综合型虚拟社区的在线讨论情况进行社会网络分析（social network analysis, SNA），呈现了知识共享过程的时空动态性。

  本书的特色之三在于在策略性研究中同时考虑了"人的活动"与"人工智能"的融合。在结构性研究和动态性研究的基础上，建构了以学习支持、组织管理、知识管理、情感激励为核心范畴的知识共享促进策略，对三个层次的在线讨论分别提出了知识共享的促进策略。在"人的活动"方面，提出了在线讨论活动的话题设计、系统设计、流程设计、过程调整预案；在"人工智能"方面，提出了在线讨论中面向知识共享的智能推送与引导方案，通过实时采集学习者行为数据结合社会化标签，对学习资源、兴趣相关者、领域专家进行智能识别和推送，对在线讨论过程中的个体学习行为、社会学习行为和在线讨论文本进行有效反馈和引导。

总的来说，本书从多个层面系统研究了在线讨论中知识的动态共享问题，在社会化学习领域具有一定的参考借鉴意义。

徐福荫

2018 年 2 月

于华南师范大学

（徐福荫，教授，博士生导师，曾任国务院学位委员会教育学学科评议组成员、教育部高校教育技术学专业教学指导委员会主任委员、中国教育学会中小学信息技术教育专业委员会理事会名誉理事长。）

前　言

　　近年来，随着信息化设施的日趋成熟和终身教育理念逐渐深入人心，人们越来越多地利用互联网和各种移动终端进行学习和互动。根据中国互联网络信息中心（CNNIC）2018年1月31日发布的第41次《中国互联网络发展状况统计报告》公布的数据，截至2017年12月，我国网民规模已达7.72亿，相当于欧洲人口的总量，普及率达到55.8%。如此大规模的潜在在线学习者群体，每天都会在互联网上产生数以亿计的讨论信息。互联网成为一个巨大的舞台，通过在线讨论，人们可以更好地解决问题、寻求帮助、交流信息、碰撞观点、共享和创造知识。在学校教育中，在线讨论也是教师开展远程教育和混合学习的重要方式。通过在线讨论，师生可以随时随地地交流和探讨，深化和拓展课程内容的学习，对知识进行有意义的协作建构。

　　然而目前，我们对在线学习的研究，尤其是对在线讨论中知识共享机制的研究较少，远不足以满足我们对其有效应用的需要。现有研究大多处于对在线讨论的观摩和思辨阶段，缺乏深入系统的实证研究，尤其是对机制动态性的研究非常少。因此本书尝试在这方面做一些具体的工作，为有效促进在线讨论中的知识共享提供实证数据和设计策略。

　　写作本书主要有以下三方面的目标。

　　第一，对我们所做的阶段性工作做一个总结。近几年来，我们的团队在教学研究中开展过各种形式的在线讨论，也参与过不少类似的活动，通过在线讨论有效地建构知识和解决问题。在我看来，在线讨论是一种极其重要和普遍存在的非正式学习形式，也是全球化时代全民知识共享的重要方式。怎样提高在线讨论的效果，从个体层面到开放层面促进各层次的知识共享，将是每个学习者和教学实施者需要面对的重要问题。我们希望对这一问题进行深入的探讨，并给出一套可行的策略，指导多个层次在线讨论活动的设计、组织与实施。

　　第二，系统梳理基于在线讨论的理论和分析方法。在各类教学中，我们可以收集到许许多多现成的在线讨论数据，无论是同步的、异步的、文本的、语音的，都蕴含着大量的学习规律有待我们去探索。研究者曾开发过一系列的分析工具（如编码表、量表等），但大多是基于具体的研究问题和情境，而且缺乏对动态性的考量。本书将从结构性和动态性两个角度，结合社会网络分析和生命周期理论进行分析，为同类研究提供参考。

第三，结合人工智能领域思考促进在线互动的智能化方案。随着大数据时代的到来，人工智能已经渗透到各行各业。本书提出一个智能代理模型，旨在通过技术赋能，使在线讨论更便捷和智能化，互动性更强，也有助于减轻助学者的负担。在线讨论的智能代理可以起到监督、引导、推送、组织、召集等作用，让学习者在更受关注的环境下学习。

本书主要探讨在线讨论中知识的流动方式、在线讨论参与者和组织系统各构成要素在知识共享过程中的动态关系，以及学习活动的设计和实施者协助学习者达到既定学习目标的过程、方法和路径。具体的研究内容包括：在线讨论中知识的基本流向研究，知识共享博弈模型和动态机制的研究，在线讨论中的知识共享策略的提出，以及验证策略的可行性和有效性。全书分为四篇十三章。

第一篇是绪论篇，包括第一章和第二章，介绍了研究的背景、问题的提出、概念界定、相关理论、研究内容和意义及思路和方法，提出整体研究框架。

第二篇是结构性研究篇，包括第三章至第六章，分别对私下共享层次、团队共享层次、开放共享层次的知识共享机制进行探讨，分析各层次下知识共享的对话形式、共享模式、知识流向等，通过实证研究论证分组策略对团队知识共享、团队绩效和个体成绩的作用与影响，展示了开放型知识共享的时空维度、社会网络和小世界特征，并对大规模开放教育课程的知识共享机制进行实证研究，提出在线讨论中知识共享的系统要素。

第三篇是动态性研究篇，包括第七章至第十章，以生命周期理论和社会网络分析方法为基础，对基于项目的动态知识共享机制、教学型虚拟社区和综合型虚拟社区的动态知识共享机制予以分析，呈现群体共享的动态过程。

第四篇是策略性研究篇，包括第十一章至第十三章，归纳出在线讨论中各层次知识共享的基本策略，然后从在线讨论活动的设计与组织（人的活动）和在线讨论中面向知识共享的知识推送（人工智能）两方面提出具体的策略和模型。

本书是在国家社会科学基金教育学青年项目"在线讨论中的动态知识共享机制研究"（项目编号：CCA130137）和国家自然科学基金面上项目"移动学习行为感知下教育资源语义组织与存储优化研究"（项目编号：61370178）的资助下完成的。本书的撰写由项目研究团队共同努力完成，其中詹泽慧负责全书各章的撰写、梳理和统稿工作；梅虎参与了第五章和第十章的撰写；梁婷参与了第九章和第十章的撰写；和文昌参与了第十一章的撰写；杜佳雪参与了第十二章的撰写；黄建冬参与了第十三章的撰写。常旭华、陈亚芝、马子程、詹春燕、邵芳芳、李怡、麦子号、戴莎莎参与了书中实验的实施、模型的建构或资料文献的整理工作。詹宏基、段永丹参与了全书的查错和修订工作。

本书是近几年来项目研究团队相关成果的一次集中呈现，我们尽可能地考虑到各

前　言

方面的细节，然而也深知这一课题还有许多地方有待更进一步深入。此外，本书也预留了一些后续研究的空间，如学习者在线互动中学习分析工具的开发，过程性数据的收集与处理方法，智能代理的协作模式，等等，都将是我们后续研究的努力方向。对于本书中的不足之处，也请各位专家学者不吝赐教。

詹泽慧

2018 年 2 月

于华南师范大学

目　　录

序 ·· i
前言 ··· iii

绪　论　篇

第一章　导论 ·· 3
　　第一节　互联网时代非正式学习的困惑 ··· 3
　　第二节　在线讨论引发的思考 ·· 4
　　第三节　在线讨论中知识共享过程的黑箱 ··· 7
　　第四节　概念界定 ·· 9
　　第五节　动态知识共享机制的研究意义 ·· 11
　　第六节　知识共享动态机制的研究思路与方法 ····································· 12

第二章　理论基础 ··· 13
　　第一节　社会化学习理论 ·· 13
　　第二节　知识管理理论 ··· 14
　　第三节　基于项目的学习理论 ··· 17
　　第四节　博弈论 ··· 18
　　第五节　复杂网络理论 ··· 19
　　第六节　信息生命周期理论 ·· 22

结构性研究篇

第三章　私下共享 ··· 27
　　第一节　一对一共享的对话形式 ··· 27
　　第二节　一对一共享的过程模式 ··· 28
　　第三节　一对一共享中的教师参与 ·· 31

vii

第四节　一对一共享的知识流向 ··· 32
　　第五节　本章小结 ··· 34

第四章　团队共享 ··· 35
　　第一节　团队共享的模式 ··· 35
　　第二节　团队共享的知识流向 ··· 38
　　第三节　实证研究：团队性别结构对知识共享和个体绩效的影响 ········· 40
　　第四节　本章小结 ·· 51

第五章　开放共享 ··· 53
　　第一节　开放共享的形式与知识流向 ··· 53
　　第二节　开放共享的社会网络 ··· 54
　　第三节　开放共享网络的小世界特征 ··· 57
　　第四节　开放共享网络中知识共享的优化思路 ································· 61
　　第五节　实证研究：大规模开放在线课程中的知识共享 ····················· 63

第六章　在线讨论中知识共享的系统要素 ··· 73
　　第一节　各层次知识共享的特征比较 ··· 73
　　第二节　知识共享的模式 ··· 74
　　第三节　在线讨论的知识流向 ··· 75
　　第四节　知识共享的系统要素 ··· 77

动态性研究篇

第七章　基于项目的动态知识共享机制 ··· 83
　　第一节　基于项目的知识共享博弈 ·· 83
　　第二节　基于项目生命周期理论的知识共享激励机制 ························ 94

第八章　教学型虚拟社区的动态知识共享机制 ·································· 104
　　第一节　虚拟社区概述 ··· 104
　　第二节　教学型虚拟社区知识共享实证研究 ·································· 111
　　第三节　本章小结 ·· 127

第九章　综合型虚拟社区知识共享的生命周期 ·································· 128
　　第一节　研究设计 ·· 128
　　第二节　数据收集与编码 ··· 131
　　第三节　虚拟社区共享知识的生命周期 ·· 134
　　第四节　本章小结 ·· 147

目　录

第十章　综合型虚拟社区的知识互动网络分析　148
- 第一节　知识互动的分析指标　148
- 第二节　知识互动网络分析　151
- 第三节　互动行为与参与者类型分析　160
- 第四节　综合型虚拟社区知识共享动态机制小结　170

策略性研究篇

第十一章　在线讨论中知识共享的基本策略　179
- 第一节　在线讨论中知识共享支持策略的设计思路　179
- 第二节　私下共享促进策略　182
- 第三节　团队共享促进策略　189
- 第四节　开放共享促进策略　195
- 第五节　本章小结　203

第十二章　在线讨论活动的设计与组织　205
- 第一节　在线讨论活动的话题设计　205
- 第二节　在线讨论活动的系统设计　209
- 第三节　在线讨论活动的流程设计　215
- 第四节　在线讨论活动的过程调整预案　219
- 第五节　本章小结　220

第十三章　在线讨论中面向知识共享的智能推送与引导　222
- 第一节　相关研究综述　222
- 第二节　在线讨论中学习者行为数据的收集　224
- 第三节　在线讨论中的社会化标签　225
- 第四节　面向知识共享的智能推送　226
- 第五节　对在线讨论过程的智能引导　229
- 第六节　本章小结　232

参考文献　233

附录　论坛数据获取的代码　250

绪 论 篇

第一章　导　论

第一节　互联网时代非正式学习的困惑

互联网时代，人类社会知识呈指数化增长，伴随着日新月异的信息技术发展，各门各类的信息和资源蜂拥而至，让人应接不暇。几乎每个人每天都可以通过计算机、平板电脑、手机甚至移动穿戴设备等互联网终端获得海量的信息。然而，广阔的信息来源和巨大的信息体量给人们带来的，除了学习渠道多元化和信息获取的便利以外，更多的却是茫然和不知所措。有这么一句话道出了人们的心声："我们身处在信息的海洋中，却因为缺少知识而饥渴。"

互联网上产生了碎片化的海量知识，这些碎片化知识具有多源分布、传播的社会性、无序与非完整性、冗余与隐喻等特点（汪建基等，2017）。人们常常采用"快餐式"的学习方式对其进行消化和加工。然而，长期接受碎片化的信息，却容易简化原有的复杂思考。过去大量研究表明，"有用的知识"不可能是一连串无联系的事实（Chase and Simon，1973；Chi et al.，1981），专家的知识总是围绕重要概念联系和组织起来。我们所掌握的信息及信息之间的相互关联，组成一张复杂网络，就形成了每个个体独特的知识结构。当一个学习者在接受碎片化的信息时，仅仅只是在扩充零散的信息，却没有增加信息之间的关联。长此以往，其知识结构就会变成一张散点图，知识点之间缺乏联系，难以形成一个体系化的知识网络。而所获得的这些碎片化的信息，缺少与其他信息的联系，难以被加工和提取。而提取得少的内容，更容易被提取得多的内容挤压在记忆的底部。因此，这些碎片化的信息极其容易被遗忘。最终的结果就是：感觉学到了很多，但却想不起来。

这正是互联网时代许多非正式学习者都存在的困惑。王竹立（2011）指出信息超载和知识碎片化是 21 世纪人类学习面临的两大挑战。在互联网环境下，个体学习的方式更加多元化，知识的传播路径也更加错综复杂。同时，互联网为我们提供了更多的互动方式。在碎片化知识泛滥的时代，在线学习者需要更多的有效互动，来组建自己的知识网络，而不仅仅是面对互联网，沉浸在"获得新知"的刺激中。如何帮助学习者在互联网环境下有效地建立个人的知识体系，如何在个体层面上达成知识的有效管理，同时又利用好互联网所提供的便捷的知识传播和群体互动环境，使知识在群体互动中有效共享，这将是本书希望探讨的关键问题。

第二节　在线讨论引发的思考

在一门计算机基础课程的在线互动平台中，学生正在就电子表格中的特殊功能进行讨论。

学生A：怎样把Excel中的两列合成一列？

学生B：好像没什么好办法，直接手动输入吧！

学生A：不行啊，有1000多行呢！

学生C：复制、粘贴到笔记本电脑，再粘贴回Excel试试？

学生D：那也很折腾，要不先自动筛选，然后同一类型的一起粘贴，省点时间……

学生E：也快不到哪去，始终还是要一条条记录进行粘贴。

学生F：我好像看过一个函数，你试试使用&命令符。

学生A：怎么用呢？

学生F：例如，你在A这一列是序号"1、2、3、4"等，在B这一列是文字"老虎、狮子、大象、鳄鱼"，那么你在C4这一格输入公式=A4 & B4。按Enter键，列C显示的结果为："1老虎"这样的形式……

学生A：让我试试看。

学生B：我试了，还真的可以。

学生A：厉害！谢谢！

在另一门人工智能课上，学生就卷积网络的理解问题产生了以下讨论。

学生A：请问有人用py-faster-rcnn吗？

学生B：我用过，有什么问题吗？

学生A：96个卷积核是如何作用在RGB三个层上的？

学生C：96->256是256个卷积核，一个卷积核大小是kernel_size×96。

学生B：因为卷积核是三维的，直接三维矩阵相乘即可，如果当作二维的卷积核就很难理解了。

学生A：是用一个卷积核作用在RGB三个层的同一个位置相加，还是每次用三个不同的卷积核作用在三个层上?

学生 A：我这样的理解就是当成二维了吗？我是在想它是怎么实现的。

学生 B：一个卷积核一次就可以作用在 RGB 三个通道上，其实就是两个三维的矩阵做乘积，用二维的方式理解不是一个好策略。

看到这些讨论，我们觉得非常有意思。

第一，可以确定在线讨论是迅速获取知识的有效方式。通过在线讨论，发问者顺利地找到了问题的解决方法，其他参与讨论的同学也可从中受益。学生通过在线协作学习平台共享知识、集思广益，相互学习和共同进步。事实上，在线讨论目前已经成为信息时代人们相互交流与学习的重要方式。人们日常的大部分知识都是通过非正式学习获得的（Quinn，2009），而在线讨论是信息化时代非正式学习最重要的方式，具有投入成本低、学习产出高的特点（图1-1），且这种形式的学习比重会随着学习层次和经验层次的提高呈上升趋势（图1-2）。同时，互联网和越来越智能化的知识管理工具为在线讨论的开展提供了更多的机会和可能性，学习者可以在讨论中更好地完成知识的共享与合作建构，且不受时空的限制，可以在任何情境下开展。

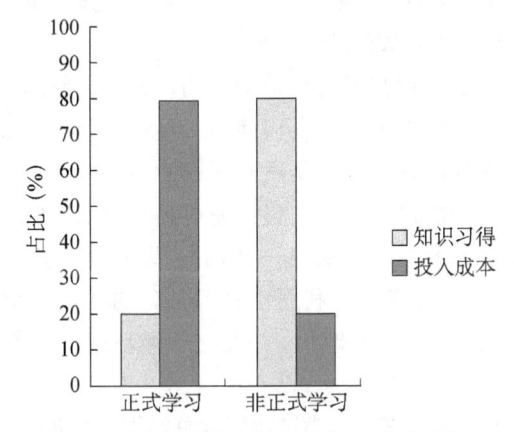

图 1-1 非正式学习的低投入高产出特点

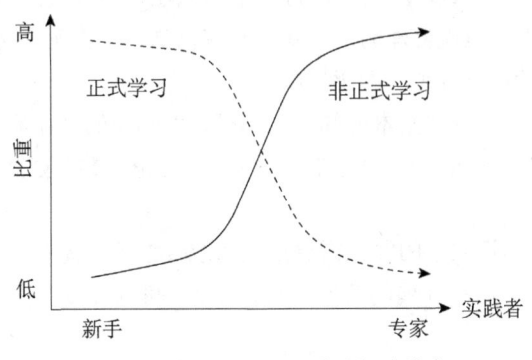

图 1-2 非正式学习比重随经验增大

第二，知识本身具有社会建构性。高文和裴新宁（2002）曾指出知识的社会建构性是知识"客观-建构"和"个人-社会"两个维度交叉之后的一种取向。这种取向源于苏联著名心理学家维果茨基关于心理发展的社会文化理论。该理论强调知识的社会本质，主张知识源于社会的意义建构，学习者应在社会情境中积极地相互作用，学习是知识的社会协商，因此需要频繁地互动和对话，学习者在各自的最近发展区中解决问题，建构知识。因此知识建构的过程，不仅需要个体与物理环境的相互作用，更需要通过学习共同体的讨论互动、协商合作和知识共享来完成。

第三，基于在线讨论的学习过程通常是问题导向学习的范式。学习者有机会把工作生活中遇到的实际问题与专家或同伴进行在线讨论，在解决真实情境中所遇到问题的过程中进行学习。这一范式的优点在于：有利于弥补学校正规教育中按学科完整体系授课而缺乏针对性指导，学生解决实际问题能力弱化的不足。根据学习科学的观点，知识习得来源于实践经验的积累，且需要建立在已有知识的基础之上。在讨论中，通过对话和互动，形成参与者的经验和知识共享，有助于个体完成知识的多层次建构。然而，问题导向式的学习也存在一些问题，如仅对若干问题进行深度探索难以令学习者形成完整的知识体系，又如学习者在讨论解决某一问题后，再次面临相似问题却仍旧束手无策，知识没有发生有效的迁移。

第四，在线讨论中的知识共享过程是动态的、不断调整的。在线讨论所涉及的主题有些是明确的问题，但大多是非良构问题，没有确定的答案，甚至连问题本身的正误也难以确定。在线讨论中，不是所有问题的相关信息都能在一开始就完全呈现在问题解决者面前。问题信息的不完整性使得揭示和明确问题的本质并给出解决方案的过程变得十分复杂和困难（吴忭，2016）。因此，需要问题解决者在参与讨论的过程中不断识别关键的信息，利用自身已具备的知识经验进行推测，产生假设—验证假设—重新推测—重新验证，并在这一循环过程中参与知识的共享和协作建构。

源于这些思考，我们认为有必要尝试探索并总结面向知识共享的在线讨论的相关理论、设计方法和评价工具，厘清在线讨论中知识在各系统载体间的流动方式，建立动态的知识共享模型，呈现合理的动态知识共享机制，在实证研究中加以修订、调整和验证。我们主要对以下几个问题感兴趣。

1）在线讨论中存在哪些基本的知识共享模式？知识的具体流向是怎样的？

2）在线学习者是通过什么方式与他人分享、讨论、共同建构知识，从而形成集体智慧的？

3）在线讨论中知识共享的发生需要哪些系统要素的支撑？

4）随着在线讨论活动开展的时间进程，学习者的知识共享行为将会发生哪些动态变化？

第三节　在线讨论中知识共享过程的黑箱

毋庸置疑，在线讨论是远程学习环境下进行探究、思考、互动及实现知识共享的主战场，也是远程互动中不可忽视的核心环节。不同于传统的面对面互动，在线讨论过程中，由于视觉、听觉、触觉等社交线索的缺失（刘黄玲子和黄荣怀，2005），讨论过程的交互更多地需要以文本的方式进行呈现。大量研究表明，基于文字书写的在线交流方式对开发学习者的思维十分有益（Tsui，2002），尤其是学习者回复或者反馈别人所书写信息的过程，对于促进各类高级思维，如批判性思维、概括性思维、分布式思维、创造性思维等（李银玲，2010）的培养非常有利。

在线讨论的形式非常丰富，主要体现在其终端、媒介和平台的多样性上。①终端的多样性。传统的讨论模式是在合适数量的人群之间所进行的面对面的讨论，而在线讨论的终端可以是台式电脑、智能手机、平板电脑等，可以实现学习者随时随地的互动。②媒介的多样性。随着信息技术的不断进步，在线讨论主题内容已经具备富媒体的性质。文字、音乐、视频、链接都可以较轻易地在讨论中被使用，增加讨论内容的趣味性和形象性。③平台的多样性。在线讨论可以将 E-mail、贴吧、WIKI、聊天室、BBS、论坛、博客、微博、微信、QQ 群等作为平台，而且随着社会化软件的不断涌现，平台上的互动功能还在日益增加，为知识共享的实现提供了更多的可能性。

在技术支持的环境下，在线讨论比传统的面对面讨论更有利于知识共享。第一，在线平台可以实时保存学习者讨论的内容，便于回顾、浏览和反思。第二，在线环境为每一个学习者提供了公平的参与机会，即所有人的话语权是对等的，不存在面对面讨论中只有少数人能有发言机会的情况。第三，突破了时空的限制，学习者可以随时随地参与讨论，不必担心时间和地域的问题。第四，非面对面的讨论形式可以降低参与者的心理压力，有利于参与者大胆表达思想和观点。反馈和应答之间的时间差也可以为参与者提供更多的思考时间，促进深度的学习和知识的共享。

然而事实上，目前许多在线讨论的开展情况并没有人们预想中的那么好，甚至离我们期望的目标还有很大的距离。闫寒冰等（2018）认为在线讨论质量不尽如人意的重要原因是缺乏正确的在线讨论质量管理方法，以发帖量、点击数、回帖量为主的质量分析方法助长了平庸帖子的增加。王文娇（2015）将在线讨论中出现的常见问题归纳为以下几方面。

一是讨论的参与度不够。很多讨论主题下的回帖量寥寥可数，有些主题帖下看似回帖总量不少，但是细看发帖人就会发现真正发表观点、进行深度互动的总是那么一个小群体,"发帖—阅读—回复"的互动过程只是在某一个小群体之间循环,很多帖子内容空泛,还有很大一部分学员在该主题下根本没有参与讨论。

二是讨论缺乏深度。许多网络课程在线讨论看似活跃,但其实大部分回帖很简单,学习者到论坛发帖只是为了"例行公事",为完成学习任务上"发帖量"的要求。有些回帖虽然字数很多,看起来一大段,但仔细阅读就会发现帖子中有很多超量冗余信息,许多都是在重复表达同一内容。学习者并没有达到深度思考的目的。

三是参与讨论的学习者之间的互动不强。他们往往只是把这个主题帖当作测试卷中的一个简答题来回答,针对主题认真地发表了自己的观点,发布完就离开了该讨论,而并没有意识到这是一个协作的群体交流。参与讨论后不会主动地浏览、回复他人的回帖,与学友、助学教师的交互只停留在第一个交互层面。

四是讨论与主题缺乏相关性或偏离主题。在线讨论中,学习者发布的回帖偏离讨论主题的方向、迷失讨论焦点和主题改变是很常见的现象,主要表现有:学员为达到要求,过于关注帖子的数量而非质量;帖子缺乏原创性;发布一些与讨论主题无关或相关性很小的内容,游离于讨论主题之外等。

五是讨论话题质量不高。讨论话题一般是由课程教师或助学教师为促进学习者对课程内容的深层次理解而设计的。以上所说的学员在在线讨论中出现的参与度不高,讨论深度不够及讨论与主题缺乏相关性等问题有时很有可能是因为这个讨论主题本身设计不好。例如,讨论主题设置只是对课程知识点的简单重复,没有广度和深度;讨论主题本身不具有发散性,限定了学习者的思维,不便于学习者进行深度的讨论,讨论主题缺乏学习者视角的关注焦点,导致学员参与讨论的积极性不高等(Bonk and Graham,2006)。这些问题的存在,使得在线讨论难以达成有效的知识共享。

目前,在线讨论中的知识共享过程一直没有得到全面系统化的研究,呈现在我们面前的仍然是黑箱状态。虽然在在线讨论平台上可以凭借技术手段,为学习者加入学习共同体、在线知识库、资源库等元素。这些元素可以在资源描述框架和本体论等关键技术的基础上为知识共享提供有利的条件,但其存在却往往并不足以激发学习者的知识共享动机和改善学习者群体的知识共享行为(Ma et al., 2014)。

现有文献对知识共享的研究大多针对单一时间点或者静态结构下组织成员的共享问题,而知识共享本身是一种过程性行为,其动态属性明显。而且在线讨论本身也是一个由多要素、多环境、多子系统交互作用形成的系统有机体,总是处于动态的发展和变化过程中。对动态机制的研究有助于更清晰准确地呈现在线讨论中知识共享的真实状态。如果忽略了在线讨论中学习者知识共享行为的动态性,就难以根据其变化提供相应的促进策略,也难以保证在整个在线讨论过程中系统的知识共享机制具备最佳的状态。

此外,知识具有流向性,且其流向是有规律可循的(Zhuge,2002)。在在线讨论过程中,知识可以从传授型载体(教师、多媒体教学软件等)流向吸收型载体(学生),

可以从高位载体（有先验知识的学生、优等生等）流向低位载体（先验知识不足的学生），可以在外向型载体（活跃型学生）与内敛型载体（反思型学生）之间流动，其流动方式还会受到环境的影响，如网络环境和移动环境下知识的流动路径和共享方式均会有所区别，需要综合考虑。

第四节 概念界定

一、在线讨论

在线讨论（online discussion）在本书中泛指学习者、学习团队或学习组织针对某一主题在线形式展开的讨论。随着信息技术的发展，在线讨论的开展越来越便利，也越来越多地被运用于教学中。本书涉及的在线讨论案例包括QQ群中的实时讨论，以及课程论坛、微博、虚拟社区中的异步讨论。前者具有较大的活跃信息量、自由度且时效性较高，但结构松散、冗余信息较多；后者的互动频率较低，但信息结构较规整。

二、知识共享

知识是本书的核心概念之一。Polanyi（1966）曾根据知识的特性将其分为内隐知识和外显知识两种。内隐知识存在于个人的经验与行动中，难以向其他人具体表达；外显知识以符号或语言编辑从而容易模仿，"个人所知道的比他自己能清晰表达出来的要多得多，这是因为有一部分知识是非言语的、直觉的或者不能用言语清楚地表达的"。对知识类型的这一划分方法成为日后众多学者研究知识及知识相关行为的重要依据，如 Nonaka（2000）、Alavi 和 Leidner（2001）等。

在整个知识管理体系中，知识创造、知识编码、知识共享、知识创新、知识应用构成其主要部分。知识共享最早是知识管理的核心内容，它是指组织的员工或内外部团队在组织内部或跨组织之间，彼此通过各种渠道进行知识交换和讨论，其目的在于通过知识的交流，扩大知识的利用价值并产生知识的效应（丁超和王运武，2017）。知识共享的关键和核心就是隐性知识的传播。只有通过知识共享，个体知识才能达到价值利用的最大化（刘岩芳和贾菲菲，2017）。网络学习空间中的知识共享是个体间知识交换的过程，个体获得有价值的资源为成员间的互动提供了动因，知识交换的过程调节成员间的互动，促进成员间学习网络和个体关系网络的形成，其目的是个体之间互惠并获得共同发展（张思，2017）。知识共享是知识管理各个环节中的关键一环（Wang and Noe，2010），任何个体或组织的知识若无法通过一定的方式和工具实现共享，那么知识将不能实现其应有的价值（宝贡敏和徐碧祥，2007）。过去学者对知识共享定义的认识主要体现为以下三种观点（王东，2010）：一是知识共享的转移说。将知识共享看作是知识在个体与组织间的转移过程，这种观点强调的是知识共享行为的发生，在组织内部知识提供者发生了将个体知识贡献出来与其他个体和组织共享的行为，如 Bartol 和 Srivastava（2002）认为知识共享是知识提供者向知识接受者共享组织的相关信息、观点、建议和专长；Connelly 和 Kelloway（2003）认为知识共享是关于交换信息或帮助他人的一组行为；van den Hooff 和 de Ridder（2004）认为知识共享是个体间相互交换他们的（显性和隐性）知识并联合创造新知识的过程。二是知识共享的转化说。将知识共享看作是知识的转化过程，强调知识吸收者对知识的理解和内化，如 Ipe（2003）将个体间的知识共享定义为个体的知识转化是可以被其他个体理解、吸收和使用的过程。三是知识共享的建构说。认为知识共享的过程不是单一的从提供者到接受者，也不仅仅是对信息、观点、建议的分享，而是一个共同建构的过程，知识的接受方需要掌握信息的内涵，并能够应用其从事学习、工作、研究，将之建构为个人知识系统的一部分（林东清，2005），知识提供者在共享知识的同时，也可通过与接受者的互动交流对原有知识进行调整完善，使个体知识得到升华，甚至是进行知识的创新。

本书对知识共享的概念是以知识共享的建构说为基础的。我们认为知识共享并不仅仅是知识的转化或转移，而是在线讨论参与者进行社会化协作建构的完整过程。互动双方对知识的协同吸收、掌握、应用、创新才是知识共享的真正价值所在（van den Hooff and de Ridder，2004）。知识共享的内涵取广义的界定，既包括对信息、观点、建议的分享，以及学习者之间的协作交流、观点交换、求助互助等，又包括知识的梳理、积累、协作建构、问题解决、知识应用和创新。

三、动态机制

根据《新华词典（第 4 版）》的释义，"机制"原指机器的构造和动作原理，后来被生物学、医学等借指生物功能的内在工作方式，包括有关生物结构组成部分的相互关系，以及各种变化过程的物理化学性质和相互关系。现在"机制"一词已经衍生到自然科学和社会科学的各个领域，泛指促进事物发展变化的内部机能和功效。从这个概念出发，机制包括两个基本含义：一是指事物组成的方式；二是指事物发展变化的规律。

知识共享动态机制是在线讨论平台上知识传播、发展和创新的调节器。机制到位，就会对学习者行为产生有效的协调、约束与激励，使系统处于良好的运行状态，且共同体内的知识达到加成效应，促进不同知识在不同学习者和群体之间充分流动，减少知识生产的重复性投入，以最大限度地节约知识获取成本。本研究针对的是在线讨论中知识共享的动态机制，在时间维度下考虑各类在线讨论中影响知识共享的各因素的作用机理，一方面包括在线讨论中影响知识共享的组成要素和要素间的关系；另一方面包括各要素在讨论过程中的变化和相互作用。通过对在线讨论的知识流向、学习者和组织系统各构成要素在知识共享过程中的动态关系开展研究，厘清学习者在开展在线讨论的整个生命周期中与系统各元素间相互关系、相互作用所产生的促进、维持、制约知识共享的因素，并以此分析在线讨论的设计者和实施者在协助学习者通过知识共享达到既定学习目标的过程、方法和路径。

第五节　动态知识共享机制的研究意义

本书采用内容分析和社会网络分析的方法，探索并总结在线讨论中知识的流动方式，建立合理的知识共享模型，动态地呈现在线讨论中的知识共享机制，在理论上将弥补现有文献对在线讨论的知识流向和动态共享机制研究的缺失，所总结的知识共享机制可以作为范式供后续研究者研究在线讨论时参考借鉴。在实际应用中，本书所提出的动态知识共享机制可以为尝试开展在线讨论或建立在线学习共同体项目的一线教师、培训师、高校教学管理者、企业培训决策者及系统设计开发者提供参考。

知识是教与学的核心。在线讨论系统中的知识流向较为复杂，而知识流向对系统的整体运作和知识的共享起着非常重要的作用。只有厘清知识流向的规律，才能据此调整在线讨论的引导和设计，使得在线讨论中知识传播的方式符合学习者的群体需求。对学习者而言，有效的知识共享机制可以对个体行为产生有效的协调、约束与激励，促进隐性知识向显性知识的转化，提升学习效果。对系统而言，知识共享机制是在线平台上知识创新、传播和发展的调节器。机制到位，系统就会处于良好的运行状态，使共同体内的知识达到加成效应，促进知识在不同学习者和群体之间充分流动，促进知识共享的发生，减少知识生产的重复性投入，以最大限度地节约知识获取成本。

此外，知识共享的机制不是静态的，而是随着时间的推移和知识的流动不断发生变化和调整，因此对机制动态性的研究非常必要。目前，学界对知识共享的研究大多针对单一时间点或者静态结构下组织成员的共享问题，而知识共享本身是一种过程性行为，其动态属性明显。同时，在线学习共同体本身也是一个由多要素、多环境、多子系统交互作用形成的有机体，总是处于动态的发展和变化过程中。对动态机制的研究有助于更清晰准确地呈现在线讨论中知识共享的真实状态。

第六节　知识共享动态机制的研究思路与方法

本书的基本思路如下：首先，将质性研究与定量分析相结合，从静态的结构性研究入手，厘清在线讨论的知识流向并建立知识共享概念模型；其次，加入时间序列的研究，在多个时间点取样进行动态性研究，应用追踪数据方法生成在线讨论的动态知识共享模型并深入研究学习者知识共享意向和行为的作用机制；最后，在对机制深入理解和准确分析的基础上完成策略性研究，从个体、团队、组织三个层面提出在线讨论的知识共享策略。本书技术路线如图 1-3 所示。

结构性研究
- 在线讨论中知识的基本流向　案例分析/内容分析
- 在线讨论中知识共享的系统要素　归纳演绎→系统因子提取→模型建构

动态性研究
- 知识共享的生命周期　基于项目的在线讨论　特征指标　生命周期特点与类型
- 在线讨论中知识共享动态机制　时间序列数据　社会网络分析　基于虚拟社区的在线讨论（教学型虚拟社区/综合型虚拟社区）

策略性研究
- 提出在线讨论的知识共享策略　资深教师、培训师和领域专家意见征询
- 在线讨论活动的组织与主持　面向知识共享的智能化支持

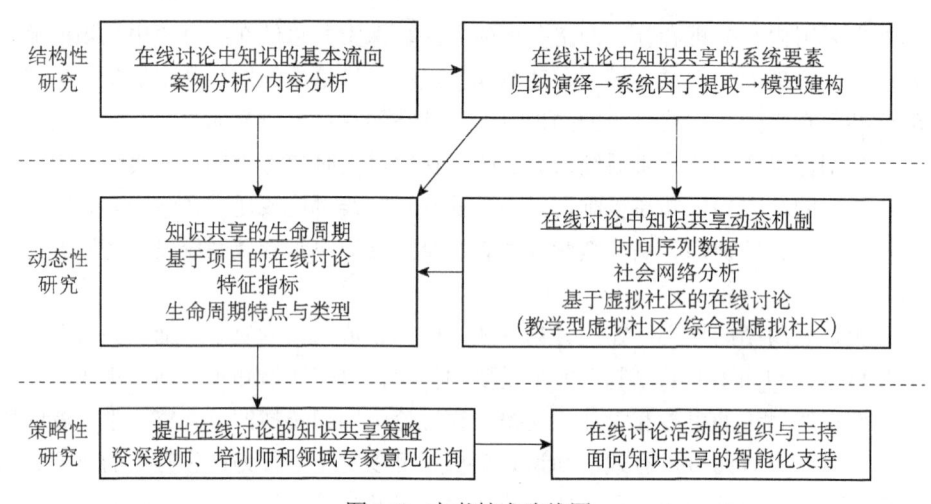

图 1-3　本书技术路线图

第二章 理 论 基 础

第一节 社会化学习理论

社会化学习（social learning）最早起源于阿尔伯特·班杜拉，其核心观点是人的行为由认知、行为、社会环境三方面互相作用，强调社会因素对学习的重要性。班杜拉认为社会化学习是个体通过观摩他人的行为而进行潜移默化的学习，最终形成新的行为，或者改变原有行为习惯的过程。社会化学习以交互决定论、观察学习、社会认知论为核心，认为一个人通过观察他人的行为及其强化结果而习得某些新的反应，或使他已经具有的某种行为反应特征得到矫正（Bandura，1977）。Blackmore（2010）认为社会化学习是一个通过个体在社会情境中的学习及交互进而促进群体学习的过程。邹景平（2012）归纳出社会化学习的三大特色：一是跟人与人间的互动有关，但没有具体的老师；二是能随时随地进行；三是与工作结合度高，它模糊了工作与学习之间的界线，比较近似非正式学习，即学即用，针对工作或生活中的问题，寻求立即的解答。惠震（2017）认为社会化学习的主要特征包括："互联网+"的社会环境——技术环境、大学生群体——行为导向、学习者分析——个体认知变化及教师——正确的引导。目前，基于互联网的知识生产和传播方式正在大幅度地改变着人们的学习与认知。伴随着技术对社会、生活、学习等各方面的渗透，社会化学习呈现出新的特征并不断得以深化。Ferguson 和 Shum（2012）指出在线社会化学习是一种自下而上的知识获取和创造，对于正式和非正式学习都具有重大的促进作用，并且指出了在线社会化学习的三个条件：其一是阐述学习的意图——学习而非浏览；其二是让学习落到实处——定义问题和进行实验等；其三是投入到学习对话中——提升理解，即在线社会化学习是个体超越个人维度，成为社交网络中的一员，在社交网络成员之间通过社会互动发生学习，促进理解。吴峰和李杰（2015）则认为，在线社会化学习指通过社交媒体促进个人、团队和组织的知识获取、共享及行为改进，其体现的是人与人之间的相互学习。

例如，人们利用移动手机 APP 或社交网站进行互动学习，是一种分享式学习、协作式学习，体现的是去中心化。知识来源多元化，知识的流动路径是多对多模式。

目前关于社会化学习的研究集中体现在两个方面：基于知识网络（如知识论坛等）视角的相关研究，即将人作为一种内容的来源；基于社会网络（如社交网站等）视角的相关研究，即将人作为学习的内容。这与西蒙斯提出的联通主义学习理论（Siemens，2005）的要旨相吻合，即认为学习不仅发生在学习内容中，而且发生在与此内容相关的人中。因此，社会化学习过程中的内容和人都是促进学习的有效因素（段金菊等，2016）。段金菊和余胜泉（2016）提出了基于社会性知识网络的学习模型，指出社会性知识网络的认知是基于人与知识的智能联通，体现了分布式认知的特点，而社会性知识网络的扩张，又体现了深度的人际对话和知识贡献，反映了深层次学习的特征。社会性知识网络是知识网络和社会网络的聚合体，承载了社会化学习的相关特点，是一种基于知识的社会性分享、社会性协作、社会性贡献和社会性创造而形成的社会网络，体现了知识的社会性建构过程、学习活动的社会性参与动态，以及学习者的社会性来源。社会性知识网络的核心是通过连接"学习者"及与此内容相关的"知识"而进行的学习，连接和创造是其关键词。郑娅峰等（2016）指出社会化学习以集体智慧为核心特征，通过社会关联技术，将众多的资源、观点与人、社会关系融合在一起，共同构建智慧学习环境。社会化学习呈现"强交互、碎片化、浅阅读"的特征，需要将碎片化的知识基于用户兴趣进行有效聚集，引导学习者将浅阅读的学习方式转变为深度阅读的学习方式，实现智慧学习环境中学习方式更关注高阶认知的目标。

社会化学习的相关理论揭示了社会交互对于学习的意义，强调个人认知和外界环境相互作用与影响。在本书中，我们认为在线讨论中知识共享的过程就是一个社会化学习的过程。知识通过人与人之间的互助与互动进行传播与流动，从而强化人对知识的理解、吸收与内化。多元知识汇合与交融后，得以建构和生成新的知识。个体通过与环境中的其他个体或群体进行相互作用，建立行为和相关事件之间的关系联结，进而获取相应的知识与经验。

第二节 知识管理理论

一、知识

知识是知识管理的中心概念，其内涵相当丰富，从知识的层次来看，有数据、信息、知识和智慧的划分；从知识的形式来看，有显性知识和隐性知识的划分；从知识的类型来看，有正面的成功经验和负面的失败教训的划分。知识基于上下文，有具体情境，因此知识管理不仅研究信息系统，还关心人类行为和认知及其他个体和文化的元素。

　　知识管理的难点在于处理难以复制的内在知识或隐性知识。显性知识能够用文字、图表、符号等加以表述。而隐性知识存在于人脑中，不能被表述，需要在实际行动中学习，或通过创造学习者相互交流的机会来逐步获得。而介于二者之间的内在知识则是隐性知识显性化的重要突破口。借助信息技术和可视化技术，使内在知识显性化，并且学习者可以更好地表达他们所知道的知识，从而促进群体间的知识共享，将是实现知识传递与创新的有效途径。

　　在信息时代，互联网络和信息技术可以为我们进行知识管理提供很多便利。例如，在网络上创建实践社群和社会网络可以帮助学习者在合适的时间找到合适的人寻求帮助。很多情况下，找到合适的社会网络比拥有很多知识更重要。因为在对的社会网络中，学习者可以节省从海量文献或出版物中毫无目的地搜索信息的时间，可以更直接地从专家处获得有用信息。

　　此外，各种可视化用具，如概念图、思维导图、鱼骨图、甘特图、社会网络分析图等已经越来越多地应用在教育和知识传播过程中，借助 Visio、Inspiration、MindMapper、CiteSpace、MeteoEarth 等知识可视化的软件或 APP，可以对知识的体系和层次结构进行清晰表达，理顺概念之间的关系，帮助学习者快速整理思路和归纳逻辑，丰富知识网络。随着新技术的发展，知识可视化工具会变得更加多种多样，知识的呈现形式也越来越丰富。知识传播者以更加可视化的方式展现教学内容，可以提高学习者的积极性，激活学习气氛，减轻认知负荷，使学习者更容易理解和接受知识且记忆深刻，从而提高教学质量。这对于远程学习，尤其是协作学习中的知识共享和创新，具有一定的促进作用。

二、知识管理

　　知识管理（knowledge management，KM）是一个获取、开发、分享和有效利用组织知识的过程，是一种通过对知识的充分利用来实现组织目标的多学科方法。知识管理在实践上着重于组织目标的实现，如提高绩效、竞争优势、创新、分享经验教训、组织整合和持续改进。知识管理强调的是知识在组织中的充分利用，以提高绩效和实现组织目标。在实现过程中，一方面可以通过构筑组织文化和建立工作流程来促进组织学习和知识共享；另一方面，则是运用教育技术，通过对学习过程和资源进行设计、开发、利用、管理与评价来增强学习效果。知识管理的核心推动力是把常规知识捕捉出来并向潜在学习者开放，使其得到有效利用；而难点在于隐性知识的获取和处理，借助知识可视化软件可以降低隐性知识的处理难度。近年来，随着人工智能的蓬勃发展和人力资本的不断上升，人们学习和工作的环境也在发生变化，学习型社会正在迅速形成。人们获取知识的渠道越来越便捷，知识内容越来越充裕，但学习和认知的过程却反而变得更加困难。因为真正发生的学习都离不开外在知识到个体的转化。越是开放而知识充裕的社会，对知识的管理和转化要求就越高。

知识管理是发挥知识的效用，实现知识价值的必由之路，是实现知识共享的前提。王馨晨（2017）认为知识管理是运用相关技术工具对知识进行数字化处理、加工、存储、传播和利用的过程。教育知识管理与传统意义上的教育信息管理有着本质区别，更强调从获取信息数据到构建知识的转化，更强调新知识的创新创造和生成共享。在组织层面上，知识管理是指对知识、知识创造过程和知识的应用进行规划和管理，需要对组织知识进行识别、获取、开发、分解、使用和存储。它是一个系统地发现、选择、组织、过滤和表述信息的过程，目的是改善个体对特定问题的理解（武秋和，1998）。知识管理过程涉及以下四个方面：①自上而下地监测和推动与知识有关的活动；②创造和维护知识基础设施；③更新组织和转换知识资产；④使用知识以提高其价值。知识管理的对象不仅包括知识，还包括与知识交流相关的事物，如技术、组织结构和其他资源（邱均平和段宇锋，2000）。组织中的知识通过获取、创造、分享、整合、记录、存取、更新等过程，达到不断创新的目的，并回馈到知识系统内，个体与组织的知识得以不间断的累积，成为组织的智慧资本，有助于提高组织的适应性及生存与竞争能力（李莉和杨亚晶，2005）。个体在组织中互相协作、共同参与某种有目的的活动（如学习任务、问题解决等），最终形成某种观念、理论或假设等智慧产品，同时个体在该公共知识的形成过程中获得相关知识（钟志贤，2005）。野中郁次郎和竹内弘高（2006）提出了知识管理的 SECI 模型。他认为，知识主要分成隐性知识与显性知识两类，知识在传递与交流共享过程中，主要通过社会化（socialization）、外化（externalization）、组合化（combination）、内化（internalization）（即 SECI）等阶段的相互作用，相互影响，不断互动和螺旋式上升的过程，在信息流变中实现相互转化，从量变到质变。因此，知识转化的过程实际上就是知识创造的过程（野中郁次郎和竹内弘高，2006）。

互联网络的普及，信息技术的迅猛发展，全球化大数据共享，以及全民开放参与理念的形成，均成为知识管理发展的催化剂。各种在线讨论的工具、网络学习论坛、企业内部交流社群已经非常普遍。在个体层面，一些个人知识管理工具软件（如 EverNote、Mybase、Delicious 等可帮助个体进行规划、思考、收集资源和整理思路）；在开放层面，有向全球免费开放的 edX、Coursera、FutureLearn 等大型慕课平台；在社交网络方面，有 Facebook、微信、WhatsApp 等软件帮助人们交流和进行知识传播。门户网站已经成为各类企业优先考虑的通用平台，可以整合各种信息来源，通过技术支持提供更快更好的业务决策（Delphi，1999）。在线论坛和社群也发挥着重要的作用。实践社群是促进组织内部交互的有效手段，作为学习者的员工可以在社群中交流经验、形成团队规范等（Gore，2002）。如今人们已经逐渐习惯在工作、学习、生活中使用便捷有效的信息技术。曾经受限于时间和空间的学习资源，可以通过网络平台

（各类论坛或者数字图书馆等）让更多的人共同分享。此外，移动设备的普及也给予企业和学习者许多其他的选择，有利于打造个性化的学习模式，提高学习者的参与程度。

三、知识共享

首先，知识共享是一种管理理念，通过人与人之间相互交流信息，使知识由个人的经验扩散到组织的层面。这样在组织内部，人们可以通过查询组织知识获得解决问题的方法和工具。反过来，个体的好方法和工具通过反馈系统可以扩散到组织知识中，让更多的人来使用，从而提高组织的效率。简而言之，知识共享就是指个体知识和组织知识通过各种共享手段，为组织中其他成员所共享，同时通过知识创新，实现组织的知识增值（樊治平和孙永洪，2006）。

其次，知识共享也是一个建构过程，即为组织形成具有某种价值的公共知识，而不是简单地增加个体头脑中的内容。一般来说，创造性的知识建构使得工作更加具有包容性和更高层次的问题表述，它意味着学习具有多样性、复杂性和混合性。它不是简单的或者新的概念性综合，而是更加完善地理解、计划并实现知识建构。知识建构者的工作不是烦琐和简单化的，而是对当前自身的超越及其实践的应用。知识共享不仅是简单的分享，还包括知识的创造和广泛利用。知识管理中的创新，无论是技术创新还是管理创新，其实质就是一种新知识的创造。

最后，知识共享是个不断归纳和演绎的双向过程。例如，成员对讨论中的一些关键词汇和术语进行研究总结，在这个过程中，大家都会对问题产生一致的理解，达成共识，这是归纳过程。而成员在协商的基础上一起分享各自需要的知识，把成员联系起来的结果是将知识更加容易地传递给其他人并且被接受。学习者在共同体中建构知识和意义的过程中，共同体促进了知识的理解和习得，促进了知识的分享（王玉晶，2008）。

第三节 基于项目的学习理论

基于项目的学习（project-based learning，PBL）起源于北欧的高等教育改革，受20世纪60年代末学生运动的影响，缘于传统教育模式造成理论与实践相脱离，无法适应社会发展的需要。基于项目的学习的特点在于学习活动不再以教材为中心，而是围绕特定项目进行组织。这些项目不是来自书本，而是与学习者的学习、生活或真实经历密切相关的多种内容，如人口问题、环境保护问题、城市交通问题等。每个项目都包含复杂的、情景化的问题分析与需要解决的特殊任务，学生不仅要通过解决问题以学习相关知识，而且还要学习管理项目。

基于项目的学习是一种在真实的项目情境中进行探究式学习的过程和方法，由学习者自己掌控学习活动，并在解决问题的过程中获取相关知识、提升个人能力（Barrows and Tamblyn，1980）。它也被视为一种课程模式，强调以真实世界中的问题为核心来展开设计（Fogarty，1997）。Walton 和 Matthews（1989）也认为基于项目的学习是将学习者置于真实情境中，给他们一个学习任务或挑战，并为其提供资源的一种自主性学习方法。坎普（Camp）从教育哲学的角度看待基于项目的学习，认为它是一种以建构主义为指导的教学模式，强调基于项目的学习过程是学习者在已有经验的基础上整合现有知识，并不断建构新知识的过程。Bridges（1992）认为基于项目的学习是一种以学生为中心，以问题为刺激，基于真实问题解决的情景化教学方法。John Thomas 指出，项目学习的整个过程要充分发挥学生的自主性，通过确定复杂的任务或挑战性问题，学生自行进行设计、问题解决、决策或者调查活动，项目学习最终以产品或陈述等形式展示出来。"项目"是主线，要求学生对现实生活中的真实性问题进行实践探究，促进学生可用性知识的建构，强调培养学生的实践探索能力。

此外，基于项目的学习还强调基于项目的认知过程及知识的获取、应用、协作建构。高志军和陶玉凤（2009）指出，基于项目的学习是一个手脑并用的复杂的认知和元认知过程，通过四个领域来实现，分别是获得知识并应用、交流、协作及独立学习。吴刚（2013）将基于项目的学习的核心思想归纳为以下四个方面：①在学习方法上。强调以问题为导向，以项目为依托。让学生在真实情境中解决具体问题以获取知识、学会学习，并通过反思建构属于自己的知识。②在学习内容上。跨越传统的单一学科，学生在解决具体问题中，可能需要多个学科的知识，从而使得学科融合成为基于项目的学习模式的一大特征。③在学习形式上。强调以团队学习为主，通过学员之间的互动实现知识分享。④在学习主体上。以学习者为中心，鼓励学习者自己选题，自己制定目标，自主学习，成为独立的思考者与学习者。而教师只是作为陪练、辅助和引导者的角色。

基于项目的学习是实现知识共享的重要学习形式。本书也将基于项目的学习作为知识共享研究的一大重要背景，尤其是在动态性研究中，我们将结合生命周期理论，探究在线讨论中的知识共享与知识的社会化建构过程。

第四节 博 弈 论

博弈论（game theory），亦名"对策论"和"赛局理论"，属于应用数学的一个分支，目前在生物学、经济学、国际关系、计算机科学、政治学、军事战略和其他很多学科都有广泛的应用。博弈论主要研究公式化了的激励结构间的相互作用，是研究具有斗争或竞争性质现象的数学理论和方法，也是运筹学的一个重要学科。博弈论考虑游戏中个体的预测行为和实际行为，并研究它们的优化策略。表面上不同的相互作用可能表现出相似的激励结构（incentive structure），所以它们是同一个游戏的特例。其中一个有名且有趣的应用例子是囚徒困境悖论（prisoner's dilemma）：具有竞争或对抗性质的行为称为博弈行为。在这类行为中，参加斗争或竞争的各方各自具有不同的目标或利益。为了达到各自的目标和利益，各方必须考虑对手各种可能的行动方案，并力图选取对自己最为有利或最为合理的方案，如日常生活中的下棋、打牌等。博弈论就是研究博弈行为中斗争各方是否存在最合理的行为方案，以及如何找到这个最合理的行为方案的数学理论和方法。

根据博弈过程的收益分配方式，可以将博弈过程分为合作博弈和非合作博弈。合作博弈研究人们达成合作时如何分配合作得到的收益，即收益分配问题。非合作博弈研究人们在利益相互影响的局势中如何选择决策使自己的收益最大，即策略选择问题。根据博弈双方在过程中知晓的信息量，可以将博弈过程划分为完全信息博弈和不完全信息博弈。参与者对所有参与者的策略空间及策略组合下的付出有充分了解称为完全信息博弈；反之，则称为不完全信息博弈。根据博弈过程的顺序和信息掌握情况，可以将其划分为静态博弈和动态博弈。静态博弈是指参与者同时采取行动，或者尽管有先后顺序，但后行动者不知道先行动者的策略。动态博弈是指双方的行动有先后顺序并且后行动者可以知道先行动者的策略。

博弈论是一门在利益关联中寻求最优策略的学问。在平时生活中，只要有需要选择最优策略的问题就会有博弈的存在（李京杰和马德俊，2010）。从信息经济学角度，利用博弈论的基本理论与方法进行社会化媒体的用户研究也引起了不少学者的关注，其研究主要涉及用户使用和互动行为两个方面（李亚婷，2017）。Gubanov等（2011）构建了社交网络信息控制和信息应对的演化模型，以求得最佳质量策略。张晋朝等（2014）分析了在不同系统质量的前提下平台和用户行为的策略选择，发现系统质量是一种有效的信号机制。孙晓阳等（2015）在研究中发现平台、政府管理部门与用户群体之间的良好互动有利于提高信息质量。我们认为，在对知识共享和协作学习的研究中，博弈论有着非常重要的理论价值。因此本书在对知识共享动态过程的研究中，将博弈论作为理论依据和分析工具，分析个体在知识共享过程中的动态博弈过程。

第五节　复杂网络理论

对复杂网络的研究始于图论，复杂网络理论的研究始于20世纪60年代，随着研究的兴起，复杂网络广泛应用于多个领域，如社会学、工程学、经济学、控制学等（胡雪娇，2014）。复杂网络是指具有自组织、自相似、吸引子、小世界、无标度中部分或全部性质的网络（周涛等，2005）。在空间维度上，开放共享的形态就是一个庞大的复杂网络。

一、复杂网络的特征

复杂网络是指可以描述为由一个节点集合和一个边集合组成的元组。节点是复杂网络的基本单元，边是指节点和节点的连线，复杂网络中的直径指的是任意两个节点之间距离的最大值，即任意两个节点之间最短路径的最长长度所包含的边数。在虚拟社区中，节点代表一个社区用户，每条边代表社区用户之间的回复关系。边可以分为有向边和无向边，虚拟社区中节点的边是有向边（周涛等，2005）。

（1）聚类系数 C

聚类系数 C 是用来描述网络中节点的集聚程度的参数，即网络紧密程度。例如，在社会网络中，你的朋友可能是我的朋友，或者你的两个朋友之间可能是朋友关系（刘涛等，2005）。网络中节点 i 的聚类系数用 C_i 表示，定义为与该节点相连的节点之间的连接关系。假设在无向网络中，与节点 i 相连的节点有 K_i 个，则 K_i 节点之间最多可能存在的边数为 $K_i(K_i-1)/2$ 条，K_i 个节点实际存在 E_i 条边，聚类系数 C_i 为 E_i 与 $K_i(K_i-1)/2$ 之比。整个网络的聚类系数 C 为所有节点聚类系数的算术平均值。具体公式为

$$C_i = \frac{E_i}{K_i(K_i-1)/2} \qquad (2\text{-}1)$$

$$C_i = \frac{1}{N}\sum_{i=1}^{N} C_i \qquad (2\text{-}2)$$

（2）平均路径长度 L

网络节点 i 和 j 的距离 d_{ij} 是指网络中连接两个节点的最短路径上的边数。网络的平均路径长度指任意两个节点之间距离的平均值（孟微，2008）。节点数为 N 的网络平均路径长度的公式为

$$L = \frac{\sum_{i \geq j} d_{ij}}{\frac{1}{2}N(N-1)} \qquad (2\text{-}3)$$

在实际网络中，所有节点并不是完全联通的，存在孤立点。将孤立节点之间的距离定义为无穷大，会导致式（2-3）中 L 的值为无穷大。因此，本书将计算的平均路径长度的值定义为所有联通的节点对之间的最短距离的均值，排除了孤立节点。

（3）度分布

网络中节点的度是指该节点连接边的数目。在有向网络中，节点的度分为点入度

和点出度，点入度指从其他节点指向该节点的边的总数；点出度指从该节点指向其他节点的总数（孟微，2008）。无向网络中不存在点入度和点出度。度分布函数 $P(k)$ 是指网络中度为 k 的节点在整个网络中所占的比例，即网络中随机抽到度为 k 的节点的概率。完全随机网络的度分布具有泊松分布的形式，很多统计实验表明，大多数现实网络的度分布，特别是大尺度的网络体系，如 WWW、微博等，度分布是幂律分布形式，r 为幂律指数，即

$$P(k) = k^{-r} \tag{2-4}$$

二、复杂网络的重要属性

复杂网络具有小世界特性和无标度特性。小世界特性是指在规模很大的网络中任何两个节点之间存在很短的"快捷距离"，六度分割理论就是小世界特性的典型表现，即大多数人之间相互认识的途径的典型长度是六（Comellas et al.，2000）。无标度特性是指网络的度分布服从幂律分布，幂函数是一条相对缓慢的下降曲线，长尾理论是复杂网络无标度特性的通俗理解（陈传梓，2011）。

三、复杂网络理论下的知识共享研究

靳玮钰（2017）以社区参与者行为为切入点，利用社会网络分析法，从隐性知识共享的角度研究了虚拟社区中成员活动的动态规律，指出虚拟社区中隐性知识共享网络存在凝聚子群，并证实凝聚子群中成员存在迁移活动，以为虚拟社区管理提出依据。孟韬和王维（2017）通过社会网络研究分析发现，现有研究主要集中在个体和群体层面，并且主要关注社会网络属性对行为和绩效的影响，对关系层面及社会网络属性前因的研究相对较少。张高军等（2013）运用社会网络分析中的密度分析、中心性分析、社群图分析、弱连接分析，通过案例研究发现，成熟的同步虚拟社区的网络连接密度在标准化后达到 0.151；虚拟社区存在意见领袖，这些成员主导着社区信息的沟通交流；现实社区小团体的相对封闭现象在同步虚拟社区中不存在，参与者除在小团体内部交流外，还共同组成一个大的和谐社区。同时研究还认为，只要能够影响少数核心人员的行为决策，就能够对大多数参与者产生影响。因而在社区中需要激励机制，培养有经验的参与者，鼓励信息共享。张豪锋等（2009）以 QQ 虚拟学习社群为研究对象，运用社会网络分析方法，探讨了社群网络结构特征、意见领袖地位的形成，以及社群成员参与动机、满意度、忠诚度与网络结构之间的关系，并在此基础上对社群的建设提出了相应的建议，以期促进虚拟学习社群的持续发展。陈萌和汤志伟（2011）以某专业硕士 QQ 群为例，利用社会网络分析的方法，对该 QQ 群虚拟社区中成员之间的关系、中心度、小团体进行分析，探讨群中成员的关系强度，发现该 QQ 群中存

在某些中心人物，是信息的发源地，在 QQ 群上较活跃。但是，QQ 群成员在其中的参与积极性不高。为了维持该群的持续发展，应积极改善边缘人物的现象，试图将边缘人物转化为中心者，让其参与到群讨论中。付丽丽等（2009）以关系型虚拟社区（如校内网和百度空间）为例，研究了人际关系网络的网络密度、中心性等网络结构特征，发现虚拟社区的网络密度比现实网络的关系密度小，且成员的交互行为是基于兴趣爱好的相似性，随着兴趣爱好的转移，社区对用户的黏度等也会发生变化。

第六节　信息生命周期理论

一、信息生命周期的概念

"生命周期"的概念从自然科学扩展到社会科学，并逐渐演化成为一种重要的研究理论，近几十年被大量运用在信息系统及信息管理中。同有机生命体一样，信息也表现出了一定的生命特征，尽管不同主题、不同类型的信息，在具体的表现形式上各不相同，但都可以映射到需求、采集、组织、存储、利用和清理等环节构成的循环上，其生命周期指的是信息从生成到其价值完全失去的整个时间区间（马费成和望俊成，2010）。

"网络信息生命周期"这一概念基本上是研究者仿照霍顿等有关信息生命周期的概念而提出的，一般将网络信息生命周期划分为相互关联的六个阶段，即产生、采集、组织、开发、利用、处置。考虑到网络信息的动态性、异构性及复杂性（马费成等，2011），并结合网络信息的动态规律，本书采用马费成和苏小敏（2012）对网络信息生命周期阶段的划分方法，如图 2-1 所示。

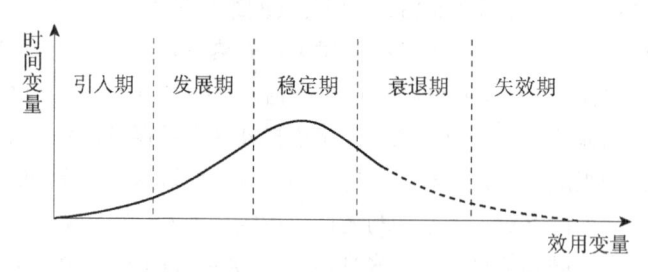

图 2-1　网络信息生命周期阶段的划分图

二、信息生命周期理论下知识共享的研究

网络信息生命周期的研究最先源于对文献信息生命周期的研究。P. L. K. Gross 和 E. M. Gross（1927）提出了文献信息老化的概念。Gosnell（1941）则首次提出了文献

信息生命周期的测度指标。Bernal（1959）、Burton和Kebler（1960）明确了文献信息半衰期的概念。Brookes（1970）提出了著名的负指数模型。房春波（2017）从用户体验的角度，将普遍意义上的网络信息的生命周期定义为：网络信息从产生到失去效用价值所经历的各个阶段和整个过程。信息生命周期管理属于一种信息管理，根据信息资源所处的生命阶段，采取相应服务及存储策略，在信息生命周期的每个阶段，力争以最低成本获取最大效益。信息资源价值在其生命周期中一直处于动态变化，在一定时间后，大多信息资源会进入使用频率较低状态，因此，在生命周期的每个阶段，都要采取相应措施，延长和提高其生命周期（尹文武，2017）。

许多学者认为，网络信息与文献信息本质上是一样的，只是载体形式发生了变化，因此其生命周期的研究延续和借鉴了文献生命周期研究的思路，包括概念、测度指标和测度方法等（马费成和望俊成，2010）。该阶段主要针对以下两类网络信息进行研究：网站信息和网络科技文献。其中，针对网站信息研究的测度数据主要是链接数据。Ortega等（2006）对700多个网站进行纵向观察，得出网络信息增长的快速性遮蔽了其老化的结论。Bar-Yossef等（2004）提出了网络信息生命周期的测度算法，并进行了应用。Koehler（2004）通过对随机的300多个网页和网站在不同周期内变化规律的测度，得出网络信息在不同测度周期内有不同半衰期的结论。总体来说，国外学者针对网络信息的生命周期研究主要是侧重链接半衰期测度及其实证研究。国内已有文献大多用到理论研究或实证研究方法。

罗贤春（2004）从信息使用视角将网络信息划分为产生、采集、组织、开发、利用、处置六个阶段，并分析了这六个阶段划分的必要性和每个阶段的操作细节及各阶段之间的关联性，但并没有讨论网络信息随时间的运动规律。段宇锋（2005）在"网络信息资源老化规律研究"一文中指出，网络信息资源的老化是指网络信息资源中情报的有效价值随着时间的流逝逐渐衰减，利用率逐步降低，并从信息的增长、更新、替代、吸引力、删除等几个方面归纳了网络信息资源老化的影响因素。马费成和苏小敏（2012）对网络信息生命周期现象进行了实证研究，揭示了一般意义上网络信息生命周期的基本规律和特性。可以看出，绝大部分研究者只是研究了不同载体的网络信息的生命周期情况。梁芷铭（2014）描绘出新浪微博"热门话题"的生命周期曲线，发现其生命周期中成熟期很短或者基本不存在，并选择了微观（被引）半衰期和普赖斯指数两个指标来研究新浪微博的信息老化问题。于静和李君轶（2013）对微博营销信息的时空扩散规律进行研究发现，微博营销信息的生命周期较长，具有明显的截止日期效应，扩散高峰期集中。唐晓波和涂海丽（2014）通过实证研究，将社会化媒体信息生命周期划分为无周期、短周期和长周期三种类型，并揭示了社会化媒体信息生命周期呈多项式曲线的变化趋势。刘晓娟等（2014）实证分析发现微博信息生命周期有负指数型、平缓型、爆发型和锯齿型四种类型，其类型特征与微博活跃度无关，并且微博信息不具有特定的半衰期。

结构性研究篇

第三章 私下共享

知识共享是知识管理的核心，是知识创新的前提（祝琳琳等，2018）。私下共享指的是一对一在线讨论形式下的知识分享。这种讨论形式是最普遍的在线讨论形式，可以存在于教师和学生的个别对话中，也可以存在于小组、班级或者公开场合个体与个体之间的对话中。因此，一对一的讨论共享可以作为团队共享、班级共享或者开放共享的一个子单元进行研究。在本章中，主要对这种共享的对话形式、过程模式、教师参与、知识流向等问题进行分析和思考。

第一节 一对一共享的对话形式

在线讨论常常涉及话对和话轮的概念。话轮是对话（一个语篇）最基本的结构单元。会话双方，说者（S）和听者（T）的一次转换为一个话轮。话轮是会话的基本结构单位。甲说乙听—乙说甲听，就构成一个话轮。话轮转换是对话最显著的特征之一（罗智丹，2017）。话对是由一个引发话元与一个应答话元构成的会话基本结构（李治平，2007）。一对一讨论的对话需要由完整的引发语和应答语构成，话轮意义相接的无序性、话对形式上的不相接性，使得引发语和应答语两个话轮位置不同，产生了以下六种不同形式的在线讨论：第一种是毗邻式在线讨论，由相接的引发语和应答语两个话轮构成。在这种形式中，当应答语的话轮中有引发语的意义时，应答语的话轮同时也是引发语的话轮，如果下一个话轮应答了相邻的上一个话轮，那么这个在线讨论就是毗邻多对式在线讨论。第二种是交叉式在线讨论，引发语和应答语的话轮相互间隔出现构成交叉式在线讨论。第三种是发散式在线讨论，一个引发语话轮和多个应答语话轮构成的一对多的在线讨论形式。第四种是聚合式在线讨论，多个不同的引发语给出同一个应答语的在线讨论形式。第五种是嵌入式在线讨论，一组问答话轮嵌入另一组问答话轮构成的在线讨论形式。第六种是混合式在线讨论，上述几种在线讨论形式任意组合构成的形式（梁玉娟和袁克定，2005）。

第二节　一对一共享的过程模式

一、问答式

问答式的共享模式非常普遍。例如，一位学习者遇到问题，私下向另一位学习者请教，从而开始了一对一的讨论，尝试将问题解决。又如，学习者向教师询问课程相关问题，希望直接得到答案。一问一答式的讨论通常目的明确，只要询问对象定的合适，问题都可以很快得到解决。

一般而言，没有人会向一个自己完全不认识、不熟悉或不了解的人提问。因为提问也是有时间成本的，一对一的提问意向性很强，提问者对答疑者还需要具备较高的信任或依赖程度（例如，学习者向著名专家学者的提问，事件实施者向具体事项负责人的提问，等等）。

在我们的实证研究中，大多数的课程学习者喜欢在问答式的一对一讨论时，将教师作为提问对象。例如，对课程事务的询问、对作业要求的询问、对知识点的询问等。学习者还希望教师能够针对自身情况给出更有针对性的解答和建议。例如，将自己做的作业发给教师，希望教师针对自己的个别情况给出建议或者评价等。

我们从教师的QQ中抽取了一些个别提问的案例，列举如下。

案例一：

学生A：老师，请问海报是每个人做一张吗？海报上要有所有人的教学代理形象吗？海报上是讲整个小组的主题还是讲自己的那部分？一个小组做一张吗？

老师：海报是一个组做一张，是整个小组的主题。但你们可以分工合作，完成海报中不同的元素，最后组合在一起。

学生A：好的，谢谢！

案例二：

学生A：老师你好，我是3班的×××，我想问下今天上课的那个树叶的颜色变化是怎么操作的。

老师：用纯色填充图层，然后改变图层混合模式为"色相"。

学生A：收到，谢谢老师。

案例三：

学生A：我做了一个教学代理形象，用别的电脑的Flash CS4打不开，说是意外的文件格式，请问这是为什么？

学生B：你电脑上的版本太高了吧？是不是CS4版本？老师上课的时候说过，大家如果用了CS4以上的版本，交作业的时候一定要另存为CS4的版本来保存fla文档。

学生A：好的，谢谢。

案例四：

学生A：为什么软件总是打不开？我删了重新安装，可是还是不行。

学生B：如果以前能用现在不能用，应该是CPU出了问题。如果一直用不了可能是兼容问题要下载兼容版。不过貌似打开太大的文件也会出问题。

学生A：CPU？那应该怎么做呢？

学生B：如果运行别的程序也会出现这种卡死问题建议去修电脑，但是如果时间紧张，只能建议去学校机房制作作品，兼容包并没有那么好找，而且有的带病毒。

学生A：可是其他程序并没有这样，呜呜呜。

学生B：百度一下，有解决方法的。

学生A：不行，我已经全试过了，貌似是有个元件出错。

学生B：你是在用那些按钮吗？你在弄什么的时候出错了？

学生A：Flash啊。

学生B：在做什么操作的时候？

学生B：我觉得这很有可能是软件的安装问题，你先换一台电脑试试。

从四个案例中，我们可以看到，问答式的在线讨论通常非常直接，学习者通常能够一步到位地获得解答，效率较高。案例一中，学生向教师询问作业的要求；案例二中，学生对课堂中提及的知识点有所遗忘，从教师那儿得到答复；案例三和案例四中，学生在做作业过程中遇到了疑难，提出后得到同学的解答。在问答式的讨论中，最重要的是提问者能把问题清楚地表述出来，被提问者在清楚提问目的的基础上才能有效地予以解答和分享。案例一至案例三中，提问者都比较清晰地阐明了问题，正好被提问者也知道问题的解决方案，因此问题很快迎刃而解。然而案例四中，提问者没有将问题发生的具体情境阐述清楚，所以尽管被提问者很积极地为其寻求答案和解决方式，却绕了好几个来回，仍然找不到确定的答案，只能给出折中的建议。通常在案例四这种情况下，由于问题并没有得到很好的解决，提问者会继续尝试在更为开放的场合提问，或者直接向知识层次最高者——教师提问，以寻求更确切的解决方案。

二、探究式

对于有些问题，在线讨论的双方都不清楚具体答案。此时一对一讨论往往就会以双方探究的形式开展。

案例五：

学生 A：有大神在吗？现代汉语有不懂的：书本 14 页说区别词只能充当定语，不能单独充当谓语。那么难道"这个活动很大型。"这句话里面的"大型"是定语不是谓语？有人知道吗？谢谢！

学生 B：晴晴你应该@文一李某某。

学生 A：大部分区别词主要做谓语，书上没有说全部都做定语。

学生 D：这种说法不正确。"大型"是汉语中的区别词，这类词语表示事物的属性，有分类的作用。同类的词语还有如"慢性""彩色""上等""初级""大号""单瓣""万能""野生""人造""冒牌""杏黄"等。这类词语不受否定副词"不"修饰。例如，不能说"不慢性""不彩色""不上等"等。这类词语表示某种固定的性质，因此也不受程度副词"很"的修饰，如不能说"很慢性""很彩色""很上等"等。所以，"很大型的超市"是不正确的说法。"很大型的超市"可以改为"很大的超市"或者"大型超市"。另外，也不能说"很雪白"或"很红彤彤"。

案例六：

学生 A：有人知道吗？现代汉语老师的课件那里："他吃我个苹果。""他吃我一拳头。"这两句话是不是双宾语？

学生 B：我觉得应该不是。

学生 A：为什么呢？

学生 B：双宾语由直接宾语和间接宾语组成。直接宾语是谓语动词的承受者；间接宾语表示谓语动作的方向（对谁做）或动作的目标（为谁做）。间接宾语紧接在谓语动词后，但它不能单独存在，它和直接宾语组成双宾语。例如，give sth. to sb.，这里面的 sb. 就是间接宾语，动作的直接宾语是 sth.。宾补就是补充说明宾语的成分，如 make me happy。这里面的 happy 就是宾补，补充说明这个动作给我的影响就是高兴。

探究式学习大体包括问题情境、独立思考、群学合作、得出结论四个阶段（付晨晨，2017）。从以上两个案例中可见，一人提出问题情境，另一人通过思考解答，然后两人进行合作探讨，最终得出结论。探究式的学习一般需要经过较长的讨论过程，而且更适合于在开放的场合进行。因为这样可以有更多的学习者参与探究，也会更快地找到理想的答案。在案例五中，有些学习者虽然并不清楚解决方法，但仍然参与了讨论，让提问的同学去联系这方面比较擅长的另外一位同学，这也在某些程度上促进了知识的共享和问题的解决。在案例六中，提问者学生 A 不满足于简单的回复，进行追问，最终得到了更为详尽的答复。

三、辩论式

还有一种情况，就是讨论双方对问题有不同的看法和见解，这时候就会以辩论式的形式开展。辩论式讨论可以提高学习者学习的主动性、认知的深刻性、思维的灵活性（吴萍，2017）。

案例七：

学生A：我觉得我们这个网站作业还是加上背景音乐好一些，可以营造一个比较舒缓的氛围，用户看网页也比较放松。

学生B：可是加背景音乐有时候挺烦人的啊，让用户安静点学习网页可能效果更好啊。

学生A：我们可以把背景音乐的播放条放在页面上，让用户控制是否播放。如果他们不想听，就点击暂停，音乐就不会播了呀。

学生B：那对于用户来说还是挺麻烦的呀，一开始的时候也会干扰到他们的情绪。

学生A：至少给他们一个选择，喜欢音乐的可以听听，不喜欢的就关掉。

学生B：也行吧。不过一开始要设置成音乐不要自动播放好一些。

在案例七中，两位学生对作业中是否要加上背景音乐这一问题产生了不同的意见，他们在辩论的过程中将自己的观点分享出来，其中涉及网站可用性、背景音乐播放条、自动播放设置等知识点，最后协商达成一致。双方就某知识点的内容进行辩论的过程，是知识交换的过程，也是一对一知识共享的过程。

第三节　一对一共享中的教师参与

师生间的在线讨论一般以学生提问为先，教师引导为主。敏感性较高的教师能及时归纳发生频率较高的问题，然后将清晰的操作步骤或解决方案形成文档或视频，与全体学生共享。在一对一共享发生多次时，就自然会转化为一对多共享。有经验的教师还通常会根据以往常见问题进行归纳，以问与答（question and answering，Q&A）的形式自发共享给学生。

一、统一答复式

案例八：

老师：统一回答一下大家的几个问题。

1）为什么在Dreamweaver上好好的，一到浏览器上就不行：建议大家换个浏览器，如火狐浏览器。如果同学们的网页在特定浏览器上才能显示正常，在展示之前就把浏览器安装软件带过去，上课前先到教师机那里安装好，后面再展示。

2）为什么按钮失效：请留意在Fireworks上做的按钮有没有设置切片。如果有设置，在Dreamweaver上又设置一次，重复设置切片，按钮就会失效。

3）为什么框架不成功：请注意有没有在建立框架之前先建立页面，因为框架要在网页页面的基础上才能建立。

在案例八中，教师针对学生提问较多的问题，在公共空间进行了统一回复，这是很常见的师生对话方式。尤其是在大班教学中，由于学生提问很多，教师统一回复提高了答疑效率，但降低了对每位学生的个性化指导程度。

二、点提引导式

案例九：

学生：老师，请问怎样可以把这张曝光过少的图片调整成正常的色彩色调呢？

老师：对于曝光过少的图片，可以用图像下拉菜单的调整功能，你去看看。

学生：调整下面有好多功能，具体是哪个功能呢？是不是上课的时候你讲过的色阶功能？

老师：是的，色阶可以做到，只要把直方图下方控制明暗的滑块按照上课时我讲的方式调整，让图像中的像素平均分布，就可以实现调整。

学生：好的，我试试，谢谢老师！

老师：除了色阶以外，我上课还没讲的曲线工具也可以做到的。你一起试试看。

学生：色阶做出来了，曲线不太清楚怎么做呢！

老师：简单地说，在曲线工具的直方图那里，把曲线向上提，可以增加明亮程度；反之向下压，就会减少明亮程度；如果呈S形，可以改变明暗对比。你可以再尝试下。

学生：谢谢老师！色阶和曲线我都做出来了，我觉得色阶这个工具更好理解一些。

老师：下一次课我们会详细讲讲曲线工具。

学生：好的，谢谢老师！

案例九是教师根据学生的具体情况进行引导。学生提问后，教师提出了一种解决方案，但并不和盘托出，而是点提式地给出指导，让学生自己实际操作去尝试解决。而且，还尝试运用多种方法来解决问题，这也称作产婆术或者苏格拉底方法。产婆术将教师比作"知识的产婆"，指出教师在教学过程中，不能直截了当地将知识告诉学生，而是通过讨论、问答、探究、辩论的方式，激发学生产生认知中的矛盾，逐步引导学生自己得出正确的答案和方法（赵美荣，2017）。在这种方式下，学生可以从对话中得到更多的收获。

第四节 一对一共享的知识流向

知识流向是知识共享过程中从传播源向受体流动的方向（Appleyard and Kalsow, 1999）。私下共享是个体或小范围内的讨论共享。根据讨论模式和参与角色的不同，往往形成不同的知识流向，同时具有不同的支持和阻碍知识流动的影响因素（李顺才和邹珊刚，2003）。

一、问答式讨论的知识流向

在问答式讨论中，提问者是问题发起人，需要向答疑者清楚地描述所遇到的问题，然后答疑者有针对性地引导解惑。提问者多次追问，答疑者则可以提供更多的信息，最后完成知识传递。问答式讨论的知识流向如图 3-1 所示。在这种形式的讨论中，知识的主要流向是从答疑者流向提问者。师生之间的交流大多为这种模式，教师很多时候处于答疑者的位置，学生则多为提问者。古语说"师者，所以传道授业解惑也"，其实在现代很多时候也是通过这种方式完成知识的共享和传播。

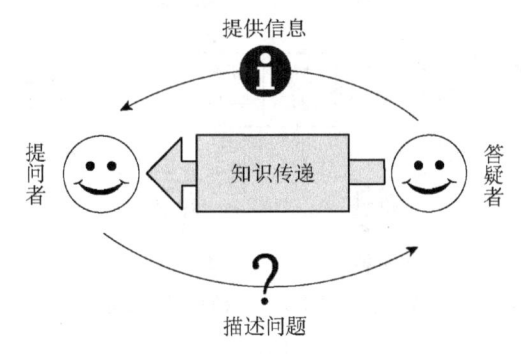

图 3-1　问答式讨论的知识流向

二、探究式讨论的知识流向

在探究式讨论中，由于探究双方都没有足够的知识可以解决所遇到的问题，于是双方进行了讨论。大多数情况下，探究者会根据自己的知识结构来分解问题，并且向对方提供自己所掌握的信息，从而不断深入对问题和相关知识的探索，合作建构起双方的知识体系，使彼此的知识得到共享，取得双赢的效果。探究式讨论的知识流向如图 3-2 所示。

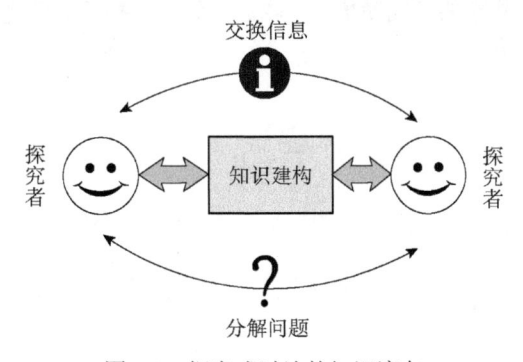

图 3-2　探究式讨论的知识流向

三、辩论式讨论的知识流向

在辩论式讨论中，讨论双方对同一个问题从不同的角度参与辩论，向对方提供自己所了解的信息来支持己方的观点。相当于在知识共享的过程中，双方都可以从对方的反驳中了解该问题的对立面，从而更深入地理解目标问题。因此在辩论式讨论中，辩论双方都贡献一部分信息，而从对方那里获得互补性的另一部分信息，从正反两方面建构知识，解决问题。辩论式讨论的知识流向如图3-3所示。

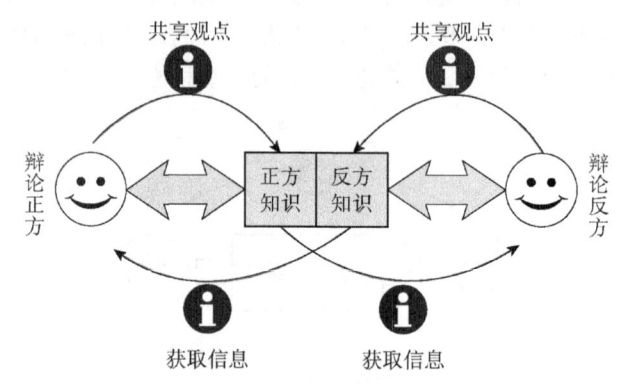

图3-3 辩论式讨论的知识流向

第五节 本章小结

本章主要探讨了一对一的在线讨论中私下进行知识共享的问题。通过对即时通信软件中实时的学习者在线讨论进行分析，抽象出问答式、探究式和辩论式三种讨论模式下的知识流向。私下共享是知识共享中最简单的模式，也是团队共享和开放共享的分析基础。由于私下共享的模式简单，大多数时候会选择面对面进行，在在线环境下，则一般以实时进行为主。

第四章 团队共享

本章讨论的团队共享属于有限范围内的群体共享。群体的规模不同，会出现不同的团队共享层次（如小组、班级等）。与私下共享不同，团队共享所涉及的参与者更多，互动形式更为复杂。尽管如此，团队共享层次的讨论是有范围的，与开放共享中完全开放、人人可参与的自组织状态相比也存在质的区别。本章将重点讨论团队共享。团队共享出现在进行分组学习的课程中。在分组环境下，知识共享的角色除了教师、学生以外，还有组长和组员。因此，由于讨论对象的参与角色不同，知识共享的方式和流向也会有所区别。在本章中，我们重点考察了两类对象，即学习团队中的组长和组员。

第一节 团队共享的模式

组长和组员之间的讨论大多数和学习任务或者小组项目有关，一般以组长作为主导。组员通过协商、投票或者头脑风暴等形式参与讨论。大多数的讨论在整个团队范围内进行，也有少数讨论在组长和组员之间私下进行。

一、任务分解式的讨论

任务分解式的讨论类似于任务分解再组法。任务分解再组法是指先将大任务分解为 N 个小任务单独完成，再将完成的各小任务进行组合，最后还原为大任务完成预期目标（张春水和李卫东，2017）。而任务分解式的讨论，即将一个问题分解为若干个小问题进行讨论，最后综合考虑合在一起，解决所讨论的问题。

案例一是关于小组分工的讨论，这类对话情形经常在组长和组员中出现。组长常会组织项目分工并组织组员讨论，组员响应并发表意见，对组长的设计提问或加以补充。

案例一：

组长：大家参考海报看一下吧！我想了下大家的分工，我们可以分成五方面来做：介绍什么是生态破坏（开始的介绍）、生态破坏的原因、危害、如何做和最后总结。①原因，自然，人为；②危害，大气污染、水体污染等；③如何做，先从自己做起，呼吁大家来做；④开篇介绍的；⑤结尾的。五个方面分给六个人做，其中原因分给两个人做。

组员1：可以分得更直接一些，如三个方面：原因（此处要写开篇介绍）、危害、如何做（要附带结尾）。

组长：这个建议挺好，那我们就分三个方面：原因，人为和自然，分两人来做；危害，分两人来做；如何做，分两人来做。每人做四页。

组员：好的，同意！

组长：晚上大家都自己挑选完自己要做啥，发群里。就今晚哦，大家抓紧。

组员1：我做危害。

组员2：那PPT怎么办？

组长：PPT轮流做，即第一组做完传下一组做，第一组是原因，第二组是危害，第三组是如何做，两人一组，自行分组。每组用时两天，明天起算。

组员：OK。

组长：顺便提一下，大家做时要用上之前做的东西，然后记得保存为psd文件，最后要上传，老师可能会问你这个是怎么做的。

二、共同决策式的讨论

共同决策的形式常见于医患共同决策，即指医方、患者及其家属共同进行决策，医务人员充分告知患者各种治疗方法的好处与坏处，知情的患者权衡利弊并与医务人员充分交流后共同做出决策（姚抒予等，2017）。除此之外，生活中还有很多事情，需要多人参与并做出最终判断，即共同决策，而共同决策多采用投票的形式。

案例二是小组投票进行决策的典型例子。在小组中意见过多、产生分歧、难以统一时，组长经常会采用投票的形式决定小组意向。投票的方式私下进行，不会影响到他人的决定，而且可以比较快速地达成小组内部的一致性方案。

案例二：

组长：大家觉得我们还要换主题吗？

组员1：要不大家投票决定吧？1=换主题，2=不换。私下投给组长吧！

组长：收到大家的票了。最后是4票不换，2票弃权。那我们就努力地把这个做好吧。

组员2：好的！

组员3：好的。

组员4：OK。

三、头脑风暴式的讨论

头脑风暴式的讨论是一种激发团队创造性思维的有效方法，一般做法为：小组成员聚在一起，组织者提出需要解决的问题，不作具体的引导性发言，其他成员不受约束地充分发挥想象力，只有思考和交流，相互启迪，从而产生思维的相互刺激，相互碰撞，激发思维的火花，得到解决问题的突破性方法。用这种讨论方式可以有效地打破僵化的思维方式，发挥集体的智慧和长处，在短时间内可以得到突破性的宝贵意见（杨小丽等，2018）。

案例三是典型的头脑风暴式的共享和讨论。头脑风暴也是一种很好的收集组员意见的方式。在案例三中，小组组员对制作项目中教学代理的形象设计进行了讨论，集思广益，最终由组长整理出教学代理的雏形。

案例三：

组长：现在大家就各自设计一个代理，我们周六晚上投票确定吧。收到请回复。

组员1：拟人化的盾牌很赞。

组员2：话说要让人物独特，让人有印象，一个独眼砖怎么样？

组员3：不错，挺Q版。

组长：这个怎么样？

组员1：弱弱问句，这是啥？

组长：盾牌。

组员2：如果是盾牌，最好还是一个完整的盾牌，眼睛放在盾牌上好一些。

组长：好的。

组员1：我准备给它加个爆炸头，如果大家很鄙视我就停工了，所以大家赶紧给意见。

组长：鄙视打1，很鄙视打2。

组员2：1。

组员3：某同学说她的爆炸头比它的好看100倍哦。

组长：我们的教学代理大体上就是这样的，一个人拿着一个盾牌。所以呢，大家可以先去找一个人的形象，我们到时候修改这个人物形象就好了。

组员2：盾牌在遇到攻击的时候会变大，变成一堵墙。
组员3：赞同组员2。
组员4：主角到底是墙还是病毒呀？
组员5：教学代理一定得是防火墙吗？不能是破坏防火墙的那个虚拟角色吗？像柴静拍的环保短片里面那个空气污染物那玩意。
组员3：病毒是配角。
组员4：防火墙是块盾？
组员5：噢噢！
组员4：用什么墙呢？
组员2：用墙做成的盾。
组员1：要么就直接把防火墙拟人化算了，然后就是奥特曼打各种小怪兽的故事。
组员5：多好，结合上面两种砖和盾的两种想法。
组员1：是的，一块有手有脚的砖头。
组员2：不然就是一块砖，然后遇到攻击就叠成盾的样子。
组员3：一块砖？把头发剪掉的话。
组长：大家的意见很好！拍照留念！我整理一下，稍后写一个大致的方案大家来拍板。

第二节 团队共享的知识流向

一、任务分解式讨论的知识流向

在任务分解式的讨论中，通常由组长组织发起，根据自身理解对小组任务进行描述。组员同时也加入自己的见解，对小组任务进行分析，衡量工作量，讨论合理划分，然后每个组员根据自身专业背景和知识存储认领各自的任务。讨论过程中涉及个体知识和团队知识的融合。在任务分解过程中，知识的流动是平缓有序的，在组长的组织下，所有小组成员共同促成个体知识和团队知识的转化，并通过认领的方式确认小组成员对任务各模块的职责，为后续的知识共享打下基础。任务分解式讨论的知识流向如图4-1所示。

二、共同决策式讨论的知识流向

涉及小组成员共同决策的讨论是个体知识融合汇聚后，小组内部互动、协商、表决，最终形成小组决策的过程。明确待决策的问题后，组长和组员分别提出各自的提

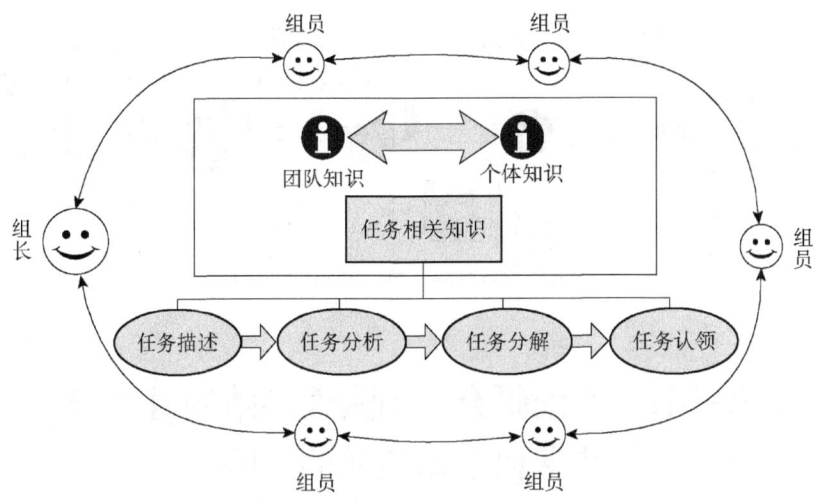

图 4-1 任务分解式讨论的知识流向

案和想法。个体在相互协商过程中将个体知识与小组任务相联结，形成自己的选择倾向。个体之间协商的过程也是一个知识交换、深化和内化的过程。如果小组内部没有达成一致，则通过投票等方式表决，形成最后的小组决策。共同决策式讨论的知识流向如图 4-2 所示。

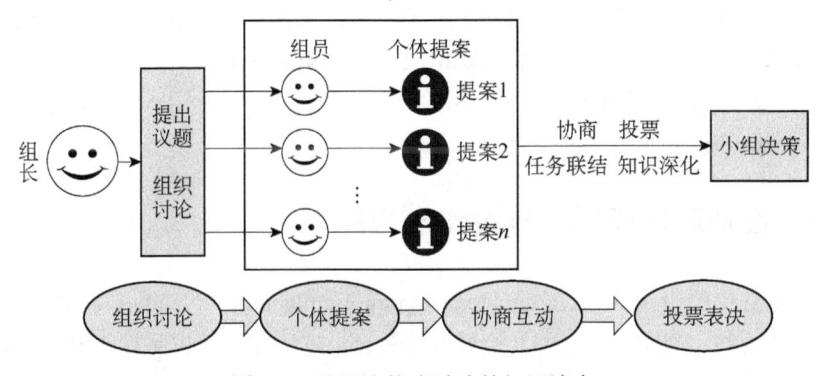

图 4-2 共同决策式讨论的知识流向

三、头脑风暴式讨论的知识流向

头脑风暴式的讨论是典型的"分—总"式讨论。组长抛砖引玉，启动头脑风暴，小组成员可以在原有意见上添砖加瓦，加以支持或否定，提出更好的方案，或者对原有方案加以补充或进行筛选。组长和组员共同梳理头脑风暴后的意见想法，综合考虑后，形成团队共识。头脑风暴式讨论的知识流向如图 4-3 所示。

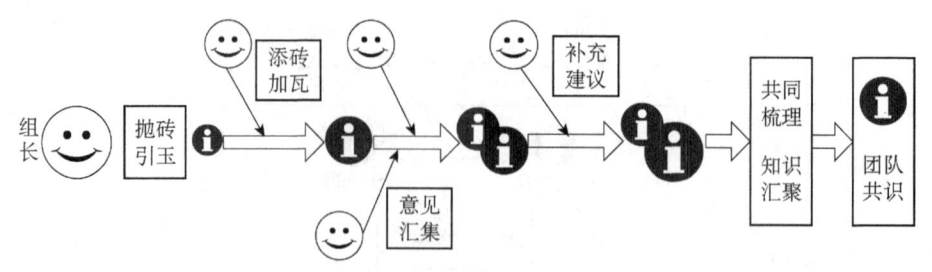

图 4-3　头脑风暴式讨论的知识流向

第三节　实证研究：团队性别结构对知识共享和个体绩效的影响

分组策略是小组合作学习步骤实施的重要依据，不同的分组策略对课堂教学会产生不同的教学效果。优化的分组方法、原则、策略，以及组内、组外的合理分工，有利于充分调动学生学习的积极性与参与性，提高课堂的效率（郑冬冬，2017）。分组策略对团队内部的知识共享也有着必然的影响。知识共享水平的评测主要通过以下三种方式：①通过学习绩效推断知识共享水平；②通过建立评价指标体系，以问卷和量表测量知识共享水平；③通过成员互动情况判断知识共享水平。在本章中，我们将通过个案研究，探讨在计算机支持协作学习中性别分组对学习者团队绩效、个体成绩学习态度、团队知识共享行为的影响。

一、性别对计算机支持协作学习的影响

计算机支持的协作学习（computer supported collaborative learning，CSCL）是利用计算机或网络实现学习者之间社会性互动的团队学习形式，也是目前典型的以学习者为中心的模式（Stahl et al.，2006）。近年来，CSCL 环境下知识构建活动的研究日益受到重视，并取得了迅速的发展。同时不难发现，大部分 CSCL 领域的研究侧重学生协作行为的基本特征和交互形态研究（斯琴图亚，2017）。在 CSCL 中，学习者通过一系列的合作行为，实现知识的共享和再创造，从而提高他们协作、决策和解决问题的能力（Popov et al.，2014）。在计算机和信息技术日益普及和新的技术应用层出不穷的今天，CSCL 在各种教学应用的支持下可以更加灵活有效地开展。例如，在线论坛、博客、微博、维基百科、社会化媒体、Moodle、MOOC 等，都为开展 CSCL 提供了很好的平台，可以帮助学习者更有效地交流和共享资源（Zhan and Mei，2013）。

在 CSCL 中，将学生分成不同的合作小组是必要的步骤和首先要考虑的重要问题

（Janssen et al.，2009；Draper，2004；Kreijns et al.，2003；Schumm et al.，2000）。因为性别是每个人固有的可见特征，在分组前并不需要事先测评。所以相比其他的分组方法（如基于能力的分组、基于学习风格的分组等），性别分组最为简单可行，也因此得到最广泛的应用（Sopka et al.，2013；Underwood et al.，2000；Willoughby et al.，2009）。

在本章的研究中，我们关注这样的问题：在 CSCL 中，性别分组是否会影响学习者的知识共享、团队绩效、个体成绩和学习态度？近年来，相关文献对这一问题曾发出过不同的声音：一些研究者认为，性别分组对团队绩效并没有很大的影响（Xie，2011）。Cheng 等（2008）发现，在基于项目的学习中，性别分组和小组人数对学习者的协作学习和自我效能并没有多大关系。相反，Underwood 等（2000）却得出了截然不同的结果，他们发现在同性组合和异性组合的小组中，尽管任务表现存在很小的差距，同性组合的小组无论是在面对面还是在在线的交流方面都更多一些。小组协作的形式比个人负责独立完成一部分的合作性项目学习所带来的知识共享效果更好些。

其他一些研究则强调了性别分组对 CSCL 团队绩效的影响。但是，相关研究者对于性别分组干预的影响却发生了争论。争论的一方认为，同性组合小组比异性组合小组要好，如 Dalton（1990）指出，异性组合小组比同性组合小组的绩效表现要差。Underwood 等（1990）指出，同性组合小组比个人独立完成的项目绩效要好。Stephenson（1994）则认为，大学生的异性组合小组比同性组合小组的互动更活跃，但同性组合小组却往往有更好的成绩。Bennett 等（2010）发现，尽管理解力的提升和性别的组成无关，但同性组合小组比异性组合小组的工作目的性更强。Monereo 等（2013）也指出，一个女性占大多数的小组往往更容易取得成功。

然而，反对者则认为，在异性组合小组中，学生的知识精化过程更倾向于偏离彼此，即知识的共享更全面和多样，这也是 CSCL 获得成功的重要标志。Ding 等（2011）、Willoughby 等（2009）发现，异性组合小组比同性组合小组的协作行为更多些。Kirschner 等（2008）发现异性组合可以从不同的角度看问题，使得所关注的问题空间更加丰富，有助于得出全面的问题分析和解决方案。即使在异性组合小组中，也存在差异。一些研究报告指出，无论在男性占多数的小组还是在女性占多数的小组，都比性别平衡小组的合作程度要高（Busch，1996；Maskit and Hertz-Lazarowitz，1986）。然而也有研究得出了截然相反的结论，如 Takeda 和 Homberg（2014）发现性别平衡小组的学生有更合理的合作过程和更强的合作计划，表现出较少的"搭便车"现象及更平衡的组内分工和贡献。Stefanou 等（2014）补充说，相对学生性别平衡的班级，师生间的性别搭配更为重要，有助于更好地发展学生适应性自主学习行为。

在个体层面，性别差异也在许多 CSCL 的研究中有所报道。从人际交流的角度看，有学者发现，男性学习者和女性学习者有着不同的沟通风格（Guiller and Durndell，2007；Li，2002）。Guntermann 和 Tovar（1987）指出男性学习者比女性学习者更愿意去获取信息，但女性学习者比男性学习者更喜欢赞同他人的意见。Howe（1997）、Gallagher 和 Kaufman（2005）均指出，男性学习者在协作过程中往往比女性学习者更独断，而女性学习者往往较难以独立解决问题，因为她们比男性更需要得到他人的支持和互动。

还有一些研究人员指出，CSCL 中的性别差异存在于人本身的内在特质中。Willoughby 等（2009）发现，在 CSCL 活动中，男生比女生更喜欢支配教室里的电脑。González-Gómez 等（2012）则发现，女生更重视学习计划的制订，并更倾向于与老师保持联系。此外，Green 和 Cillessen（2008）发现，与男生相比，女生更喜欢合作，而男生中则经常出现只看不做的旁观者，而且男生比女生更喜欢使用策略保持对资源的控制。Ding 等（2011）发现，当学生在网上讨论物理问题时，男生喜欢用图表画出变量关系和解决方案，而女生则更倾向于使用文本消息传递想法和自身知识。只有很少一部分研究分析了性别分组对男性学习者和女性学习者 CSCL 学习的影响，而且结果并不一致。Ding 等（2011）发现女生在同性组合小组中的表现优于其在异性组合小组时，而男生却恰好相反。Harskamp 等（2008）发现，学习同伴的性别对女生的学习成绩有着显著影响。在同性组合小组中，男生和女生的表现相当；而在混合性别小组中，男生往往比女生表现得要好。也有一些研究发现，性别差异只对团队绩效有很小的调节效应，而且并不是和性别直接相关，而是涉及学习者所处的复杂的社交情境（Abbiss，2008；Chu，2010）。

还有一些研究分析了性别分组对学生学习态度的作用和影响。有研究指出，女生对新颖的计算机支持环境通常会产生较大的满足感（González-Gómez et al.，2012），她们也更倾向于在共同体的环境下彼此合作和分享（Agnew et al.，2008）。而男生则偏向于喜欢传统的教学模式（Gratton-Lavoie and Stanley，2009）。然而，也有研究者持不同的观点，Wang 等（2009）发现混合性别小组和单一男性小组的学生都比单一女性小组的满意度和归属感要高。Sopka 等（2013）进一步发现，与混合性别小组中的男生相比，单一男性小组的男生更多地感到被组员打扰和不安。相反，在单一女性小组中的女生则感到与组员相处较为愉悦。此外，Mccaslin 和 Tuck（1994）调查了小组中求助和施助的情况，结果发现性别差异并不明显，但混合性别小组中更容易产生活跃的学习环境。然而，与上述研究结果相反，Liu 等（2007）指出，不管是男生还是女生，都是在单一性别小组中产生较高的满意度，因为同性中交往的风格比较一致。

二、研究问题的细化

（一）研究问题

本研究的目的是分析 CSCL 中性别分组对团队绩效和团队知识共享行为、男女生个体成绩和学习态度的影响。具体而言，这项研究将试图回答以下三个问题。

1）性别分组是否会影响学生在 CSCL 中的团队表现和团队知识共享行为？

2）性别分组是否会影响在 CSCL 中学生的个体成绩和学习态度？

3）在不同的性别组成的小组之间，男生和女生有什么差别？

（二）研究假设

假设一：在 CSCL 中，男女混合小组比单一性别小组有更好的团队绩效和知识共享（H1：小组绩效：男女混合小组>单一性别小组）。男女混合的分组策略有助于组建一个具有不同认知风格、想法多元化的学习团队，这样学生可以从不同角度共享知识和设计他们的产品，并提供不同视角的项目解决方案，有助于学习小组在 CSCL 中取得较好的团队绩效。这一假设有两个附属的子假设。

H1-1：在单一性别小组中，女生小组比男生小组表现更好。

H1-2：在混合性别小组中，性别平衡小组比性别非平衡小组表现更好。

假设二：在 CSCL 中，个体学生（男或女）在单一性别小组比在混合性别小组会取得更好的学习效果，具有更好的学习态度，（H2：个体成绩和学习态度：单一性别小组>男女混合小组）。个体学生在与自己沟通方式相类似的群体中往往会收获更多，且学生在单一性别小组中冲突更少，更容易达成一致，有助于学习态度的改善。由于存在多种类型的性别分组形式（如性别平衡小组、男生主导小组、女生主导小组等）。这一假设有两个附属的子假设。

H2-1：个体学生在男女平衡小组比在男女非平衡小组表现更好，且有更好的学习态度。

H2-2：个体学生在男生主导小组比在女生主导小组表现更好，且有更好的学习态度。

假设三：在 CSCL 中，女生将有更好的学习表现并显示出比男生更好的态度（H3：性别差异：女生>男生）。这是因为男女生的沟通方式存在性别差异，女生更善于交流（Guiller and Durndell，2007；Li，2002），因此往往在协作学习中收获更多（Hossain et al.，2013）。大多数女生更愿意与女生合作，因为这些女生比男生更容易与自己产生一致的观点（Asterhan et al.，2012）。此外，与单一男生小组相比，单一女生小组在协作和讨论质量方面的表现较佳（Asterhan et al.，2012）。因此，在单一女生小组中，组员更容易交换项目想法并达成有效协议。这一假设需要从以下五个组别中加以检验：①所有样本中的性别差异；②在单一性别群体中的性别差异；③男女混合小组的性别差异；④男女平衡小组的性别差异；⑤性别非平衡小组的性别差异。

三、教学实验

588 名本科生（287 名男生，301 名女生）根据性别被随机分成 147 个四人小组。在这些小组中，28 组由四个男生组成（4M）；29 组由三男一女组成（3M1F）；29 组由两男两女组成（2M2F）；30 组由一男三女组成（1M3F）；31 组由四个女生组成（4F）。从标准化考试题库（the final examination test item repository，FETIR）中随机抽出 10

道题目作为初测。所有学生被要求分别在 30 分钟完成初测和一份问卷调查。

在学期中，每个学生都会被分配一个学习账号，以登录学习平台下载数字化学习资源、与课程内容相关的案例及作业的指导说明文档。在每节课上课前，学生会在讨论组说出他们的问题和想法。每节课之后，在学习团队一起复习课上学习的内容并讨论小组作业，并按要求参加一定数量的在线学习活动（如在线讨论、问答、投票和辩论、WIKI 笔记），提交并分享他们的作业并给予其他组员相关的评论和反馈。

在学期末，每个学习团队都会完成一份电子作品，提交一份小组合作的总结报告并做一个 10~15 分钟的作品展示，用以经验分享。在课程结束时，学生需要在 105 分钟内独立完成一份标准化的课程兴趣测试（course interest survey，CIS）。

四、研究结果

表 4-1～表 4-3 分别展示了团队绩效、个体成绩、学习态度、团队知识共享行为。

表 4-1　五种分组类别中的团队绩效、个体成绩与学习态度

性别分组[a]		团队绩效[b] M（SD）	个体初测[c] M（SD）	个体终测[d] M（SD）	学习态度[e] M（SD）	专注[f] M（SD）	相关性[g] M（SD）	信心[h] M（SD）	满意度[i] M（SD）
4M	男 (n=112)	84.54 (4.978)	48.48 (17.461)	78.69 (12.835)	4.116 1 (0.608 62)	4.23 (0.794)	4.30 (0.695)	3.58 (0.946)	4.35 (0.707)
3M1F	男 (n=87)	84.59 (6.356)	48.97 (16.984)	81.86 (12.579)	4.094 8 (0.394 81)	4.14 (0.574)	4.28 (0.521)	3.66 (0.729)	4.31 (0.556)
	女 (n=29)		51.72 (16.918)	78.95 (10.374)	4.258 6 (0.519 63)	4.21 (0.861)	4.10 (0.817)	3.86 (0.833)	4.86 (0.441)
	合计 (n=116)		49.66 (16.936)	81.13 (12.089)	4.135 8 (0.432 88)	4.16 (0.654)	4.23 (0.609)	3.71 (0.758)	4.45 (0.580)
2M2F	男 (n=58)	86.59 (5.609)	47.07 (18.065)	84.10 (10.398)	4.336 2 (0.620 47)	4.24 (0.757)	4.38 (0.768)	4.10 (0.765)	4.62 (0.644)
	女 (n=58)		50.34 (16.645)	83.83 (9.426)	3.956 9 (0.536 27)	4.07 (0.722)	4.10 (0.667)	3.43 (0.704)	4.22 (0.594)
	合计 (n=116)		48.71 (17.372)	83.97 (9.882)	4.146 6 (0.607 98)	4.16 (0.741)	4.24 (0.730)	3.77 (0.806)	4.42 (0.648)
1M3F	男 (n=30)	83.80 (4.221)	51.67 (15.332)	78.98 (13.352)	3.916 7 (0.752 39)	4.03 (0.928)	4.10 (0.759)	3.63 (0.928)	3.90 (1.296)
	女 (n=90)		48.67 (17.430)	80.78 (12.592)	3.905 6 (0.652 97)	4.03 (0.867)	4.18 (0.773)	3.32 (0.897)	4.09 (0.729)
	合计 (n=120)		49.42 (16.918)	80.33 (12.753)	3.908 3 (0.675 92)	4.03 (0.879)	4.16 (0.767)	3.40 (0.911)	4.04 (0.902)
4F	女 (n=124)	86.71 (5.087)	48.95 (17.798)	82.24 (11.733)	4.332 7 (0.420 17)	4.30 (0.765)	4.32 (0.693)	3.94 (0.621)	4.77 (0.420)

注：M. 均值，SD. 标准差。个体终测即为个体成绩。a. 小组中的性别组成：4M=四个男生，3M1F=三男一女，2M2F=两男两女，1M3F=一男三女，4F=四个女生。b, c, d. 初测的试卷满分为 100。e, f, g, h, i. 五级李克特量表，1=最正确，5=最不正确。下同

表 4-2　根据三组假设呈现的团队绩效、个体成绩与学习态度

性别分组 [a]		团队绩效 [b] M（SD）	个体初测 [c] M（SD）	个体终测 [d] M（SD）	学习态度 [e] M（SD）	专注 [f] M（SD）	相关性 [g] M（SD）	信心 [h] M（SD）	满意度 [i] M（SD）
单一性别小组	男（n=112）	85.68 （5.111）	48.48 （17.461）	78.69 （12.835）	4.12 （0.609）	4.23 （0.794）	4.30 （0.695）	3.58 （0.946）	4.35 （0.707）
	女（n=124）		48.95 （17.798）	82.24 （11.733）	4.33 （0.420）	4.30 （0.765）	4.32 （0.693）	3.94 （0.621）	4.77 （0.441）
	合计（n=236）		48.73 （17.603）	80.56 （12.370）	4.23 （0.528）	4.27 （0.778）	4.31 （0.693）	3.77 （0.810）	4.57 （0.611）
混合性别小组	男（n=175）	84.98 （5.519）	48.80 （17.061）	82.11 （12.099）	4.14 （0.566）	4.15 （0.706）	4.28 （0.658）	3.80 （0.802）	4.34 （0.793）
	女（n=177）		49.72 （17.037）	81.48 （11.367）	3.98 （0.606）	4.07 （0.819）	4.14 （0.744）	3.45 （0.845）	4.26 （0.699）
	合计（n=352）		49.26 （17.031）	81.79 （11.724）	4.06 （0.591）	4.11 （0.765）	4.21 （0.705）	3.62 （0.842）	4.30 （0.747）
性别平衡小组	男（n=58）	86.59 （5.609）	47.07 （18.065）	84.10 （10.398）	4.34 （0.620）	4.24 （0.757）	4.38 （0.768）	4.10 （0.765）	4.62 （0.644）
	女（n=58）		50.34 （16.645）	83.83 （9.426）	3.96 （0.536）	4.07 （0.722）	4.10 （0.667）	3.43 （0.704）	4.22 （0.594）
	合计（n=116）		48.71 （17.372）	83.97 （9.882）	4.15 （0.608）	4.16 （0.741）	4.24 （0.730）	3.77 （0.806）	4.42 （0.648）
性别非平衡小组	男（n=117）	84.19 （5.345）	49.66 （16.554）	81.12 （12.786）	4.05 （0.513）	4.11 （0.679）	4.23 （0.593）	3.65 （0.780）	4.21 （0.826）
	女（n=119）		49.41 （17.286）	80.33 （12.072）	3.99 （0.639）	4.08 （0.865）	4.16 （0.781）	3.45 （0.909）	4.28 （0.747）
	合计（n=236）		49.53 （16.891）	80.72 （12.411）	4.02 （0.580）	4.09 （0.777）	4.19 （0.694）	3.55 （0.852）	4.24 （0.786）
性别主导小组	男（n=87）	—	48.97 （16.984）	81.86 （12.579）	4.09 （0.395）	4.14 （0.574）	4.28 （0.521）	3.66 （0.729）	4.31 （0.556）
	女（n=90）		48.67 （17.430）	80.78 （12.592）	3.91 （0.653）	4.03 （0.867）	4.18 （0.773）	3.32 （0.897）	4.09 （.729）
	合计（n=177）		48.81 （17.164）	81.31 （12.561）	4.00 （0.548）	4.08 （0.738）	4.23 （0.661）	3.49 （.833）	4.20 （0.657）
性别非主导小组	男（n=30）	—	51.67 （15.332）	78.98 （13.352）	3.92 （0.752）	4.03 （0.928）	4.10 （0.759）	3.63 （0.928）	3.90 （1.296）
	女（n=29）		51.72 （16.918）	78.95 （10.374）	4.26 （0.520）	4.21 （0.861）	4.10 （0.817）	3.86 （0.833）	4.86 （0.441）
	合计（n=59）		51.69 （15.991）	78.97 （11.878）	4.08 （0.666）	4.12 （0.892）	4.10 （0.781）	3.75 （0.883）	4.37 （1.081）

表 4-3　五种分组的团队知识共享行为

维度	指标	4M M（SD）	3M1F M（SD）	2M2F M（SD）	1M3F M（SD）	4F M（SD）	小计 M（SD）
社会	情感	11.00（6.25）	10.00（4.57）	17.00（7.94）	22.67（3.06）	25.00（6.08）	17.13（7.94）
	内聚	14.33（3.22）	17.67（3.79）	24.67（5.86）	15.00（3.00）	17.00（4.36）	17.73（5.19）
	社会互动	25.33（6.66）	27.67（4.93）	41.67（10.60）	37.67（6.03）	42.00（6.25）	34.86（9.47）

续表

维度	指标	4M M (SD)	3M1F M (SD)	2M2F M (SD)	1M3F M (SD)	4F M (SD)	小计 M (SD)
认知	启示	3.33 (1.53)	4.67 (2.52)	7.67 (6.03)	5.67 (1.53)	6.00 (2.00)	5.47 (3.09)
	探索	20.33 (3.22)	16.00 (7.55)	36.00 (7.00)	19.00 (1.00)	39.33 (3.51)	26.13 (10.81)
	整合	2.67 (1.53)	7.00 (4.58)	12.67 (8.33)	7.00 (2.65)	22.33 (9.87)	10.33 (8.81)
	决议	6.33 (2.31)	3.67 (4.73)	1.33 (1.528)	2.00 (2.65)	4.67 (4.16)	3.60 (3.36)
	元反思	1.00 (1.73)	6.00 (8.72)	5.00 (5.57)	1.67 (1.16)	2.33 (2.08)	3.20 (4.54)
	认知互动	33.66 (1.53)	37.34 (21.22)	62.67 (8.39)	35.34 (1.53)	74.66 (10.07)	48.73 (19.75)
教学	组织性事项	20.00 (1.73)	20.00 (11.53)	29.00 (4.00)	32.00 (4.00)	14.00 (1.00)	23.00 (8.39)
	对话辅助	4.67 (4.51)	11.00 (1.00)	17.67 (9.29)	6.67 (6.66)	20.00 (4.58)	12.00 (7.95)
	直接教导	6.33 (7.51)	6.67 (5.69)	15.67 (7.23)	6.00 (5.57)	7.33 (4.73)	8.40 (6.49)
	教学互动	31.00 (7.55)	37.67 (17.56)	62.33 (11.24)	44.67 (8.33)	41.330 (3.22)	43.40 (14.13)
	总计	90.00 (10.44)	102.67 (41.02)	166.67 (9.24)	117.67 (15.04)	158.00 (15.00)	127.00 (36.26)

由表 4-1 可知，4F 组的团队绩效最好；2M2F 组表现次之，只比 4F 组少了 0.12 分；1M3F 组的表现最差。2M2F 组的平均个体成绩最高，为 83.97；4M 组的平均个体成绩最低，为 78.69。4F 组的平均学习态度有最高分值，而 1M3F 组则得到最低分值。

（一）团队绩效和知识共享行为

由表 4-2 可知，唯一具有统计学意义的结果是：学生在 4F 和 2M2F 组的表现明显好于其他三种可能的类型性别组成（4M、1M3F、3M1F），$F=7.141$，$p=0.008$，$\eta^2=0.157$，效应值为 0.078。但通过三个方差分析（ANOVA），均没有发现命题假设中的显著差异。可见性别分组对团队绩效的影响并不显著。

为了观察学习团队内部的知识共享行为，我们对团队成员之间的交互信息进行了内容分析，采用 Persico 等（2010）的 CSCL 活动监测模型（CSCL activities monitoring model）作为分析框架。从每个性别分组类别（即 4M、3M1F、2M2F、1M3F、4F）中随机抽取三组，总共对 15 组网上讨论区的帖子进行了收集和分析。2M2F 组和 4F 组的交流是所有分组中最频繁的。而在监测模型的三个维度中，认知交互维度和教学交互维度包含了大部分的交互信息。在指标层面上，学习者发布的帖子大多数与"探索"和"组织性事项"有关。

从性别分组的角度来看，在五种分组中，4M 组的学生在三个维度（社会维度、认知维度和教学维度）中交互最少，而且所发的帖子通常比其他性别组合的小组要简单。在 3M1F 组中，学生之间的总体交互属于中等，且大部分帖子集中在"组织性事项"和"内聚"，但很少帖子会围绕"情感"。在 2M2F 组中，学生之间发生的互动最频繁，帖子集中在"内聚"、"探索"和"组织性事项"。在 1M3F 组中，学生帖子主要与"情感"和"组织性事项"有关，但大多数帖子都是女生发出的。在 4F 组中，学生交互频繁，大多数帖子集中在"情感"、"探索"、"整合"和"对话辅助"。让人觉得有趣的是，4F组在"组织性事项"方面的讨论是最少的，这与其他四类小组有很大不同。

（二）个体成绩

由表4-2可知，学生的初测成绩在47.07～51.72。性别平衡小组（2M2F）的终测成绩最高，平均得分为83.97，男性较少组（1M3F）的终测成绩最低，平均得分为78.97。

（1）单一性别小组 vs.混合性别小组

对单一性别小组和混合性别小组数据进行单因素方差分析和多因素方差分析，发现初测成绩不存在主效应和交互效应，但终测成绩具有交互效应，$F=4.313$，$p=0.038$，$\eta^2=0.022$，效应值为0.012。分别对男生和女生数据进行方差分析，结果表明：对于男生来说，性别混合小组（3M1F、2M2F、1M3F）比单一性别小组（4M）明显表现得更好，$F=4.965$，$p=0.027$，$\eta^2=0.267$，效应值为0.132。对于女生来说，个体成绩数据没有显著的差异，$F=0.317$，$p=0.574$。

（2）性别平衡小组 vs.性别非平衡小组

对性别平衡小组和性别非平衡小组数据进行分析，发现初测成绩不存在主效应和交互效应。同样，在终测中也没有发现显著的交互效应，但学生在性别平衡小组（2M2F）中比在性别非平衡小组（3M1F、1M3F）中明显表现得更好：$F=5.987$，$p=0.015$，$\eta^2=0.022$，效应值为0.018。分别对男生和女生数据进行方差分析，结果表明：男生和女生的个体成绩在性别平衡小组和性别非平衡小组之间并不存在显著差异。

（3）男生主导小组 vs.女生主导小组

对男生主导小组和女生主导小组数据进行单因素方差分析和多因素方差分析，结果表明：两组学生的个体学习绩效没有显著差异 $F=1.276$，$p=0.260$。这一结果与男生和女生独立样本相一致。

（4）男生 vs.女生

对男生和女生数据进行单因素方差分析和多因素方差分析，结果表明：男女生的学习绩效在初测和终测中均没有发现显著差异。终测数据中，在单一性别小组中，女生表现明显比男生要好，$F=4.916$，$p=0.028$，$\eta^2=0.289$。在其他干预小组中均无显著性别差异。

（三）学习态度

通过课程的兴趣量表测量了个体学习态度，包括34项和四个分量表，即专注、相关性、信心和满意度四个维度。如表4-1所示，所有学生的学习积极性都较高，在"学习态度、专注、相关性、信心、满意度"五个维度，不同性别小组的均值在3.40～4.77（五级李克特量表）。如表4-2所示，单一性别小组的学习态度得分最高，平均分为4.23；性别主导小组的学习态度得分最低，平均分为4.00。

(1) 单一性别小组 vs.混合性别小组

结果显示，学生性别和分组干预确实对总体态度有显著的交互影响（$F=6.493$，$p=0.002$，$\eta^2=0.022$，效应值为 0.082），信心（$F=7.533$，$p=0.001$，$\eta^2=0.025$，效应值为 0.088），满意度（$F=13.603$，$p<0.001$，$\eta^2=0.045$，效应值为 0.154）。使用性别分组干预（单一性别小组 vs.混合性别小组）作为分组因素，对男女生的学习态度进行了两个后续的方差分析，男生在混合性别小组（3M1F、2M2F、1M3F）和单一性别小组（4M）的总体态度不存在显著差异，$F=0.258$，$p=0.612$。然而，在态度分项中，混合性别小组中男生的信心显著高于单一性别小组的男生，$F=4.306$，$p=0.039$，$\eta^2=0.240$，效应值为 0.119。女生样本则有不同的表现，在单一女生小组（4F）中的女生整体态度显著高于混合性别小组（3M1F、2M2F、1M3F）中的女生，$F=31.930$，$p<0.001$，$\eta^2=0.680$，效应值为 0.322，且在四个态度分项中的结果都是显著的。

(2) 性别平衡小组 vs.性别非平衡小组

学生性别和分组干预也对总体态度有显著的交互效应（$F=5.982$，$p=0.015$，$\eta^2=0.022$，效应值为 0.046），信心（$F=6.691$，$p=0.010$，$\eta^2=0.02$，效应值为 0.076），满意度（$F=7.879$，$p=0.005$，$\eta^2=0.038$，效应值为 0.154），性别分组效应主要集中在信心分项（$F=5.200$，$p=0.023$）和满意度分项（$F=4.602$，$p=0.033$）。

对男女生样本分别进行了后续的 ANOVA，发现男生在性别平衡小组（2M2F）比性别非平衡小组（3M1F、1M3F）中有更好的学习态度、信心和满意度。学习态度：$F=10.535$，$p=0.001$，$\eta^2=0.504$，效应值为 0.245；信心：$F=13.287$，$p<0.001$，$\eta^2=0.582$，效应值为 0.280；满意度：$F=11.277$，$p=0.001$，$\eta^2=0.554$，效应值为 0.267。对于女生样本，这种差异就不太显著。结果发现，女生在性别平衡小组（2M2F）和在性别非平衡小组（3M1F、1M3F）的总体态度无显著差异，$F=0.127$，$p=0.722$。所有的四个分量表均无显著的结果。

(3) 男生主导小组 vs.女生主导小组

学生性别和分组干预对总体态度存在显著的交互效应（$F=5.005$，$p=0.026$，$\eta^2=0.022$，效应值为 0.051），信心（$F=28.065$，$p<0.001$，$\eta^2=0.025$，效应值为 0.118），满意度（$F=9.612$，$p=0.002$，$\eta^2=0.038$，效应值为 0.046）。

对男女生样本分别进行了后续的 ANOVA，发现男生在男生主导小组（3M1F）比在女生主导小组（1M3F）有更好的学习态度、信心和满意度。$F=5.735$，$p=0.018$，$\eta^2=0.554$。对于女生样本，情况则是相反的。女生在男生主导小组（3M1F）比在女生主导小组（1M3F）显示出明显更高的学习态度、信心和满意度。学习态度：$F=7.029$，$p=0.009$，$\eta^2=0.554$。信心：$F=8.209$，$p=0.005$，$\eta^2=0.554$。满意度：$F=29.089$，$p<0.001$，$\eta^2=0.554$。

(4) 男生 vs.女生

男女生的总体态度不存在显著差异，$F=0.028$，$p=0.868$。在四个分量表中，女生的满意度显著高于男生，$F=4.744$，$p=0.030$，$\eta^2=0.184$。

在单一性别小组中，女生的学习态度显著高于男生，$F=10.281$，$p=0.002$，$\eta^2=0.414$，效应值为 0.203。在混合性别小组中，男生的总体态度和信心得分显著高于女生，$F=6.888$，$p=0.009$，$\eta^2=0.280$。在四个分量表中，只有信心有显著的结果：$F=16.205$，$p<0.001$，$\eta^2=0.423$。在性别平衡小组中，男生的总体态度得分显著高于女生，$F=12.407$，$p=0.001$，$\eta^2=0.654$。在性别非平衡小组中，男女生之间没有显著差异。然而，在男女生主导的小组之间有差异。在女生主导小组中，女生满意度高于男生，$F=14.367$，$p<0.001$，$\eta^2=0.994$。而在男生主导小组中，男生比女生有更高的总体态度，$F=5.401$，$p=0.021$，$\eta^2=0.351$。

五、结果讨论

（一）团队绩效

研究结果不支持假设 H1（在 CSCL 中的混合性别小组执行比单一性别小组更好）。实际上，无论是男生 vs.女生，或单一性别小组 vs.混合性别小组，抑或性别平衡小组 vs.性别非平衡小组，在团队绩效方面都不存在显著差异。然而，由于女生的规划和沟通能力相对男生而言较强，在 CSCL 中倾向于开展更多的讨论（González-Gómez et al.，2012），因此 2M2F 组和 4F 组比其他三种性别配比有更好的表现。2M2F 组的平均绩效得分只比 4F 组少 0.12，所以可以认为性别平衡的团队有利于取得更好的团队绩效，这也符合 Takeda 和 Homberg（2014）所做的研究。

在不同性别的团队中，团队内部行为的定性分析与团队能力表现结果相一致。2M2F 组和 4F 组在所有性别群体中互动最频繁，且这两种性别组合的小组在课程结束时也有最佳表现。4F 组乐于讨论社会与认知维度的内容，而 2M2F 组则更多地讨论教学维度（尤其是"组织性事项"和"直接教导"）的内容。1M3F 组和 3M1F 组也有类似的团队互动模式。两组学生对"探索"和"组织性事项"有较多的互动，但 1M3F 组更贴合"情感"主题。通过这项研究，发现情感因素的多少与组内女性成员的数量成正比。此外，4M 组表现得最不活跃。男生对于讨论缺乏积极性，但他们通常在"探索"上有着更多的交流，如商量设计计划和组织性事项、询问对提交截止日期和小组会议安排等方面的意见。

（二）个体成绩和学习态度

（1）个体成绩

研究假设 H2 没有得到验证，反而得到了相反的结果。在混合性别小组和单一性别小组中，女生的学习成绩不存在显著差异，而男生在混合性别小组比在单一性别小组取得更好的成绩。这一结果与 Ding 等（2011）的研究成果相一致，他曾指出，男女生共事时更倾向于开展多样化的讨论、对项目会有更全面的思考。女生更愿意表达自己的想法，而男生则更倾向于索要信息（Guntermann and Tovar，1987）。因此，男生可能可以从混合性别沟通环境营造的动态氛围中受益，从而获得比单一性别小组更好的合作效果，进而提升学习效果。

H2-1 的假设得到验证，性别平衡小组比多数其他组有更多的合作学习，但效应较小。这与 Maskit 和 Hertz-Lazarowitz（1986）的研究结果相一致。在 CSCL 中，一个平衡的环境，能使学生事半功倍，因为在那里没有人会认为自己是"少数"，并且这也减少了"搭便车"的可能性。如果每个人都能倾力回报自己的团队，那么个体成绩也能获得提高。

H2-2 的假设不被支持，性别多数组和少数组的个体学生学习成绩不存在显著差异。这可能是由于性别的主导不足以对个体学生成绩产生显著影响。无论何种性别主导，个体学生都有平等的机会去感受压力和遭遇协作难题。更重要的是，CSCL 通过在线学习交流，减少了这种差异，使得他们可以随时随地讨论项目并从队友处获得反馈。因此，无论学生是否属于团队中的主导性别，他们的表现不应该有大幅度的影响。

（2）对课程的态度

单一性别小组和混合性别小组（H2-1）内学生的态度存在交互效应，即混合性别小组内的男生比单一性别小组内的男生显著地表现得更为自信，而单一性别小组的女生则要比混合性别小组的女生有明显更好的学习态度。由此可知，女生和同性组员之间存在更多的共同点，因此她们可能会更容易相互理解和达成协议，有助于增加小组的合作效率，改善学习态度。相比之下，男生在混合性别小组中可以更全面地共享知识，而他们的女性组员倾向于对他人分享的意见和建议表示赞同（Harskamp et al.，2008；Webb and Mastergeorge，2003），这可能会增加男生的工作信心。

H2-1 也得到了部分支持，个体学生在性别平衡小组比在性别非平衡小组更能显著地感受到自信和满意度。这种性别平衡对于男生的影响较大，这说明一个性别平衡群体可能有助于通过创造一个平衡的合作环境，提高学生的自信与满意度。尤其是对男生，他们对于小组中谁是主导者这一问题更为敏感，因此被安排在一个平衡环境下的男生会感到更舒适和满意。

H2-2 没有得到支持。在性别主导小组与性别非主导小组中，单个学生的学习态度不存在显著差异。然而有趣的是，男女学生之间的效应是相反的。处于性别主导小组的男生满意度显著高于处于性别非主导小组的男生，而女生则是在性别非主导小组中比在性别主导小组中，能得到更多的自信和更高的满意度。这些发现揭示，男生可能更乐意成为团队内多数人群中的一员，而女生则喜欢在少数人群中。这可能是因为男生喜欢处于便于获得更多权力的有利位置，如果处在非主导群体中将影响其个体成绩和学习态度。相比之下，女生似乎更愿意成为"特殊"，成为少数使得她们能够获得更多关注和帮助。

（三）性别差异

在混合性别小组、性别平衡小组、性别主导小组或性别非主导小组中，所有样本中都没有发现男生和女生的学习成绩具有显著的差异。女生比男生的学习成绩要好的假设只能在单一性别小组中得到中等程度的验证。这一结果和 Dalton（1990）、Underwood 等（1990）的结果一致，并表明和同性组员合作有利于提高女生的学习成绩，但这一结论不能适用于男生。女生往往更"健谈"，并倾向于与自己的队友分享她们的所有想法，而男生却只共享与任务相关的信息（Lee，1993）。因此，只有女生的团队在互动方面要强于男生团队。Hou 和 Wu（2011）的研究表明，所有的互动，不论是否与任务有关，都有助于改善知识结构和解决问题，因此在单一性别小组中，女生往往会比男生发生更多的知识共享行为。

（四）对课程的态度

总体而言，女生在本研究中比男生具有更高的满意度。性别差异在不同性别分组中的差异显著。在单一性别小组中，女生对知识共享的整体态度显著高于男生。而在混合性别小组中，尤其是在性别平衡小组和男生主导小组中，男生比女生的整体态度要好。相反，在性别非主导小组中，女生比男生有更好的满意度。由此可知，男生偏爱混合性别的环境，异性组员的存在能触发他们做得更好的欲望。在大多数情况下，女生喜欢与同性组员一起工作，但即使一个女生是组内唯一的女性，她依旧可以在性别非主导小组中比男生感受更高的满意度。这些研究结果显示，男女生在不同的性别组成群体中表现的完全不同。

六、启示与结论

本章实证研究发现，团队的性别组合对学习者知识共享的行为和态度存在显著影响，混合性别小组和单一性别小组在不同情况下具有独特的优势。在 CSCL 中，男女生的知识共享行为、个体成绩和学习态度都可以通过运用性别分组策略获得加强。一般来说，男生应主要分配在性别平衡小组或男生主导小组中；女生则应主要分配在单一性别小组或女生主导小组，能够得到最佳的知识共享效果。

第四节 本章小结

本章主要分析了团队共享的模式和知识流向，重点类比了任务分解式、共同决策式、头脑风暴式三种小组在线讨论的知识流向，并且针对学习小组（学习团队）在在线讨论中的知识共享进行了探讨。在我们接触到的案例中，学习小组内部的在线讨论主要集中在小组分工的商议、小组共同决策和对设计方案的头脑风暴。分组策略是影响组内知识共享的最重要因素之一，因此我们以性别分组为例，考察分组策略对学生团队绩效和知识共享行为、个体成绩和学习态度在 CSCL 中的影响。结果表明：①在团队绩效和知识共享行为方面，性别平衡小组和单一性别小组（4F）显著优于其他组。②在个体成绩方面，女生在采用不同分组策略的小组中并不存在显著差异，但男生在混合性别小组中的表现明显优于单一性别小组。③在学习态度方面，男生偏爱性别混合小组、性别平衡小组和性别主导小组（3M1F）；而女生偏爱单一性别小组、性别平衡小组和性别主导小组（1M3F）。④分组策略的主要影响在于学生的态度，而非他们的绩效表现。据此，我们认为比较有利于知识共享的分组方案是单一女生小组和性别平衡小组，而且男生应该尽量避免处在女生占多数的小组。

第五章 开放共享

第一节 开放共享的形式与知识流向

开放共享是在开放的网络环境下进行的非正式学习,其特征是用户数量多、平台信息量大、资源权限开放、互动频繁。近10年来,信息技术的迅速发展深远地影响了人类的生活,推动了学习方式和消费方式的变革。截至2016年12月,中国网民规模达到7.31亿,相当于欧洲人口总量(毛群安等,2017)。在网民数量日益庞大的背景下,越来越多的人开始通过网络搜索信息、共享信息、完成交易、咨询服务、寻找伴侣,以及与其他成员交流等。在虚拟网络媒介下,这些具有共同需求和爱好的人聚集在网站上的公共区域进行互动,形成具有文化认同和共同学习的群体,催生了各类虚拟社区(聂莉,2011),使得信息和知识的传播越来越具有开放性。

在知识的流向上,开放共享具有广泛的基于群体的无序扩散性。知识的内化发生在学习者与学习者、学习者与指导者(如专家、教师、助教、意见领袖等)的交互过程中。开放共享的信息服务主客体界限不明显,因为每个人既是服务的发布者,也是服务的提供者,而技术环境的支持使得信息可以双向流动。

在与知识载体的互动形式上,开放共享强调各类知识载体具备一定的社会化属性。在以资源为中心的在线讨论中,资源可成为知识探究的出发点。而在以社交网络为中心的在线讨论中,学习者通过点关注、加好友等社交关系建立兴趣小组。学习者和学习同伴自发产生的内容则成为学习和互动的中心,学习同伴提供的资源扩大了知识的界限,使学习成为对社会化网络信息的遍历和重构,并通过学习社区内不同认知的交互而形成新的知识。

接下来将重点梳理与开放共享相关的理论和文献,并以教学型虚拟社区和综合型虚拟社区为例,探讨开放共享的规则和机制。

第二节　开放共享的社会网络

社会网络分析是近些年来新出现的一种研究范式，受经济社会学和组织行为学观念的影响，该范式下的研究认为任何个体行为都是嵌入在一个具体的、实时的社会系统中。社会网络理论从关系和结构两个角度对社会网络进行分析。运用社会网络分析法可以对关系进行量化的表征，从而揭示关系的结构，解释一定的社会现象。社会网络理论在微观行为和宏观现象之间建立起了桥梁。

而虚拟社区知识共享也通常存在于一个有边界的社会网络中，所以将知识共享放在社会网络中进行研究是较为理想的研究通道。而且相对于以往使用问卷测量虚拟社区用户的知识共享的行为，利用社会网络分析方法能够具体化社区成员所处的网络结构，测量知识共享行为背后的网络关系，能更好地反映虚拟社区的知识共享行为。

一、社会网络及其要素

社会网络指的是社会行动者及他们之间关系的集合（刘小平和田晓颖，2018）。社会网络体现结构关系，反映行动者之间的社会关系。一个社会网络是由多个点和各点之间的连线组成的集合（刘军，2009）。在虚拟社区，点代表社区用户，线代表社区成员的关系，这种关系可以是用户发帖回帖的互动关系，也可以是用户通过虚拟社区互相添加好友的朋友关系。社会网络分析方法主要是研究用户与用户之间的关系，主要包含以下要素。

1）行动者。社会网络分析中的行动者是社会单位或者社会实体，他可以是个体、公司，也可以是村落、学校甚至一个国家。每个行动者在网络中的体现是网络节点。在虚拟社区中，社区用户是行动者，是网络中的节点。

2）关系纽带。行动者之间相互的关系为关系纽带。关系类型多种多样，可以是朋友关系，上下级关系，或者城市之间的地域关系。在虚拟社区中，联系用户之间的关系是用户通过发帖和回帖形成的互动关系。

3）关系。群体成员之间一切联系的总称是关系。纽带关系是具体的，存在于成对的行动者之间，纽带的综合构成了群体的关系。要研究行动者之间的关系，就要关注行动者所在群体的整体网络关系。

二、社会网络类型

社会网络根据行动者的不同及其关系属性可以划分为一模网络和二模网络等。模是行动者的集合，模指数是指社会行动者集合类型的数据（刘军，2009）。

（1）一模网络

由一类行动者集合内部各行动者的关系构成的网络称为一模网络，在虚拟社区中，用户的互动关系构成的关系网络就是一模网络。

（2）二模网络

由一类行动者集合与另一类行动者集合之间的关系构成的网络称为二模网络，主要包括二体的二型网络和隶属关系网络。隶属关系网络是由一类行动者与一类事件构成的网络。例如，在虚拟社区中，用户发表主帖，其他用户针对主帖进行回复，用户参与了发帖这件事情，因此，用户和主帖之间的关系构成了隶属关系网络。

三、社会网络数学表达

社会网络的数学表达式主要包括社群图和矩阵（刘军，2009）。

（1）社群图

社群图是以图的形式直观地反映行动者和行动者之间的关系。在社群图中，点代表行动者，点和点之间的线代表行动者之间的关系。社群图有多种类型，根据行动者之间的关系方向，可以分为有向图和无向图。有向图中的节点之间的连线标有箭头，箭头的起点和终点分别代表发送者和接收者，如在虚拟社区中，用户B发帖子，回复用户A，箭头就由B指向A，但是A不一定会回复B；无向图不需要关注关系的方向，如小红嫁给小明，那同样小明也娶了小红。根据关系的强度，社群图可以分为二值社群图和多值社群图。二值社群图只关注行动者之间的关系存在（线值编码为1）或者缺失（线值编码为0），多值社群图还关注行动者之间关系的强度，线值可以是从0到极大的可能值。将向度和值进行交叉，社群图还可以分为无向二值图、无向多值图、有向二值图和有向多值图。本研究的虚拟社区用户行为的关系主要是有向二值图。

社群图能够直观表示行动者之间的关系，但是当行动者数量较多时，这种表达形式就会受到限制。

（2）矩阵

当行动者数量过多时，难以用社群图分析关系的结构，可以用矩阵表达关系网络。将社会网络中的节点分别按行和列的方式排列可以形成网络矩阵。矩阵的规模由行动者个数决定，矩阵中的元素是对应行列的行动者的关系值。与社群图类型对应，矩阵可分为二值无向矩阵、二值有向矩阵、多值无向矩阵和多值有向矩阵。无向矩阵是对称矩阵，在对称矩阵中，从左上角到右下角的对角线的值，是指行动者与自身的关系，用 0 表示没有关系。二值矩阵的值均为 0 或者 1，0 代表没有关系，1 代表有关系。

四、社会网络的典型参数

密度：反映行动者之间关系的紧密程度，在二值网络中，取值区间为[0，1]。
点中心度：反映行动者在网络中的影响力指标，指与节点有直接关系的节点数。
网络中心势：以节点中心度为基础，对整个网络的中心趋势进行分析，取值区间为[0，1]。

五、开放共享过程中的社会网络

在基于虚拟社区知识共享的过程中，用户主要是通过发帖进行主题相关知识的分享和咨询。帖子的响应是有针对性的，且不同用户收发帖子的数量不同，因而在分析时，不仅要考虑帖子的数量，还要考虑帖子的指向性。因此，虚拟社区用户的关系网络是有向关系。在虚拟社区中，社区用户代表行动者，用户发帖和回帖的互动关系代表用户之间的联系。用户在虚拟社区中响应其他用户的帖子数称为该用户的出度（outdegree），而用户接收到他人帖子的评论数称为该用户的入度（indgree）。参考水虎远（2011）的研究，社会网络分析要素与虚拟社区互动关系要素的对比如表 5-1 所示。

表 5-1　社会网络分析要素与虚拟社区互动关系要素的对比

社会网络分析要素	虚拟社区互动关系要素
节点	论坛用户
边及边的方向	用户之间的帖子流向
边的强度	用户发送或者接收帖子的数量
节点的出度	某个用户评论其他用户的帖子数量
节点的入度	某个用户接收其他用户评论的帖子数量

在分析虚拟社区的社会网络特征时，如果用户数目不多，可以用社群图和矩阵反映用户之间的关系，社群图中的节点代表社区用户，节点中用箭头表示帖子的流向。图 5-1 是根据表 5-2 的矩阵关系画出的社群图，3 个节点代表虚拟社区的参与用户，节点之间的箭头连线反映了帖子的响应关系。矩阵中，行代表发帖用户，列代表发帖用户评论的用户。例如，用户 1 发表的帖子收到了用户 2 和用户 3 的回帖，在图 5-1 中，用户 2 和用户 3 的箭头均指向了用户 1，在表 5-2 中，第一列第二行的值和第一列和第三行的值均为 1。

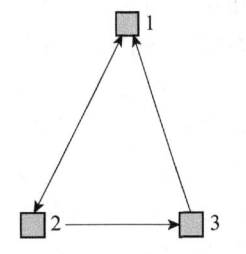

图 5-1　用户互动关系的社群图

表 5-2　用户互动关系的矩阵表

	1	2	3
1	0	1	0
2	1	0	1
3	1	0	0

第三节　开放共享网络的小世界特征

近年来，以 Blog、TAG、RSS、WIKI、网摘、社会网络服务（social networking services，SNS）及其他社会性软件等应用为核心，依据六度分离（six degress of separation）理论和 XML、Ajax 等技术实现的新一代互联网模式（张伟，2006）——Web2.0 的广泛应用，掀起了新时代互联网上教育传播和知识共享模式的变革（Roberts，2004）。与 Web1.0 相比，Web2.0 更强调传播过程中的交互性、共享性、去中心化及社会性，深刻地改变了传统的学习思维和模式。Web2.0 强调以人为本，以个人为中心，使普通用户真正融入互联网中，成为互联网的主人。基于 Web2.0 的开放共享网络则强调以学生为主体，为学生创造宽松和谐的学习环境，鼓励合作学习，使学生在学习的过程中更好地互动和分享知识（杨炯照和何莉辉，2007）。Web2.0 环境下的学习方式已经不再是单纯的线性或环状传播，而是错综复杂的网络状传播。大量的统计数据表明，互联网控制应该是"小世界"模型（Albert and Barabási，2002），从结构上看，互联网的实际结构介于规则网络和随机网络，表明其具有小世界效应（黄萍等，2007）。在本节中，我们将尝试用小世界网络（small-world network，SWN）对基于 Web2.0 的知识开放共享过程进行分析，论证开放型的学习网络存在小世界效应，并根据其特征提出优化知识共享的策略。

一、小世界网络

小世界现象源于 Milgram（1967）的"传信"实验，Guare（1990）提出了"六度分离"，从而使小世界效应广为人知。近 10 年来，对小世界网络进行定量分析已经成为学术界研究的热点之一。Watts 和 Strogatz（1998）在对正则格（regular lattice）和随机图（random graph）进行研究的基础上，提出了著名的 W-S 小世界网络模型，用以描述从规则网络（regular network）到随机网络（random network）的转变。图 5-2 是规则网络、小世界网络和完全随机网络的拓扑对比图，规则网络中任意两点间的联系都遵循既定的规则。完全随机网络与其正好相反——两节点间的连接完全随机，无任何规则可言。小世界网络则介于以上两极端之间，节点间的联系具有一定规律，但又不完全规则。小世界网络存在两个特征值：特征路径长度（characteristic path length）和聚类系数（clustering coefficient）。特征路径长度表示任意两节点间最短路径连接边数的平均值，也称平均最短路径长度；聚类系数表示两节点间通过各自的相邻节点连接在一起的可能性，即网络的聚集度。

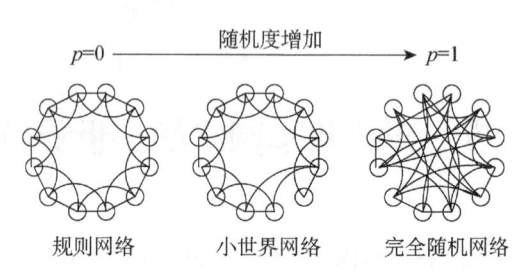

图 5-2 规则网络、小世界网络和完全随机网络的拓扑图
p 为事件发生的概率，如离得远的节点之间能发生关联是小概率事件

Watts 和 Strogatz（1998）认为，世界上许多网络既不是完全规则的，也不是彻底随机的，从本质上来说 W-S 小世界网络模型是具有一定随机性（通过"断键重连"的方法实现）的一维规则点阵。他们统计电影明星网、电力网、蠕虫神经网中节点的特征路径长度和聚类系数，发现它们都和小世界网络模型吻合。这三个实际网络分别代表三种不同类型的网络：社会网、人造网、生物网，由此可见小世界现象是普遍存在的。之后许多科学家在 W-S 小世界网络模型的基础上提出一些改进模型，统称为小世界网络模型。这类模型都具有相似的结构特征：即以较小的概率 p 在网络中将少量边"断键重连"或直接加入少量捷径保持网络基本结构不变，而节点间的特征路径长度下降很快，使该网络同时具有短特征路径长度和高聚类系数的特征，增强了小世界网络模型解释现实问题的能力。

二、开放共享网络的小世界特征

Web2.0 环境下的开放共享网络在本质上相当于一个由众多学习者及学习组织组成的既不完全规则也不完全随机的人际传播网络。在这张网络中，"节点"是学习者或学习型组织；"边"作为节点的连接线，代表各个节点之间的联系和知识传递，开放共享网络的拓扑结构如图 5-3 所示。通过这样的意义等价后，就可以用小世界网络的特征路径长度 L、聚类系数 C 等数量特征描述和分析开放共享网络的特征，将网络中各节点之间的交流频率、聚集度与小世界网络中的特征路径长度和聚类系数做比较模拟分析。

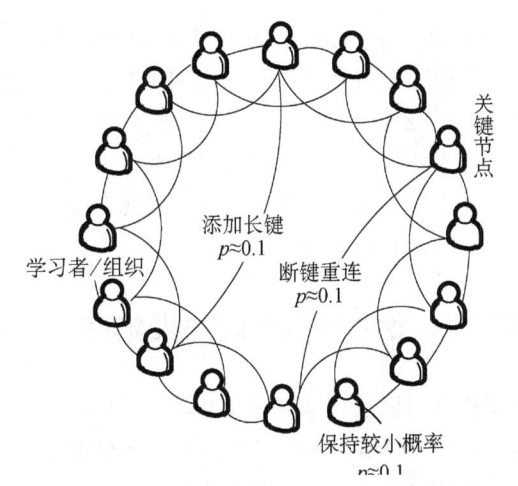

图 5-3 Web2.0 环境下的学习型网络拓扑图

三、特征路径长度与各节点间的交流频率

由 W-S 小世界网络模型中特征路径长度的含义（Watts and Strogatz，1998）可知，网络连通图 G 的特征路径长度 $L(G)$ 与图中 i、j 两点间的最短路径长度 d_{ij} 的关系可用下式描述：

$$L(G) = \frac{\sum_{i \neq j \in G} d_{ij}}{N(N-1)/2} \div 2 = \frac{\sum_{i \neq j \in G} d_{ij}}{N(N-1)} \tag{5-1}$$

式中，N 为节点数；d_{ij} 的大小等于 i、j 两节点间最短路径上的连接边数。特征路径长度与网络中节点间交流频率的关系可以分解为节点间最短路径与交流频率的关系。如果每个节点都通过网络传递信息，那么假设两节点间的交流频率 ε_{ij} 与其最短路径长度 d_{ij} 呈倒数关系（邓丹等，2006），如下式所示：

$$\varepsilon_{ij} = \frac{k}{d_{ij}} \quad (k \text{ 为常数}) \tag{5-2}$$

式中，k 为一个非确定常数。在开放共享网络中，各节点的规模、知识储备等情况不同，所以节点之间知识传递的难易程度会有所区别。所以，各节点需要根据自身情况，给连接边赋予不同的 k 值。k 越大，信息和知识的转移越容易，当 k 趋于 0 时，表示两个节点之间几乎无交流，$\varepsilon_{ij}=0$。

综合式（5-1）和式（5-2），可得

$$L(G) = \frac{\sum_{i \neq j \in G} \frac{R}{\varepsilon_{ij}}}{N(N-1)} (k \text{ 为常数}) \tag{5-3}$$

由式（5-1）和式（5-3）可以看到，交流频率 ε_{ij} 与最短路径长度 d_{ij} 之间近似存在倒数关系，得出特征路径长度 L 与交流频率 ε_{ij} 之间也存在这样的关系，进而得到信息交流频率与特征路径长度成反比。因此，可以通过提高交流频率降低开放共享网络的特征路径长度。例如，网络各节点间的相似程度越高，属于相同的专业或者业务上下游关系的节点之间就可能会有更多的交流，更加容易建立交流，交流频率就越大，其最短路径长度自然小于那些不相似的成员。

四、聚类系数和网络中各节点间的聚集度

开放共享网络的聚集度用以表征学习者及学习组织交流的集中程度，对应于小世界网络中的聚类系数，可反映网络中各学习者和学习型组织联系的紧密程度和交流活动的聚集程度。由 W-S 小世界网络模型中聚类系数的含义（Watts and Strogatz, 1998）可知，对于网络节点 i，其网络聚集度 C_i 反映的是这个节点作为中心，与其他节点产生的关联与最大可能关联数的比率。可表示为

$$C_i = \frac{G_i \text{中的连接边数}}{G_i \text{中最多可能的连接边数}} = \frac{m}{M} = \frac{m}{\frac{k_i(k_i-1)}{2}} \tag{5-4}$$

式中，G_i 为节点 i 所属的局部区域；m 为 G_i 中的实际连接边数；M 为 G_i 中可能出现的最大边数；k_i 为节点 i 的邻近节点数目。若 G 中有 k 个节点，那么其可能存在的最大连接边数为 $k(k-1)/2$ 条边。C_i 的值域为 $[0, 1]$，当节点 i 与其余所有节点都有连接时，C_i 的值最大。

对于整个传播网络，其网络聚类系数 C 是它所包含的所有节点处聚集度的平均值，可表示为

$$C = \frac{1}{N} \sum_{i \in G} C_i \tag{5-5}$$

C 的值域为 $[0, 1]$，当每一个点的 C_i 取得最大值，局部集中区域不存在时（即 $k_i = N$ 时），C 有最大值 1。C_i 反映了各学习者及学习组织的合作程度，用来区分每个学习者及学习型组织的网络连接差别，聚类系数越大，该学习者及学习型组织的连接比率越高，即与其他学习者及学习型组织联系合作更多，成员趋向于结组学习，同时也说明该学习者及学习型组织在网络中就占据中心位置。由式（5-4）和式（5-5）可以看出，在 Web2.0 环境下，开放共享网络中当某学习者及学习型组织与其他学习者及学习型组织连接增加时（m 值增大），而该学习者及学习型组织的最大连接数不变（分母 M 不变），此时该学习者及学习型组织的聚类系数增大。高的聚类系数会提高学习者聚集的效率，降低学习者及学习组织的交易费用。故提高学习者及学习型组织的合作效率，可以通过对聚类系数的调控来控制聚集度。开放共享

网络中的合作是竞争型的合作，必须保持学习者及学习型组织自身的独立性和优势，对应于小世界网络局部特征 C 值不宜过小，否则就会陷入如同随机模型的无序网络中。

第四节　开放共享网络中知识共享的优化思路

一、"断键重连"，优化知识共享的网络节点

在开放共享网络中，以较小的概率 p（$p \approx 0.1$）在网络中将少量边"断键重连"保持网络基本结构不变，则节点间的特征路径长度下降很快，特征路径长度与重联之前相比下降整整一个数量级（江可申和田颖杰，2002），同时具有短特征路径长度和高聚类系数特征。在 Web2.0 环境下，借助全球化趋势和信息技术迅猛发展等外部力量的推动，网络的开放性将越来越被重视。越来越多的学习者及学习型组织认识到加强地域交流和跨行业合作的重要性，打破区域和行业限制寻求最佳学习者及学习型组织，就相当于小世界网络中的"断键重连"。学习者及学习型组织从网络空间中寻找学习合作者，看起来是与"陌生"的学习者及学习型组织合作，但若选择节点适当（"断键重连"时寻找最佳位置），既有利于传播教育信息，引领学术前沿，也有利于相互借鉴不同行业的先进理念，从而实现教育传播的资源共享和技术互补，减少不必要和效益低下的链接，提高知识共享的有效性。

二、"添加长键"，提高知识共享网络时效

在开放共享网络中，以较小的概率 p（$p \approx 0.1$）在网络的主要信息传送节点间建立少量重要节点间的捷径，就可以从实质上降低信息传送的路径长度。通过"添加长键"，开放共享网络中的任一学习者可以根据自身兴趣，直接与该领域走在前端的专家学者互动交流，而不是经历多个中间节点。这样，对于学习者及学习型组织而言，既节省了资源消耗，降低了交易成本，同时也加快了知识在网络中的扩散速度和信息流通速度，网络自身的整体发展速度也会明显加快，提高了其传播的时效性。

三、"建设关键节点"，保障知识共享的网络运行

由于开放共享网络中各节点间互动关系的分布不均匀，以及学习者自身能力和网络环境的不同等，学习者及学习型组织在网络中表现出的地位、影响力也有所不同。在学生自主学习网络中，局部密集区的自然成因可表示传播网络内部成员的兴趣聚集

及其学习风格的取向。而在有教师参与的传播网络中，教师节点往往会产生传播的中心效应。胡勇和王陆（2006）通过对异步网络协作学习中知识构建的内容分析和社会网络分析发现，无论在学习者特征向量中心度分布图上，还是在 Freeman（弗里曼）入度中心度权力分布图上，教师和管理员都处于中心地位。陈丽（2004）利用社会网络分析中的节点入度中心度，通过对远程教师培训在线讨论的师生参与情况的分析也发现，学生更愿意参与教师的讨论主题，教师的观点和建议也更容易得到学生的响应。与小型网络相似，教师和教学组织在开放共享网络中同样具有较强的核心能力，教师及学校等少量关键节点与众多的其他节点相连接，具有较强的知识创造和溢出能力，能够协调和控制网络发展。只要这些少量的关键节点能正常工作，就能保证整个网络的正常运行。因此，加强对开放共享网络的管理必须重视对教师、学校、科研院所等关键节点的建设，提高其教育信息传播能力和活力，使节点学习者和学习型组织之间的连接与合作能够在教育信息或教育信息系统等方面相互协调，建立良好的合作伙伴关系，这样就会创造出更大的协同效应。另外，上述这些少量关键节点对整个网络所起的重要作用，使得教育传播网络在遭受恶意攻击时表现出很强的脆弱性。一旦某些连接度很高的教师及学校关键节点瘫痪，就可以使整个网络瘫痪。因此，应当尽量保护关键节点不受病毒或外界的攻击。为防止病毒通过关键节点向其他节点扩散，应在关键节点上安装防火墙，使用严密的访问控制规则并实行实时监控，保护好网络的关键节点。

四、"保持较小概率"，降低知识共享的网络风险

开放共享网络更强调高度交互性和去中心化，以提高学习者及学习型组织的交流频率，但过于频繁的交流也容易产生冗余信息，反而会对学习者及学习型组织的知识传播产生负面影响。Baron（1986）认为，过度交流会对认知产生干扰，导致学习者缺少时间去真正理解和消化已获取的观点，影响认知的深度。在 Web2.0 环境下的开放共享网络中，教育信息以超文本方式链接而成，重重链接构成了复杂的网状内容结构，这种信息资源为基于建构主义的个性化学习提供了基础。但是，随之而来的负面影响是，学习者在复杂的信息空间中容易迷失航向，不清楚他们所处的位置，无法返回某个节点，忘记了他们的浏览目标。迷航会导致学习者在学习过程中偏离目标，最终不能完成目标，或者为完成目标付出了过高的代价（如时间、精力）。企业创新网络的研究也发现，过度交流会降低团队的创新能力（Leenders et al., 2003）。因此，开放共享网络要保持一个较小的概率（$p \approx 0.1$），太多的"捷径"既不符合经济效益，也容易造成网络路径选择计算量的增加。通过减少网络中节点的交流频率可以降低教育传播的风险，从而提高知识在网络中的传播速度和可靠性。

五、小结

自 1998 年 Watts 和 Strogatz 重新提出小世界现象，并引入小世界网络模型以来，大量关于复杂网络的文章发表在 *Science* 和 *Nature* 等国际一流的刊物上，这从侧面说明对小世界理论的研究已产生阶段性进展，并进入快速的良性发展阶段。开放共享网络是一个典型的小世界网络，它具有小世界网络的特征（高度交互性、共享性、去中心化及社会性），从断键重连、添加长键、建设关键节点、保持较小概率等角度进行优化将更有助于加强网络的建设。小世界网络模型为我们研究开放型知识共享提供了一种新的思路和方法。

本节在论证教学型网络知识共享具有小世界网络特征的基础上，提出用小世界网络的特征路径长度 L、聚类系数 C 来描述和分析 Web2.0 环境下开放共享网络中信息传播的特征，并以 L 和 C 表征网络节点间的交流频率和聚集度，随后从断键重连、添加长键、建设关键节点、保持较小概率等角度提出了优化网络的策略。

第五节　实证研究：大规模开放在线课程中的知识共享

大规模开放在线课程（massive open online courses，MOOC）是开放型知识共享的典型模式之一，具有开放性、多样性和动态性等特征（张波，2017）。与虚拟社区相比，MOOC 具有一般课程的特征，有固定的时间长度和教学组织结构，以教师的知识分享为主，同学之间的相互交流为辅。在用户规模上，MOOC 已经达到了开放共享的层次，课程面向全球学习者免费开放，在大众参与的基础上进行知识共享和建构。本节尝试从知识共享的角度分析 MOOC 的教学方法和用户交互，从而对 MOOC 平台上的知识共享机制进行一定的诠释。本节旨在通过对开放课件（open course ware，OCW）和 MOOC 所采用的教学方式进行对比，探索开放在线课程由"重资源"向"重服务"变革过程中，教学方法上所发生的适应性变化。通过四个常用的开放在线课程搜索引擎，随机抽样出 51 门 OCW 课程和 51 门 MOOC 课程作为研究样本。从课程说明中获取课程周数、建议学时、学习方式、教学手段等信息。结果表明，与 OCW 相比，MOOC 建议以较短的周数、每周投入较多的时间来完成课程，以提高课程完成率；少量课程采用了基于项目、基于研究和基于团队的学习方式，但 MOOC 环境下的在线协作学习仍存在难度；在线论坛和讲座视频是 MOOC 中使用较多、发展较成熟的教学手段；社会媒体和位置地图等则是 OCW 中未出现而在 MOOC 中发展形成的。最后，根据研究结果提出相应的教学建议。

一、MOOC 与开放教育资源

MOOC 是近年来远程开放教育发展的典型产物。它以向全社会免费开放的形式、众多的参与者、大规模的社会交互为主要特征，吸引了全世界的广泛关注（Zhan et al.，2015a），也迅速掀起了一场变革传统教育的强劲风暴（李青等，2013）。在中国，远程教育经过了十几年的发展已经日益成熟，终身学习的理念也逐渐深入人心。MOOC 在这样的背景下进入中国，自然得到了难得的发展机遇。短短两三年便吸引了大量的名校名师，集聚了丰富的开放教育资源和服务，对学习型社会的知识共建共享及社会化学习网络的形成都具有不可估量的推动作用（袁莉等，2013）。

MOOC 旨在向更大范围的受众提供更多的学习机会，因此得到了各国政府的广泛支持和社会的大力推动。早在 2001 年麻省理工学院（MIT）就开始通过互联网向全世界远程学习者开放其本科和研究生课程材料，掀起了世界性的 OCW 运动（Zhan and Mei，2011）。然而，这一运动在当时还停留在课程材料展示的阶段，只是单纯地向公众在线免费开放本校的课程资源，而并不提供相应的学习支持服务（詹泽慧等，2010）。许多学习者感到难以得到反馈的机会，如不容易联系到课程教师当面请教，也不方便与同学集体讨论问题，导致 OCW 并没有得到深入和有效的利用（Wand，2008）。2008 年，由加拿大曼尼托巴大学（University of Manitoba）的 George Siemens 和 Stephen Dawnes 两位教授合作开设的课程"Connectivism & Connective Knowledge"开始向学习者提供教学辅导和支持服务，成为第一门真正的联结型 MOOC（Bonk et al.，2015）。到了 2012 年，edX、Coursera 和 Udacity 等 MOOC 平台相继出现，进一步推动了 MOOC 运动在全世界的发展。2012 年后，MOOC 迅速崛起，MOOC 作为当下流行的互联网学习模式，得到了最大限度的共享（邱雪莲和齐振国，2018）。

开放教育资源（open educational resource，OER）、OCW 和 MOOC 是远程开放学习领域中密切相关的三个概念。OER 由联合国教育、科学及文化组织（United Nations Educational，Scientific and Cultural Organization，UNESCO）在 2002 年的开放课件论坛（Forum on Open Courseware）中首次提出，被界定为在任何媒介和数字化环境中，存在于公共领域或在开放许可下发布的，允许无限制（或有限限制）的免费访问、使用、改编和再分配的教学、学习或研究的材料（UNESCO，2002）。Fini（2009）曾指出，MOOC 可以被当作是一种特殊形式的 OER。根据这些定义，在本节中，OER 被界定为 OCW 和 MOOC 的合集，它代表的是免费向社会公开的在线教学材料的总体概念。OCW 指的是向社会免费公开但并不提供任何教学服务和学习支持的在线学习资源。从本质上说，OCW 只是一套放在互联网上，通过学校的门户网站可以访问的课程计划。由于没有提供任何引导和支持性服务，OCW 被认为更适用于教师备课，而不一定适用于学习者自学。MOOC 被界定为在规定的时间范围内向大众学习者提供免费学习材料和教学支持的在线课程。

本节将对开放在线课程的教学方法和互动共享情况、OCW 和 MOOC 近年来使用的教学方法进行系统分析，以观察开放在线课程教学方法的适应性变革。

二、研究设计

为了避免完全随机抽样中课程学习主题跨度过大的问题，本研究主要考虑通识课程的教学方法，将课程学习主题限定在可持续发展教育类课程，并进行随机抽样，以确保两组抽样样本的可比性。然后借鉴以往研究（Miles and Huberman，1994；Wu et al.，2010），对数据进行编码和校验。

（1）数据收集

OCW 样本从发展相对成熟的 OER Commons（www.oercommons.org）和 CORE（core.kmi.open.ac.uk）中搜索获得；MOOC 样本则从搜索引擎 alltheMOOCs（www.allthemoocs.com[①]），Class Central（www.class-central.com）中获取。然后进入每一门课程分析并对相关课程信息编码（包括课程目标、教学大纲、学习资源元素、学习项目、先验知识、活动安排、在线论坛、社会媒体、课程教师、学校、国家等信息）。

（2）编码

内容分析和编码的工作由教育技术、知识管理、经济学、管理学、建筑和房地产学和旅游管理学的教师和研究生完成。编码员被分为两组，每组 2～3 人，所有的编码员都需要具备较好的英语水平。编码员需要从 OCW 或 MOOC 中识别出每门课程所应用的教学方法，并根据方法类别加以编码。

（3）一致性校验

为了保证编码数据的有效性，所有编码员在进行完前 5 门课程的编码后进行编码的交叉校验，修正和统一了编码规范，并且在 102 门课程的分析工作完成后，再从中抽取 20%的课程进行二次分析，对出现差异的编码进行讨论和修正，从而提高最终数据的有效性。

三、抽样样本基本情况

（1）样本的时间、平台和国别分布

本研究的抽样课程样本包括 51 门 OCW 和 51 门 MOOC。由表 5-3 可知，所抽取

---

① 网址目前已关闭。

的样本主要来自美国和英国,其中 OCW 样本覆盖了 7 个平台,MIT Open Course Ware 占较大比例;MOOC 样本覆盖了 10 个平台,其中 edX、Coursera、FutureLearn 都是用户众多的大型 MOOC 平台,在研究样本中占有较大比例。

表 5-3 两类抽样样本的分布

OER 类型	时间区间	来源平台	国家分布
OCWs	2001~2011 年	MIT OpenCourseWare (28), Open Course Library (9), Delft Univerity OpenCourseWare (5), USDA (3), Notre Dame OpenCourseWare (3), JHSPH OpenCourseWare (2), California Academy of Sciences (1)	美国 (37), 英国 (9), 荷兰 (5)
MOOCs	2012~2015 年	edX (19), Coursera (16), Canvas (5), FutureLearn (5), Acumen (1), CourseSites (1), Desire2Learn (1), leuphana.com (1), NovoEd (1), OpenSAP (1)	美国 (29), 英国 (7), 荷兰 (6), 加拿大 (4), 瑞士 (2), 德国 (1), 瑞典 (1), 丹麦 (1)

大部分 OCW 取自于 2004~2011 年的课程中,那时 MOOC 还没有得到广泛的推广。2012 年开始,MIT 也在原来 MITOCW 的基础上,逐渐开始在 edX 平台上开设 MOOC 课程,向公众同时提供开放教育资源和远程教学服务。

(2) 样本的授课教师情况

一共有 116 位教师参与了样本课程的建设,其中三位教师开设了不止一门课程。几乎所有的 MOOC 都由资深教师进行授课,如样本中 49% 的课程由教授授课,74.5% 的主讲教师持有博士学位,56.9% 的课程主要由一位主讲教师负责,而 19.6% 的课程由多于 4 位的主讲教师团队组成。

四、开放在线课程的教学方法安排

(1) 时间安排

学习时间是课程设计中需要考虑的重要参数。OCW 和 MOOC 都在课程页面向学习者介绍课程持续周数和每周建议学习时间,因此二者的时间参量具备可比性。由表 5-4 可知,OCW 课程的持续周数约 14 周,和美国高校的传统面授课程长度相当。但 MOOC 课程的持续周数约为 OCW 课程的一半,而每周建议学习时间却约为 OCW 课程的两倍。对两组课程样本的持续周数和每周建议学习时间进行方差分析后发现,OCW 课程和 MOOC 课程在持续周数和每周建议学习时间上均存在显著差异。

表 5-4 开放在线课程中所建议的学习时间

项目		均值	标准差	最小值	最大值	F 值	显著性
课程持续周数(周)	OCW	14.33	5.53	7	26	34.287	<0.01
	MOOC	7.56	2.95	4	15		
	合计	8.92	4.48	4	26		

续表

项目		均值	标准差	最小值	最大值	F值	显著性
每周建议学习时间（小时）	OCW	2.75	0.99	1.5	5	14.977	<0.01
	MOOC	4.97	1.91	2	9		
	合计	4.49	1.97	1.5	9		

由此可见，MOOC 的课程长度显著短于 OCW，但要求学习者每周花更多的时间来学习。这应该是考虑到远程开放课程的特点，开放型课程的完成率一直非常低。每门课程只有很少一部分学习者能坚持到最后，完成所有学习内容。因此，增加每周学习时间而缩短课程周时，是降低开放在线课程辍学率的有益尝试。

（2）学习方式

表 5-5 呈现了 OCW 和 MOOC 的学习方式的频次统计。在 OCW 和 MOOC 中，大多数课程仍然采用直接教学的方法，但有小部分课程尝试了基于项目的学习、基于研究的学习及基于团队的学习方式。其中，前两者在 OCW 和 MOOC 中的使用频率相似；而基于团队的学习方式在 OCW 中的使用频率远多于 MOOC。可见基于团队的学习方式在 MOOC 环境下的实施存在一定难度。一方面，教师需要投入额外的时间和精力协助学习者完成分组，如根据学习者的兴趣、知识背景、所在地区等因素进行划分；另一方面，分布在世界各地的学习者进行团队协作也会出现各种困难。目前，有少数尝试进行团队学习的课程会鼓励学习者先组好团队，然后在注册时直接以团队形式注册，以免去日后分组的麻烦。

表 5-5 开放在线课程采用的学习方式

项目	MOOC 频次	MOOC 百分比（%）	OCW 频次	OCW 百分比（%）	合计 频次	合计 百分比（%）
基于项目的学习（project-based learning）	14	27.45	15	29.41	29	28.43
基于团队的学习（team-based learning）	5	9.80	18	35.29	23	22.55
基于研究的学习（research-based learning）	9	17.65	12	23.53	21	20.59

（3）教学手段

表 5-6 列出了开放在线课程中所采用的教学手段。其中，在 OCW 中出现频次远高于 MOOC 的教学手段有"课程作业"、"阅读材料"、"期末考试"和"讲座课件"。OCW 是传统面授课程的教学计划和授课资料的在线共享，所以以上这些传统的教学方法，如提供往届学生的作业模版、期末考试样卷与答案、参考书单及上课课件，更多地在 OCW 中得到应用。

67

表 5-6　开放在线课程采用的教学手段

项目	MOOC 频次	MOOC 百分比（%）	OCW 频次	OCW 百分比（%）	合计 频次	合计 百分比（%）
课程作业	28	54.90	40	78.43	68	66.67
阅读材料	20	39.20	45	88.24	65	63.73
讲座视频	51	100	7	13.73	58	56.86
在线论坛	51	100	0	0.00	51	50.00
阶段测试	26	51.00	17	33.33	43	42.16
期末考试	12	23.50	27	52.94	39	38.24
问卷调查	38	74.51	1	1.96	39	38.24
讲座课件	3	5.90	24	47.06	27	26.47
案例分析	11	21.60	12	23.53	23	22.55
作品展示	10	18.87	8	15.69	18	17.65
同伴评价	15	29.40	3	5.88	18	17.65
社会媒体	14	27.40	0	0.00	14	13.73
专家互动	10	19.60	2	16.67	12	11.76
展板活动	1	2.00	1	2.00	2	1.96
位置地图	2	3.90	0	0.00	2	1.96
视频会议	2	3.90	0	0.00	2	1.96
线下聚会	1	2.00	0	0.00	1	0.98

"案例分析"、"作品展示"和"展板活动"这三项，在 OCW 和 MOOC 中使用的频率是相近的，这些教学手段无论在面授还是在远程坏境下对于增强学习效果都能起到一定的作用。在 OCW 中，"案例分析"、"作品展示"和"展板活动"通常是以现场互动的方式限时进行；而在 MOOC 中，则主要通过"讲座视频"和"在线论坛"的形式进行，活动时间较为灵活。

"讲座视频"和"在线论坛"是 MOOC 中使用最频繁的教学手段，使用频率远高于 OCW。所有的 MOOC 样本课程均配以在线论坛促进师生和生生间的在线交流互动。一些课程还将学习者参与讨论的发帖数量与质量计入学习者总评成绩的评分标准中，从而提高在线讨论质量。另外，MOOC 中的讲座视频已经不是单纯的讲座录像，而是穿插着相应知识点的小测试的交互式视频，以避免学习者走神并增强其对学习内容的理解。在 Coursera 或 edX 等平台上，视频播放的速度和进度是可以由学习者自己调整的，而且还可以切换各种语言的字幕。在本研究的抽样样本中，有 41.54% 的课程配有字幕，但只有 4.60% 的字幕有非英语语言的翻译（如中文）。

"阶段测试"和"问卷调查"在 MOOC 样本中有较多应用，但在 OCW 样本中用得很少。"阶段测试"向学习者提供了得到学习同伴的评价与建议的机会，同时也减少了教师对大量作业提供反馈的工作量。"问卷调查"通常安排在课程进行中或结束后，是在开放平台上了解学习者学习情况与需求的直接途径。"专家互动"在 OCW 中通常通过邀请专家举行现场讲座授课的形式进行；而在 MOOC 中，与领域专家的互动大多通过视频会议或者邀请专家到在线论坛上对学习者的提问有选择性地答疑这两种形式进行。

此外,"社会媒体"、"位置地图"、"视频会议"和"线下聚会"是在 OCW 中未出现而在 MOOC 中特有的。"社会媒体"(如 Facebook、Twitter、微博等)让学习者可以在自身所处的社会网络中共享知识、交换见解。"位置地图"是指在课程初期让所有课程学习者在交互式地图上标注自己所在的地点,有助于教师了解课程参与者的地域分布,也为学习者了解学习同伴的情况和组成学习团队提供参考。在一些大城市,当同一门课程的学习者较多时,可以由学习者通过课程工具自发发起线下聚会的通知,从而实现课程参与者之间面对面的交流,让学习者尽快熟悉起来,从而增强课程学习的社会存在感,并为学习者扩展人际关系提供一定的便利。

五、开放在线课程论坛的互动情况

(1)样本论坛的基本互动情况

在我们的样本中,有 21 个课程论坛是我们可以注册和参与讨论互动的。其中,有 10 门课程正在进行中,论坛也在不断更新中;有 11 门课程已经结束,论坛虽然可进入但已经停止更新。在这 21 门课程中,有 7 门来自 Coursera 平台,11 门来自 edX 平台,另外的 3 门来自 FutureLearn 平台。不同 MOOC 平台的论坛设置有所区别,所以我们需要对其分别进行分析。例如,FutureLearn 平台上的论坛是没有分论坛的,所以我们根据大多数其他论坛中抽取出的 6 个分论坛类别对帖子进行分类(表 5-7)。

表 5-7　MOOC 平台在线讨论帖子分布情况

分论坛类别	帖子均值 (标准差)	回复均值 (标准差)	点赞均值 (标准差)	浏览均值 (标准差)	每帖点赞数	每帖浏览数
欢迎和课程介绍	208.4 (331.4)	1 046.5 (1 651.8)	188.8 (278.3)	12 647.5 (17 076.26)	0.9	60.7
每周作业	182.0 (304.8)	831.8 (1 225.6)	104.8 (174.0)	4 032.2 (3 619.8)	0.6	22.2
讲座回顾和反思	555.9 (1 388.9)	2 326.1 (4 657.3)	420.8 (812.5)	12 734.4 (24 633.9)	0.8	22.9
技术问题	39.4 (29.6)	167.0 (140.0)	11.2 (10.3)	1 533.0 (1 208.2)	0.3	38.9
常规讨论	80.5 (70.5)	507.2 (551.4)	56.7 (57.7)	3 996.7 (4 590.4)	0.7	49.7
课程反馈	24.5 (16.1)	157.9 (147.8)	34.3 (41.0)	1 139.6 (905.0)	1.4	46.5

表 5-7 展示了样本课程论坛中的在线讨论情况。edX 平台以每周学习的课程内容设置分论坛，在线讨论的内容包括每周小测试、考试、作业、课程内容、主题讨论、问题讨论等。此外，分论坛的设置还考虑到一些常规的讨论，如课程介绍、技术问题的解决、证书申请、讲座时间等。Coursera 平台在设置分论坛方面有着比较固定的逻辑，通常会设定常规讨论、作业、讲座、技术问题、课程材料报错、学习小组、每周主题讨论这几个版块。而 FutureLearn 平台则不设置分论坛，所以我们根据帖子的内容对其进行分类。

（2）分论坛的设置情况

所有在线讨论帖子最后分为以下 6 个常见类别。

1)"欢迎和课程介绍"分论坛通常在课程初期阶段设立，让学生进行"热身"——更好地了解课程和授课教师，向同学介绍自己，同时也为后续的分组做好准备。这一分论坛通常非常活跃，但并不会涉及太多课程内容。

2)"每周作业"分论坛为学生提供讨论课程作业的场所，主要包括疑难解答、作业答案、提交形式、作业截止日期、与作业相关的课程内容咨询等。教师团队会定期给予反馈和答复。通常那些点赞数和回复数多的帖子更容易吸引教师的关注，这些帖子提出的问题也会很快得到解决。

3)"讲座回顾和反思"分论坛通常会建立若干下属的独立分论坛，教师会提供相关的话题讨论，让学生有机会反思讲座内容、更深入地学习或者通过深度讨论扩展相关知识。

4)"技术问题"几乎在每门课程中都有讨论到。MOOC 需要通过计算机或者移动设备连接互联网络进行登录，所以技术问题通常很难避免，而且经常是同一个问题反复出现，带来许多麻烦，如果不能迅速解决，将会影响课程学习。因此，这一分论坛可帮助学生从同学或者讨论历史的常见问题中找到相关解决方案。

5)"常规讨论"则涉及如上课时间、学生评价、证书申请、课前咨询等方面，广泛出现在多个 MOOC 平台上，通常由课程管理人员负责解答。

6)"课程反馈"分论坛是为了改善课程设计和在线资源而设置。学生对课程的反馈让教师有机会实时了解学生对课程学习的感受和反应。例如，教师可以通过论坛了解到：学习者对这一周的课程内容是否感兴趣？自己是否有一些主题没有诠释清楚？是否有些阅读材料对学生来说难度过高？在这一分论坛中，通常还有一个特别的栏目"勘误表和课程材料反馈"，让全球学习者有机会参与课程的建设。在我们的样本中，有 41.5%的课程为讲座视频提供了字幕，46.1%的课程提供了自测问题，4.6%的课程提供了翻译，这些材料都有可能需要勘误。因此，该分论坛的设立有助于通过公众的努力提高 MOOC 课程在线资源的质量和准确性。

六、大规模开放在线课程中的知识共享促进策略

MOOC 的诞生为全球学习者提供了丰富的学习资源，同时也为公众参与全球化的知识共享打开了一扇窗。这种层面上的知识共享，是全球范围内知名高校向大众公开分享优质资源、公众参与课程学习和建设的形式。

（一）科学选取教学方法，促进知识传播

为了促进知识共享和传播，MOOC 在知识呈现方式和教学方法的选取上，需要考虑到受众的多样性和时空分离性。我们对 OCW 和 MOOC 做了较为细致的比较后，发现近 10 年开放在线课程存在一个"重资源"向"重服务"的适应性转变。具体表现在以下三个方面。

1）时间安排维度。由于 MOOC 课程开放和免费的特点，学习者没有太多常规教学体制的约束，需要较强的自制力和自主学习能力才能坚持完成整门课程。因此，建议避免周数过长的 MOOC 课程，通识性课程可尽量控制在 7 周以内，每周建议学时为 5 小时左右。

2）学习方式维度。基于项目的学习方式、基于研究的学习方式、基于团队的学习方式对于提高 MOOC 学习者的参与程度具有一定效果。但由于这些学习方式往往需要较强的社会存在感和更频繁的生生交互，目前在 MOOC 上使用还不多，尤其是团队协作学习的开展具有一定难度，且通常需要更多的组织性工作。建议在协作学习课程注册时可以事先安排学习者以团队形式直接注册，避免了在注册后把彼此不熟悉的学习者进行分组的烦琐工作，也有利于学习者在 MOOC 环境中的学习和协作。对于只能单独注册的学习者，可以借鉴以往研究（Zhan et al., 2015a），在课程中嵌入智能分组工具，通过引入学习者模型向数量众多的学习者提供优化的分组解决方案。此外，可以鼓励居住在同一城市的学习者在线下有规律地组织活动，加强交流，有助于提高在线学习过程中的社会存在感，促进学习效果（詹泽慧，2014；Zhan and Mei, 2013）。

3）教学手段维度。MOOC 中所采用的教学方法几乎覆盖了所有的传统教学方法，只是应用方式有所调整，以适应 MOOC 的开放在线环境。在接受编码的 17 种教学手段中，"在线论坛"和"讲座视频"是 MOOC 在 OCW 的基础上发展较为成熟且使用较频繁的两种方式。"社会媒体"则是在 MOOC 中得到较广泛使用的新手段。"社会媒体"应该可以很好地配合 MOOC，因为二者都有大范围社会性在线交互的特征。学习者乐于在自己的社交网络中与朋友分享 MOOC 中所学的知识，这种互动也有助于保持学习的热情并降低辍学率，增加 MOOC 课程的社会关注和公众参与，促进全球化的知识有效共享。

（二）引导互动，促进共享

机构和组织鼓励优秀的师资队伍建设开放在线课程，而 MOOC 是一个很好的资源存放平台，世界各地的学生都可以注册学习。这些课程也会成为一种很好的广告形式，提高执教者和高校的声望，也能更快地传播课程想要传达的理念。MOOC 课程的学习者众多，所以学习者之间的互动比师生交互要频繁得多。在前面的研究中，我们发现：

第一，论坛中学习者的参与程度与用户交互信息的呈现程度是紧密相关的。向学习者更多地展示其自身的互动信息（如自己的发帖得到同学的点赞数、自己所关注帖子的点击率等），有助于促进学习者的在线互动。在我们所考察的样本课程中，Coursera 的课程论坛是最活跃的。Coursera 平台为学习者提供了查看在线互动信息的多种选择，如投票同意（positive vote）、投票反对（negative vote）、每个帖子的浏览次数等；在 edX、FutureLearn 等其他平台上则对此类信息的展示较少。

第二，学习者的参与程度还取决于课程对学生考评方案的设置。个体在线参与程度在学习者课程总评中所占的分值越大，学习者越倾向于积极参与到在线讨论中。

在本研究抽取的课程样本中，有一门课程论坛的在线讨论非常热烈。该课程为申请课程证书的学习者建立了较为严格的考评规范。例如，要完成这门课程，学生至少需要：①在指定分论坛上发 20 个帖子；②在至少九门课程小测验上获得 7 分以上；③在至少一次同伴互评中获得 25 分以上；④完成四次对同伴作业的评价。如果要取得课程优秀的等级，学生则需要：①在指定分论坛上发 33 个帖子；②在至少九门课程小测验上获得 7 分以上；③在三次同伴互评中获得 25 分以上；④完成四次对同伴作业的评价（一共有 12 个互评作业）。通过这些奖励措施，该课程达到了较好的在线互动和知识共享状态。

第三，在所统计的分论坛中，"讲座回顾和反思"和"欢迎和课程介绍"是几乎所有课程论坛中最活跃的分论坛，有着最多的发帖数和回帖数。"技术问题"和"课程反馈"分论坛则通常发帖较少。在时间维度上，课程刚开始时，论坛中的讨论是最热烈的；随着课程的进行和时间的推移，发帖量会逐渐减少。可见学生在参与课程初期的积极性是最高的，在这段时间让其充分了解课程，并建立足够的兴趣，将有助于后续课程活动的参与并降低辍学率。

第四，语言对知识共享有着很大的影响。许多学习者由于语言的限制，难以很好地理解在线资源和论坛帖子的内容，也不能很好地参与互动。因此，在 MOOC 上嵌入合适的翻译工具，或者提供在线资源的官方译本，对于那些课程语言不是第一语言的学习者来说将是一大便利。

第六章　在线讨论中知识共享的系统要素

基于第三章至第五章对私下共享、团队共享和开放共享三个层次的分析，本章将综合提出在线讨论中知识共享的系统要素与结构，同时对各层次的知识共享模式和知识流向进行系统梳理和比对，提出在线讨论的系统要素与结构模型。

第一节　各层次知识共享的特征比较

研究涉及私下共享、团队共享、开放共享三个层次，涵盖了从个体层面到公众层面的在线讨论。表 6-1 从 5W1H 的角度对这三个层次进行了横向比较。

表 6-1　不同层次下知识共享特征对比

项目	私下共享	团队共享	开放共享
存在范围 Where	最普遍的讨论形式，存在于小组、班级或者公开场合个体与个体之间的对话中	存在于学习团队或分组学习的课程中	存在于大规模开放在线课程或开放型的虚拟社区中
讨论对象 Who	个体与个体之间	有限范围的学习团队成员	大规模开放在线课程及开放虚拟社区的所有用户
知识流向 How	在问答式、探究式、辩论式等讨论模式中，个体参与角色不同，形成不同的知识流向	在任务分解式、共同决策式或头脑风暴式的讨论中，知识通过个体间的协商、竞争与合作在组员之间互相流动，组员基于自身专业背景和存储知识进行知识共享，形成团队知识，最终解决问题。其中，组长是知识流中的关键节点，承担了大量知识的输入、整合和输出	在大规模开放在线课程或开放虚拟社区中，用户根据自己的兴趣、需求及自身知识结构，有选择性地发帖和回帖。知识从领域专家流向领域新手。但作为某一领域新手的个体也可以在另一领域是专家。所以，在开放共享层次，知识的流动几乎是无序的、多向多维的
影响因素 What	知识因素，如互动双方的关系、个体特征、人格、能力、价值观与态度	综合考虑知识因素、主体因素、环境因素和结构因素，如团队组成、组长领导力、任务分工、组织文化、学习氛围等	以知识因素、环境因素、结构因素为主，主体因素为辅，如虚拟社区文化

续表

项目	私下共享	团队共享	开放共享
个体共享知识的目的 Why	促进双方共同进步，改善双方的关系	响应课程教学的安排，以及教师、同学学习交流的需要，增加个人在小组中的贡献度，提高小组竞争力，完成小组任务	从更多渠道获取知识，扩大个体或团体知名度，促进共同兴趣团体的形成
生命周期 When	个体差异很大，受知识共享双方关系的影响	取决于团队任务的进展	开放型论坛帖子平均寿命为30天，半衰期为5.5天，遵循幂律分布

第二节　知识共享的模式

图 6-1 展示了几种层次下知识共享的主要模式和与个体因素的联结。在个体水平上，人们带着各自的特点参与在线讨论，如年龄、性别、人格特征、内在情绪结构、价值观与态度和基本的能力水平等。个体的知觉、个体决策、学习和动机等因素也会影响到个体的知识共享行为。

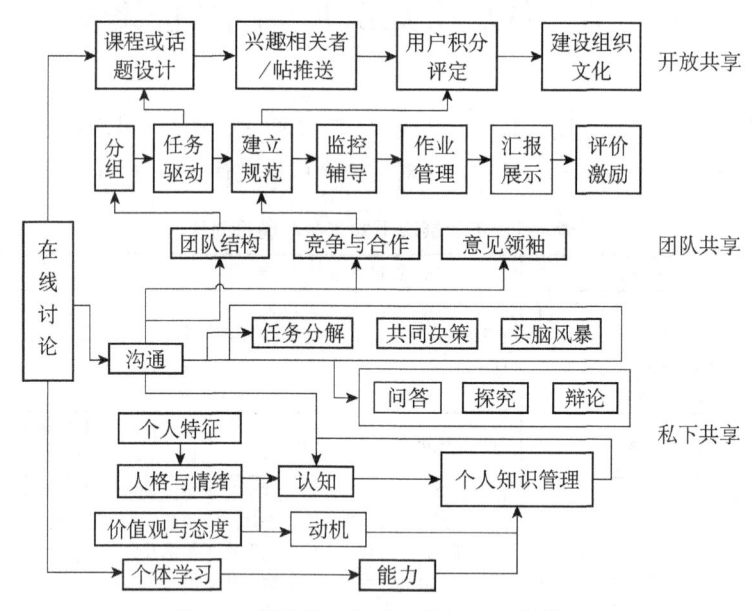

图 6-1　各层次在线讨论的知识共享模式

在私下共享层次，若没有教师的参与，学习者之间的知识共享存在三种类型：①问答式。讨论通常目的明确；询问对象定的合适；在线讨论通常非常直接；效率较高；知识共享的效率取决于问者能够阐述清楚问题，答者是否掌握这方面的专业知识，且可较为清晰地解决问题。②探究式。在线讨论的双方都不清楚具体答案；经过较长的讨论过程，而且更适合于在开放的场合进行；容易有更多的学习者参与探究。③辩论式。讨论双方对问题有不同的看法和见解；对某一问题产生不同的意见；在辩论的过程中将自己的观点分享出来，达成一致意见。

在教师的参与下，师生间的在线讨论则一般以学生提问为先，教师主导为主，存在以下两种类型：①统一答复式。针对学生的共性问题，统一答复，多适用于大班教学中。由于学生提问很多，教师统一回复提高了答疑效率，但降低了对每位学生的个性化指导程度。②点提引导式。针对学生的具体问题，进行个性化指导。学生提问后，教师提出一种解决方案，但并不和盘托出，而是点提式地给出指导，让学生自己实操去尝试解决。

在团队共享层次，组长和组员之间的讨论大多数和学习任务或者小组项目有关，一般以组长作为主导。组员通过协商、投票或者头脑风暴的形式参与讨论。①任务分解式的讨论。关于小组分工的讨论，组长常会组织项目分工并组织组员讨论，组员响应并发表意见，对组长的设计提问或加以补充。②共同决策式的讨论。在小组中意见过多，产生分歧，难以统一时，组长经常会采用投票的形式决定小组意向。投票的方式私下进行，不会影响到他人的决定，而且可以比较快速地达成小组内部的一致性方案。③头脑风暴式的讨论。有助于快速收集组员意见，组员对具体问题进行讨论，集思广益，最终集体整理出较为全面的方案。

在开放共享层次，知识共享的模式更为多样和复杂。本书分别针对大规模开放在线课程和开放型的虚拟社区进行了研究。在大规模开放在线课程中，知识共享以课程教学团队为主导，学习者在学习活动中积极互动，进行知识的共享和主动构建。在开放型的虚拟社区中，虚拟社区的成员通常会对一个共同的主题感兴趣，该主题的知识目标是维系成员关系的主要动力。用户互动的过程就是用户进行知识的共享、吸收和转换的过程。开放共享层次的互动参与者数量庞大，因此知识共享的效应最大，知识在开放环境下比较散乱，需要在组织层面上形成知识库，或经过个体的整理和加工才能真正内化为个体知识。

第三节　在线讨论的知识流向

在线讨论不同层次和共享模式中的知识流向不同，具体表现如下。

在私下共享层次，知识在讨论双方互相流动，根据不同的讨论类型，知识流向总结如下：①问答式讨论的知识流向。知识是从答疑者流向提问者。在问答式讨论中，提问者是问题发起人，需要向答疑者清楚地描述所遇到的问题，然后答疑者有针对性地引导解惑。提问者多次追问，答疑者则可以提供更多的信息，最后完成知识传递。

②探究式讨论的知识流向。探究者根据自己的知识结构分解问题,并向对方提供自己所掌握的信息,从而不断深入对问题和相关知识的探索,合作构建双方的知识体系,实现知识共享,因此知识是基于探究者所掌握的信息,在探究双方实现双向互补流动。③辩论式讨论的知识流向。在辩论式讨论中,讨论双方对同一个问题从不同角度参与辩论,向对方提供自己所了解的信息来支持己方的观点。相当于在知识共享的过程中,双方都可以从对方的反驳中了解该问题的对立面,从而更深入地理解目标问题。因此在辩论式讨论中,辩论双方都是贡献一部分信息,而从对方处获得互补性的另一部分信息,从正反两方面建构知识,解决问题。知识流向是在辩论者双方实现双向互补流动。

在团队共享层次,学习者在群体中的行为远比个体单独活动的总和要复杂。知识通常从施教者流向学习者,从专家流向初学者。在正规教育中,知识通过教师的主动作用,在团队间和团队内部流动。各学习小组之间存在竞争合作关系,知识在组间有限流动。各学习小组内部成员交流互动,在组长组织下,组内成员亲密合作,知识畅快流动。团队共享层次中三种模式的知识流向总结如下:①任务分解式讨论的知识流向。由组长组织发起,根据自身理解对小组任务进行描述。组员同时也加入自己的见解,对小组任务进行分析,衡量工作量,讨论合理划分,每个组员根据自身专业背景和知识存储来认领各自的任务。讨论过程中涉及个体知识和团队知识的融合。在组长的组织下,所有小组成员共同促成个体知识和团队知识的转化,并通过认领的方式确认小组成员对任务各模块的职责,为后续的知识共享打下基础。在任务分解过程中,知识的流动是平缓有序的,知识在组员之间互相流动,组员基于自身专业背景和存储知识进行知识共享,形成团队知识,最终解决问题。其中,组长是知识流中的关键节点,承担了大量知识的输入、整合和输出工作。②共同决策式讨论的知识流向。与任务分解式讨论中组长的关键作用有所区别,在共同决策式讨论中,以组员互动为主,在个体知识融合汇聚后,小组内部互动、协商、表决,最终形成小组决策。明确待决策的问题后,组长和组员分别提出各自的提案和想法。个体在相互协商过程中将个体知识与小组任务相联结,形成自己的选择倾向。团队内部协商的过程即知识交换、深化和内化的过程。③头脑风暴式讨论的知识流向。头脑风暴式的讨论是典型的"分-总"式讨论。组长抛砖引玉,启动头脑风暴,小组成员可以在原有意见上添砖加瓦,加以支持或否定,提出更好的方案,或者对原有方案加以补充或进行筛选。组长和组员共同梳理头脑风暴后的意见想法,综合考虑后,形成团队共识。头脑风暴式的讨论是知识快速组合叠加,知识循环流动的重要方式。

在开放共享层次,人们的知识共享行为和知识流动方式都达到了复杂性的最高水平。在前两者(私下共享、团队共享)中有明显的教师身份存在,但是在大规模开放社区中,教师身份是缺失的,不具有层级结构。所以,在大规模虚拟社区的知识流向主要是用户和用户之间的知识流,以及用户与虚拟社区知识网中的知识流。在开放共享层次的在线讨论中，具有共同兴趣和关注点的用户容易聚集在一起，以相关的主题贯穿各类交互。信息技术为用户搭建了在线沟通的平台，让用户能够以文字、图片、视频等形式实现互动交流。同时，信息技术还对社区成员共享的知识进行提炼、加工和储存，转换成便于用户阅读和反馈的知识。在在线论坛中，用户可以通过关键词、主题词等方式进行信息检索，提取其感兴趣的信息。开放型的在线讨论社区是大量学习者和潜在学习者构建的一种虚拟社会网络，这种以互动关系为连接的大规模社会网络是复杂网络，具有复杂网络的小世界特性。虚拟社区用户规模大，用户知识共享网络密度值较小，整体互动稀疏，但社区用户间的聚类系数较大，用户间平均距离长度为3人或4人，信息和知识能够在开放型在线讨论社区中得到快速流动和传播，知识的流动具有高效性。

第四节　知识共享的系统要素

在线讨论的初级目标是解决问题，终极目标是形成知识的共享与创新。要达到这些目标，就需要在线讨论能够系统有效地进行。经过第三章至第五章对各层次知识共享行为的分析，可以将在线讨论中知识共享的系统要素归纳为五个方面，分别是目标要素、内容要素、结构要素、制度要素和技术要素。五类要素相互影响和关联，如图6-2所示。

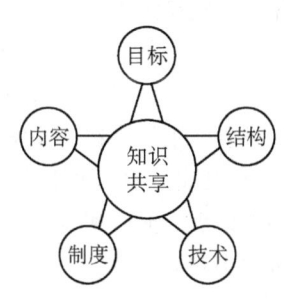

图6-2　在线讨论中知识共享的系统要素

一、目标要素

目标是组织系统活动的最初出发点。在线讨论活动的目标设置是对活动产出的基本预期。在线讨论的组织将围绕设定的目标进行，因此目标的设置直接影响知识共享的效果和进程。从系统论的角度看，目标是系统的一种动力学特征。在线讨论的过程是不断发现问题和解决问题的过程，系统不断地在平衡态与非平衡态之间运动和转化，通过知识共享不断地达成目标，设定新目标，重新发现目标。

对于在线讨论而言，目标的描述应是基于特定问题的、可测定的、在短期内可以完成的、具有层次性的。活动目标的设定和陈述可以为在线讨论中知识共享的进程指明方向。目标的分层次完成和逐步实现，也有助于持续激发在线讨论者的参与动机。

二、内容要素

在线讨论话题内容的设计，需要充分考虑所涉及知识点的可讨论性。有的内容适合在线讨论，如开放异构性的话题，使头脑风暴产生聚集效应的话题，具有多种解决路径和方法的问题讨论。讨论所涉及的知识点具有多种特性，会对知识共享产生一定的影响。知识特性（内隐性和表达性）对知识转移难易度的影响非常显著（Zander and Kogut，1995）。组织成员先前的经验、知识的复杂性、组织成员的知识保护性、文化距离、组织距离等会导致产生知识的模糊性（Simonin，1999）。一般而言，与隐性知识相比，容易编码的显性知识更容易共享和转移（Dixon，2000）。胡刃锋和刘国亮（2015）结合移动互联网环境特点认为作为隐性知识共享的客体，隐性知识内容是影响隐性知识共享的重要因素。同时，李希和张华（2017）探讨了隐性知识共享时遇到的如知识模糊性、学习能力差异、文化差异、信任缺乏等问题，给隐性知识共享带来了消极影响，并提出需构建知识共享平台、建设合作新文化、建立新型学习制度等以扫清隐性知识共享过程中遇到的障碍。在学习共同体内，隐性知识属于个人所拥有的特殊知识，依赖于人的不同直觉、体验和洞察力，并且内嵌于实践活动中，必须通过交流和互动才能实现（方云端，2011）。此外，隐性知识难以清楚地被表示出来，而是要通过长期的实践活动，在社会情境中被发现。例如，个体的智力模型和技能是通过学习者参加活动而获得的主观体验，主要是在协作学习、研究性学习、问题探索式学习过程中获得（张亚妮，2002）。因此，在线讨论活动需要考虑讨论内容所涉及知识点的挑选，讨论过程中对相邻知识点的提取和引导，以及对同类问题举一反三的提示，帮助学生从在线讨论中得到更多收获。

三、结构要素

唐厚兴（2017）认为社会网络对知识共享的影响作用主要表现在网络关系、网络结构和社会资本三个方面。结构是指在线讨论中人员与资源的组合和层次划分及其之间的联结方式。在线讨论中，学习者会形成一个特定的网络，该网络的结构特征对知识共享产生一定的影响。Cross 等（2003）指出，知识主体间的社会关系是影响知识共享行为的重要因素，个体所处的社会网络是其搜寻和获取知识的主要路径和平台。随着社会网络理论的发展，从网络关系角度研究知识共享是一种新的研究范式。在社会网络结构中，主要考察联结强度、网络中心性、结构洞、网络凝集力、角色分析等指标。Hansen（1999）深入探讨了强弱关系对知识共享的影响，他认为强联结有助于非编码知识的共享，而弱联结则有助于获取新知识。Reagans 和 Mcevily（2003）考察了企业网络中非正式网络结构特征与知识转移之间的关系，发现网络结构的两个关键特性：社会凝聚力（social cohesion）和网络范围（network range）对知识转移过程有着重要影响。王嵩等（2010）针对网络的集中趋势探索其对知识共享的影响。网络集中势过高代表几个关键人物掌握了网络中绝大多数的资源，其他人员过分依赖核心成员，导致知识共享只发生在少数人员之间。网络集中势太低造成网络过于分散，知识共享活动太少。知识共享的传递者较少，不利于团队中的知识整合，也不利于团队中隐性知识的共享。Yang 和 Chen（2008）研究了如何构建基于社会网络的系统来支持对等网络中的知识共享交互协作，系统的模拟运行结果表明，基于社会网络的协作支持有助于在社区中找到相关的知识及愿意共享这些知识的专家成员。

在线讨论参与者的个体特征是结构要素起效的元依据。个体的心理特点、性格特点和人格特征在知识共享过程中影响着个体对讨论主题的理解、分析、对资源的共享意愿等。例如，基于社会认知理论，学习者的自我效能感对其知识共享行为具有显著影响（Hsu et al.，2007）；人际互惠则确立了学习者在组织内部共享自身知识的重要动机（Davenport and Prusak，1998）；利他主义对知识共享行为会产生正面影响（柴晋颖，2006）。此外，人格特征也与知识共享意向和行为紧密相关。例如，Lin 等（2009）分析了人格的五种维度（责任性、外向性、随和性、经验开放性及神经质性）对知识共享意愿的影响，经验研究的结果表明神经质性与知识共享意愿呈负相关，而其他四种人格维度与知识共享意愿呈正相关。因此，结构要素需要在综合分析参与者个体信息的基础上，考虑在线讨论活动人员的配对和团队的结构组合，建立更合适的群体互动结构。

四、制度要素

制度是个人或组织中协定必须遵守的行为规则，或为大家所广泛接受和遵循的习惯。这些规则和习惯将在一定程度上保证在线讨论活动的顺利进行。制度要素与组织氛围息息相关。秦丹（2016）通过实证研究证明激励机制可以提高参与者的自我效能感，从而促进知识共享；相互信任的组织文化、鼓励创新的组织氛围有利于促进组织内部知识共享的发生。社会资本理论认为，组织的奖励，如晋升、高薪等与知识共享的频率呈正相关（de Long and Fahey，2000），组织提供足够的奖励与诱因可以激励组织成员的知识共享活动（Bock et al.，2005；Taylor，2006）。在在线讨论活动中，讨论规范、积分制度、奖罚制度等的设立可以营造较好的组织氛围，从而提升在线讨论参与者的知识共享意愿。

五、技术要素

信息技术和沟通技术的升级可以减少在线讨论中人员沟通的时空障碍，促进知识共享（Hendriks，1999）。张思（2017）从社会交换理论角度分析得出，在网络学习空间中，学习者感知的完成任务代价阻碍其知识共享行为，因此充分的信息技术支持，以及建设完善且人性化的学习交流平台有利于促进知识共享。技术因素关系到在线讨论环境的搭建和信息的传播方式。例如，在线讨论平台的可用性和客户端的易用性（PC端与移动端的衔接），资源呈现方式的优化（技术支持下的知识可视化），讨论氛围的营造（虚拟现实或增强现实的结合）。

动态性研究篇

第七章　基于项目的动态知识共享机制

在本书的研究中，在线讨论的过程通常是基于项目情境进行的。而在基于项目的协作情境下，个体学习者之间存在复杂的合作与竞争关系，因此只有同时考虑知识共享者和知识接受者双方的付出与收益，才能合理地描述基于项目的在线协作知识共享过程，进而剖析多因素的作用机制。鉴于此，本研究以博弈论为基本分析工具，尝试分析在线讨论中知识共享的博弈过程，从而揭示学习者之间的相互作用关系和行为规律。本研究分别从私下共享（一对一博弈）、团队共享（群体博弈）、开放共享（开放式博弈）三方面建立了基于项目的在线协作知识共享博弈模型，剖析个体间协作知识共享的动态演化机制，针对每一类模型分别描述了关键因子的作用和影响。通过对模型的比较，分析三类知识共享方式下博弈过程的差异，据此提出有助于促进知识共享的策略。本研究所提出的知识共享模型可作为基本框架为后续研究提供参考，尤其适合向师徒博弈和率先共享者模型进一步深入扩展。

第一节　基于项目的知识共享博弈

知识共享是在线协作学习的关键环节之一。学习者分享彼此的经验和心得，共享有效资源，在讨论中产生思维的碰撞。这些过程有助于促进学习团队的知识建构和个体知识内化，增强学习者的自我概念和社会存在感，提高学习绩效和满意度（詹泽慧和梅虎，2013；詹泽慧，2014）。然而，在大多数情况下，在线协作学习中的知识共享并不是自发的，而是在多因素作用和一定的诱导条件下产生的结果。尤其是在基于项目的学习情境下，在线协作学习者之间存在竞争与合作并存的关系——他们既希望项目团队能够产生好的绩效胜出，又希望自己在团队中的表现最佳。个体理性与集体理性之间往往存在矛盾与背离，所以学习者在讨论时通常会从自己的角度决定共享与否，而不会从集体的角度毫无保留地贡献自己的知识。例如，有的学习者会害怕他人运用自己共享的知识超过自己而有意隐藏个体知识；有的学习者为了节省时间，减少个体付出，会选择"搭便车"（张玲玲等，2009）。可见，在基于项目的在线协作学习中，知识共享的过程其实也是学习者个体之间相互博弈的过程，其中蕴含着丰富的博弈关系。

博弈论是一种公认的研究多个智能主体间相互作用关系的重要理论方法。它作为一门理论正式发展始于 1944 年冯·诺依曼（von Neumann）和莫根施特恩（Morgenstern）的专著《博弈论与经济行为》（von Neumann and Morgenstern，1944）。随后纳什（Nash）提出和论述了纳什均衡这一重要概念，奠定了非合作博弈的理论基础（Nash，1951，1953）。经过几十年的发展，博弈论现在已经成为主流经济学和管理学中最核心的内容之一，并几乎成为所有领域经济学家和管理学家的基本分析工具及共同研究语言（王先甲等，2011）。一个博弈有四大基本要素：博弈参与者、博弈规则、博弈结局和博弈效用。站在博弈的角度分析基于项目的在线协作知识共享过程，能从一个新的视角揭示学习者之间相互作用的关系和行为规律。

近年来，博弈论作为分析远程协作学习过程的有效方法，引起了学者的关注和重视（汤跃明和刘峰，2008；李京杰和马德俊，2010）。黄梦梅（2014）基于博弈论从用户发帖和浏览评论帖子的角度分析了学术型社区中用户的知识共享行为。刘臻晖（2016）依据博弈理论、学习组织理论、激励理论和社会资本等理论，构建了教育虚拟社区知识共享机制，提出了教育虚拟社区提高知识共享效率的解决方法。但现有的大多数研究主要停留在应用博弈论对学习现象进行思辨的阶段，并未建立具体的数学模型加以论证，而且缺少对不同在线协作方式的分类讨论。在本章中，我们将尝试建立基于项目的在线协作知识共享博弈模型，从私下共享、团队共享、开放共享三方面分析学习者基于项目的在线协作博弈过程，剖析个体间协作知识共享的动态演化机制，并据此作为后续研究框架的建立依据。

一、特征与概念模型

知识作为一种资源和无形生产要素，自身并不会被损耗，且具有可再生性、复制成本低、优势递增及隐性知识难以模仿等特点（张玲玲等，2009）。因此，在基于项目的学习情境下，在线协作知识共享的特征可以被归纳如下：第一，知识在生产、传播和反复使用过程中不仅不会使知识损耗减少，而且还会有不断被丰富充实和最终增值的可能。站在项目全局的角度，知识共享行为发生得越频繁，共享程度越高，则越有利于项目质量的提高和所有参与者学习绩效的提高。第二，知识具有一定的隐含性，存在于人脑中，一般不易被他人占有和利用，因此知识共享的动力机制非常重要。只有个体知识持有者具备共享的主动性，共享行为才会产生；只有多个个体同时愿意参与共享，才有可能发生新知识的合作建构。第三，知识具有公共产品的特征，其生产成本很高，传播成本却很低。在信息技术的支持下，知识的在线建构、共享和传播具有更快的速度、更大的作用范围及更便捷多样的传播方式，可以使知识共享产生更明显的效果，并有助于历史知识的积累和存档（documentation）。第四，个体所具有隐性知识的价值决定其在组织中的核心竞争力。个体共享知识会使自身核心竞争力散失，降低自己在项目组或团队中胜出的概率，这是基于项目的在线协作知识共享中存在的最主要障碍。

由于本研究尝试讨论的三类在线协作知识共享过程（私下共享、团队共享、开放共享）在知识共享主体、受体、传播路径、成本与收益等方面均存在一定差别，因此我们将分为如图 7-1 所示的三个相关模型分别展开讨论。根据上面所归纳的在线协作知识共享的特点，三个模型都将遵循两个基本假设：①学习者个体的目标都是争当第一，即个体胜出，希望自己花最少的精力，获得最多的认可，取得最好的个人成绩（Shih et al.，2006）；②学习者做出知识共享需要花费时间精力，会降低自己获胜的概率而增大他人的获胜概率（Cai and Kock，2009），同时，知识共享的过程也有助于学习者梳理自身知识结构，促进知识的内化，共享者有机会得到他人的反馈而提升自身项目的质量，此外还可以收获一定的社会资本。

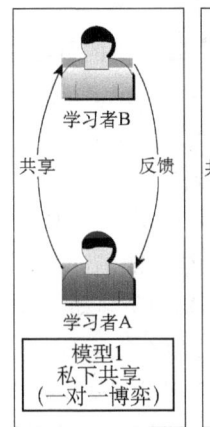

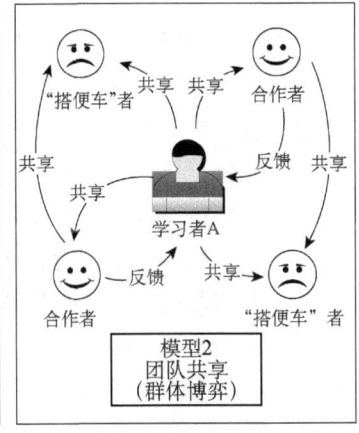

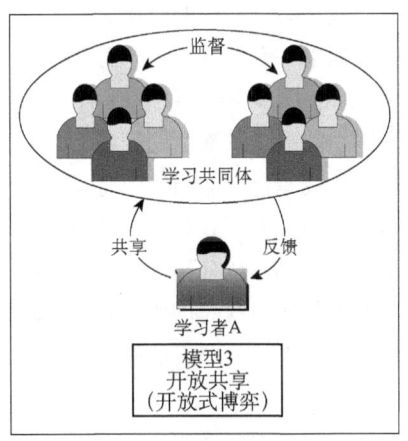

图 7-1　私下共享、团队共享、开放共享的在线协作知识共享过程模型

二、私下共享：一对一博弈

学习者之间一对一私下讨论是一种有具体指向的求助和施助过程（Haeussler et al.，2014）。学习者选择这种方式共享知识通常是因为彼此比较熟悉，或者根据一方对对方的了解，推测对方可能可以解决自己的问题，于是展开两人的私下共享。私下共享可以通过同步或异步的即时通信工具、视频语音工具等（如 QQ、MSN、Skype 等）进行。

如果仅仅是一次博弈，假设私下共享的是 A 和 B 两位学习者，他们的博弈结果有四种可能：①A 和 B 都选择共享，这是最优的双赢结局，因为 A 和 B 都可以得到二者所共享信息的总和；②A 共享而 B 不共享，此时 A 的收益为 0，B 的收益为 A 所提供的信息；③A 不共享而 B 共享，此时 A 的收益为 B 所提供的信息，B 的收益为 0；④A 和 B 都不共享，此时两人的收益都为 0。根据囚徒困境理论，无论是 A 还是 B，考虑到自己共享后对方有可能不共享而导致自己产生损失，因此遵循经济学中的理性人假设，A 和 B 都不可能选择首先共享。但基于项目的协作学习通常不是一次性或者短时间就结束，而是会持续若干周直至项目结束。因此这个过程不会是单次博弈，而应该是一种重复博弈。

根据时间进程，重复的私下共享的过程可以划分为"A 向 B 共享"和"B 向 A 共享"两个环节：在第一环节，B 在学习中遇到问题，推测 A 可能了解相关的信息或者 A 所掌握的知识有助于解决这一问题，私下向 A 请教。此时 A 有 α 的概率正好有 B 要完成项目所需要的部分知识或信息，则 A 需要考虑是否向 B 共享。在第二环节，学习者 A 期待 B 做出反馈，B 有 β 的概率正好有 A 要完成项目所需要的部分知识或信息，则 B 也会考虑是否向 A 共享。这两个环节将迭代进行，直到讨论结束。不管是 A 还是 B，他们共享知识的期望回报都是"得第一"的效用加上对方共享知识的价值，减去共享知识的付出。

如果 A 做出单方面共享，则 A 会降低自己胜出的可能性而提高 B 胜出的可能性。设 A 胜出的可能性为 $x(r_1)$，则 B 胜出的可能性为 $1-x(r_1)$。其中，r_1 是 A 向 B 共享知识的多少及深度的度量。如果 A 共享，则 A 胜出的概率会降低 $\delta_1(e_2, r_1)$，而 B 胜出的概率会增加同样的量 δ_1。其中，e_2 是 B 对 A 共享知识的吸收能力。相应地，δ_2 则是 B 共享后，B 所降低的胜出概率。A 所共享知识的价值设为 $V(e_2, r_1)$，V 反映了 A 所共享的知识减少了 B 要解决问题所需要付出的成本，以及这些知识可以被用来解决其他问题的价值。A 在知识共享的同时可以对自己的知识结构和所学知识进行梳理，促进自身知识的内化，这对 A 来说是一种学习上的收益，设为 $G(r_1, e_1)$。G 是 r_1 和 e_1 的函数，因为 A 共享的知识深度和广度越高，则越有助于促进其知识内化，而 A 本身的基础越好，吸收能力越强，则知识内化的程度也会越高。另外，A 共享知识存在一定的成本，就是他为了掌握知识所付出的努力及为了积累经验所尝试的失败 C_1。因此，A 在初始阶段单方面共享的效用为 $U_{A1s}=(x-\delta_1)W+G(r_1, e_1)-C_1$；不共享的效用为 $U_{A1us}=xW$。W 为个体胜出的预期收益。只有当 $U_{A1s}>U_{A1us}$ 时，A 才会在初始阶段首先共享，即

$$G(r_1, e_1) > C_1+\delta_1 W \tag{7-1}$$

接着需要考虑 B 的反馈行为。这时 B 的知识可能对项目有价值，我们将 A 和 B 胜出的概率分别设为 $1-y(r_2)$ 和 $y(r_2)$。如果在第一环节 B 遇到问题时 A 没有共享知识，则这时 B 肯定也不会共享。如果在第一环节 A 共享了知识，则 B 需要比较自己共享或不共享知识的收益，只有在前者大于后者时，B 才会选择共享。B 做出共享

的收益是第一环节 A 向 B 共享得到的收益加上第二环节 B 向 A 共享得到的收益：

$$U_{B2s}=\alpha\left[(1-x+\delta_1)W+V(e_2,r_1)\right]+\beta\left[(y-\delta_2)W-C_2+G(r_2,e_2)\right] \quad (7-2)$$

如果选择不共享，则 B 的收益为

$$U_{B2ns}=\alpha\left[(1-x+\delta_1)W+V(e_2,r_1)\right]+\beta\left[yW-L(e_2,r_1,\varphi)\right] \quad (7-3)$$

式中，L 为 B 不共享知识时的名誉损失；φ 为共同体对知识共享行为的回报。只有当 $U_{B2s}>U_{B2ns}$ 时，B 才会选择共享。所以

$$\begin{aligned}U_{B2s}-U_{B2ns}&=\left[\beta(y-\delta_2)W-\beta C_2+\beta G(r_2,e_2)\right]-\left[\beta yW-\beta L(e_2,r_1,\varphi)\right]\\&=\beta\left[L(e_2,r_1,\varphi)+G(r_2,e_2)-\delta_2(e_1,r_2)W-C_2\right]>0\end{aligned} \quad (7-4)$$

得到：

$$L(e_2,r_1,\varphi)+G(r_2,e_2)>\delta_2(e_1,r_2)W+C_2 \quad (7-5)$$

接着再考虑 B 的反馈行为对 A 的影响，因为 A 会根据 B 的反应决定自己在下一回合是否继续共享。如果 B 共享，则 A 在此阶段的收益为

$$\begin{aligned}U_{B2s\text{-}A}=&\alpha\left[(x-\delta_1)W+G(e_1,r_1)-C_1\right]+\beta\left[(1-y+\delta_2)W+V(e_1,r_2)\right]\\&+(1-\beta)\left[(x-\delta_1)W+G(r_1,e_1)-C_1\right]\end{aligned} \quad (7-6)$$

如果 B 不共享，则 A 的收益为

$$U_{B2ns\text{-}A}=\alpha\left[(x-\delta_1)W+G(r_1,e_1)-C_1\right]+\beta\left[(1-y)W\right]+(1-\beta)xW \quad (7-7)$$

只有当 $U_{B2s\text{-}A}>U_{B2ns\text{-}A}$ 时，即式（7-6）−式（7-7）>0 时，A 判断自己能从私下共享中有所得，双方博弈才会继续下去，因此可以得到：

$$\beta>\frac{\delta_1(e_2,r_1)W+C_1}{\delta_1(e_2,r_1)W+\delta_2(e_1,r_2)W+V(e_1,r_2)+G(r_1,e_1)+C_1} \quad (7-8)$$

当且仅当条件式（7-1）、式（7-5）和式（7-8）都成立的情况下，A 和 B 之间的知识共享才会是一个纯策略的子博弈信息均衡。如果 β 和 L 中有一个为 0，则 A 和 B 都不会在均衡状态下选择共享。如果 $\beta=0$，则 A 会认为没有必要与 B 讨论和共享知识，原因要么是 B 并不具备 A 所完成项目所需要的知识，要么是 B 不存在与 A 合作的可能。从式（7-1）、式（7-4）和式（7-7）可得到以下结论。

第一，在初始阶段，只有设计合适的讨论内容，鼓励学习者在共享中内化自身知识并达到良好效果，增加 $G(r_1,e_1)$，才有可能激发"率先共享者"A 的出现。

第二，β 的增加会使双方共享和协作的可能性增加：β 增大，"率先共享者"A 能从私下共享中获得相关的、有价值的反馈，将激发双方进入下一回合更深入的讨论，博弈继续进行，增加了进一步深入共享的可能性。

第三，成本 C_1、C_2 减少会使双方共享和协作的可能性增加：共享成本 C_i 的减少，减少了个体学习者独立完成项目而不共享的收益，从而增加其共享的可能性。小组人数越多的组，因为准备提问和信息的成本较低，所以共享的可能性越大。

第四，在 $V(e_1,r_2)>(\delta_2/\delta_1)C_1$ 的条件下，个体胜出的预期收益 W 减少会使双方共享和协作的可能性增加：在命题条件下，W 减少会增加共享的可能性。减少 W

的同时也减少了学习者单独时期不共享的收益，同时也减少了由于不共享而产生的未来的惩罚。但根据式（7-1），前者的效应占主导。在 $\delta_2=\delta_1$ 的特殊情况下，学习者在共享中获得信息的价值高于其单方面共享所付出的成本。

第五，L 的增加会使双方共享和协作的可能性增加。换言之，在一个名誉成本很高，不共享惩罚较高的氛围中，对应较高的 L，则较容易发生知识共享。而 e_1、e_2、r_1 和 r_2 这四个因素的作用和影响是不确定的，因为在一对一共享的情况下，这些因素既可能促进共享也可能抑制共享。

三、团队共享：群体博弈

团队共享是非指向性的，学习团队内部的小范围讨论通常发生在小组 QQ 群内或者具有封闭权限的小组论坛中。团队中的知识共享最常出现两种形式：应答式共享和自主式共享。团队学习者之间具有竞争与合作并存的关系：一方面，他们有共同的目标，需要合作赶项目进度，争取较好的小组绩效，超越其他小组；另一方面，他们也存在竞争，因为最终只有绩效最好的一两个人会被企业接受，因此每个个体都会追求自身绩效最高，也就是争取"得第一"。

由于知识是个人核心竞争力的代表，而团队成员的收益取决于成员间的共同产出。因此在团队在线协作的过程中，每个个体都乐于共享他人提供的知识而不愿意向他人共享自己拥有的知识（即"搭便车"），使得知识转移与共享产生了障碍。此外，在基于项目的学习中，小组的组合是相对固定的，学习者之间的合作会维持一个较长的时期，直至项目完成。协作过程是多次的、长期的，所以每个人都可以根据过往的合作经历来决定自己接下来是否合作和共享。

在小组内部，如果一个学习者 A 积极应答或主动共享，则 A 会付出共享的成本，降低自己胜出的概率，但他的共享会提高整个小组的绩效，从而获得一定的社会资本。在一个总人数为 $(t+u)$，其中合作共享者人数为 t、"搭便车"人数为 u 的小组中，如果项目需要进行 n 次团队共享，"搭便车"者缺席了其中 k 次，则 A 选择在团队共享知识得到的收益如下：个人胜出所得到的收益 W，加上自身对知识的内化收益 G，减去学习者 A 学习该知识产生的时间精力和试错成本 C_1，加上所有讨论者共享知识后对小组绩效的贡献 tV，减去"搭便车"者的不合作行为对小组绩效产生的负向情绪影响 uP，再加上 A 在知识共享过程中收获的社会资本 tS。其中，A 胜出的概率由于其知识共享行为，会由原来的 x 减少 δ_1，而在后续的讨论中得到 $(t-1)\delta_2$ 的提升。故 A 选择共享的收益如下：

$$U_s = \{[x-\delta_1+(t-1)\delta_2]W+G(r_1, e_1)-C_1+tV-uP+tS\}n \quad (7-9)$$

选择"搭便车"的收益为

$$U_{ns} = (tV-L)k+\{[x+(t-1)\delta_2]W+G(r_1, e_1)-C_1+(t-1)V-uP\}(n-k) \quad (7-10)$$

只有当 $U_s>U_{ns}$ 时，学习者 A 才会选择在团队共享知识。即式（7-9）-式（7-10）>0时，A 才会选择共享，因此得到：

$$(-\delta_1 W+V+tS)n-[C_1+V-L-G(r_1,e_1)]k>0 \tag{7-11}$$

此外，还有一个隐含的条件，就是只有当 A 共享后其个体胜出的概率有所提高，才有可能达到持续共享，即

$$(t-1)\delta_2-\delta_1>0 \tag{7-12}$$

团队学习者的水平不会有很大差距，因此 δ_1/δ_2 约等于 1，可见由式（7-12）可推出 $t>2$ 这一条件，即团队倾向于合作与共享者需要达到 3 人或以上，才有利于团队共享的发生和持续。

由式（7-11）可得

$$\frac{tS+V-\delta_1 W}{C_1+V+uP-L-G(r_1,e_1)}>\frac{k}{n} \tag{7-13}$$

结合式（7-12）和式（7-13）可以得到以下结论。

第一，当小组中倾向协作共享的学习者达到 3 人或以上时，项目持续所进行的小组讨论次数 n 越多，越有利于团队的知识共享。因此，在组成小组后，应尽可能保持小组组合的稳定性，增加小组讨论的次数。

第二，团队成员"搭便车"的次数 k 越少，"搭便车"者的"不合作"行为对小组绩效产生的负向情绪影响 P 越小，"不合作"和"搭便车"导致的个人名誉损失 L 越大，积累社会资本的价值 S 越大，则越容易达到团队知识共享的策略均衡。例如，协作小组内部可以做出规定："搭便车"的组员将被记入小组工作日记，"搭便车"次数达到 3 次以上的组员将要汇报到项目经理处予以公示。通过明确对"不合作"者的惩罚措施，一来可以平衡"搭便车"行为对其他组员所产生的不公平效应；二来也有助于减少"不合作"行为的发生。可见，形成良好的团队协作和知识共享氛围，制定必要的奖罚条例，将有利于团队知识共享的发生和维持。

第三，当个体胜出所得到的收益 W 越小，个体共享知识所需要的成本 C_1 越小，而个体共享知识过程中对知识的内化程度 G 越高，则越有利于激发个体共享知识的意愿。可见，降低个体胜出的收益而增加小组胜出的收益，增加对知识共享者的反馈以促进其知识的内化和深入理解，提供较便利的在线知识共享方式，减少共享者所需要花费的时间成本等措施对促进团队的知识共享将起到一定作用。

四、开放共享：开放式博弈

除了私下共享和团队共享，学习者还可以选择在共同体中公开自己的知识、项目进展和构思等信息。在教育信息化日益发展的今天，这种知识共享的方式已经越来越多地应用在各类论坛、QQ 群、微信群、社交网络上（Li and Jhang-Li，2010；Haeussler et al.，2014）。学习者也会面临相互矛盾的选择，因为共享自己的知识可以使自己获得有用的反馈和一定的社会资本，但如果在共同体中为对方提供有用的信息、知识和反馈，将会增加共同体中其他人胜出的概率。和私下共享、团队共享所不同的是，开放共享的人向公众汇报自己的项目会增加自己在这方面工作的声誉，但只有接收到知识的人对其作引用，其声誉的增加才会发生。当一个人公开分享自己的知识和工作后，共同体中的其他人都能对其作引用，则会形成一个均衡的产出。

考虑一个最简单的情况，一个学习者 A 在已经完成项目的比例为 σ 时（$0<\sigma<1$），在共同体中开放共享自己的知识和相关工作进展，可以为自己的项目获得 σW 的声誉。假设共同体中有 M（$M\geq 2$）个学习者都对所讨论的问题及 A 所共享的知识感兴趣，有的人看过后会做出反馈，有的人看过后直接用在自己的项目中。W 表示的是项目胜出时个人的显性收益，如奖励给个人的奖项、奖金等。另外，A 的共享也会对另一个学习者 B 的胜出提供 σ 的贡献率，因为 B 也可以在 A 共享 σ 的基础上完成自身项目，甚至可以超越 A 最终胜出。

在开放共享的情况下，对于"谁会对所探讨的问题和所共享的知识感兴趣"这一事件是不确定的，设 γ（$0<\gamma<1$）表示共同体中的某一个学习者 B 对 A 共享的内容感兴趣，有可能做出反馈并提升 A 的项目质量。在 $M-1$ 个学习者中至少有一个感兴趣者的概率 λ 为 $1-(1-\gamma)^{M-1}$。A 向感兴趣者共享知识可能存在两种效应：一种是有利于 A 的，因为 A 可能获得有用的反馈，提升项目的质量，最终的显性收益由 W 变为 $W+\tau$；另一种是不利于 A 的，因为向感兴趣者分享知识会因此降低 A 自己胜出的概率。假设这个减少的概率为 δ_1。设学习者 A 在不向他人共享知识（或者共享了但没人感兴趣）而独立完成项目的情况下胜出的概率为 x（$0<x<1$）；如果学习者 A 在共享后遇到至少一个感兴趣者，则 A 获奖的概率为 $x-\delta$（$0<x-\delta<1$）。

开放分享的博弈过程可以这样描述：在最初的阶段，学习者 A 能遇到感兴趣者的概率为 γ，那么在第一环节，学习者 A 可以选择共享（P）或者不共享（NP）。如果他共享，将使得 $M-1$ 个其他学习者了解其想法和工作进展并分享到部分知识，然后 A 将等待其他人的反馈。在第二环节，如果共享者 A 最后胜出，则博弈终止；如果最终胜出的不是共享者 A，而是共同体中的其他成员 B，则 B 要决定是否要在自己的项目中说明 A 的贡献。如果 B 提及 A 的贡献，则 B 只能得到个人项目的部分收益 $(1-\sigma)W$；如果 B 不提及 A 的贡献，则 B 可以得到全部的声誉和奖励 W。然而，还有 D 的可能性是，$M-2$ 的共同体成员中，有人看到了 A 和 B 的工作，所以知道 B 使用了 A 共享的知识而没有说明 A 的贡献。那么 B 就会丢失了 L 的声誉，而得不到任何奖励。假设共同体中任何一个成员监督并站出来作证的可能性为 q（$0<q<1$），则 $M-2$ 个成员中有人进行监督作证的可能性为

$$D=1-(1-q)^{M-2} \qquad (7-14)$$

站在胜出者 B 的角度考虑，只有在估计到其他人会核实其工作原创性的可能性足

够大的情况下，B才会选择说明A的贡献。也就是说，只有当B抄袭A的损失大于B获得的收益时，即

$$D(L+W) > W \tag{7-15}$$

成立时，B才会在自己项目中提及A的贡献。其中，L是B作弊被发现后的名誉损失。

D是M的函数，所以式（7-15）可以表示为

$$M > \frac{\ln[1-(\sigma W/L+W)]}{\ln(1-q)} + 2 \tag{7-16}$$

由此可见，如果对某一方面知识感兴趣的人数少于3人时，胜出者将不会标注分享者的贡献。因此，分享者共享知识的唯一原因就是为了获得反馈。在做决策之前，A会先比较共享与不共享的效用：

$$U_P - U_{NP} = (1-x)\sigma WC + \lambda\tau - \lambda(1-\sigma C)\delta W \tag{7-17}$$

式中，$C = \Pr(A) + D \times \Pr(NA)$是不管胜出者是否标注他人的贡献，共享者A能得到收益的概率；且$\Pr(NA) = 1 - \Pr(A)$。式（7-17）等号右侧的第一项是A共享知识后如果没有胜出，可以在在线共同体中得到的自己所做项目部分的声誉，第二项反映了B的反馈对A的项目的促进作用，第三项反映了A的共享为其他关注者增加了获胜的机会。只有当$U_P - U_{NP} > 0$时，A才会选择共享。由式（7-16）和式（7-17）可得，博弈的潜在纯策略均衡发生在$D = \sigma W/(L+W)$和$C = \lambda(\delta W - \tau)/[(1-x)+\lambda\delta]\sigma W$时。

因此，对于开放共享，可以得到以下结论。

第一，当M、q、L增大，而W和σ减小时，标注贡献（A）可以达到策略均衡。感兴趣者的人数M较多，共同体成员相互监督的可能性q较大，盗用他人共享的成果所带来的名誉损失L较大，而个体胜出的收益W和共享者对胜出者的贡献率较小时，协作学习者将较容易做到公平的标注贡献而避免"搭便车"。

第二，当τ、q、L增大，而W、x、δ减少时，知识共享（P）可以达到策略均衡。当$W\tau > W$时，M越大则均衡程度越高；δ对均衡的影响是不确定的。可见，当他人反馈对自身项目提升的价值τ较大，共同体成员相互监督的可能性q较大，盗用他人共享的成果所带来的名誉损失L较大，而个体胜出的收益W较小，学习者靠个人努力就可以胜出的可能性x较小，共享后自身损失的核心竞争力δ较小时，协作学习者将倾向于将自身知识做开放共享。

五、模型比较

（一）知识共享的博弈过程比较

在基于项目的在线协作学习中，学习者之间存在协作和竞争的关系，所以基于项目的在线协作知识共享存在学习者之间相互博弈的过程。在私下共享、团队共享、开放共享三种方式下，共享者面对的协作情境和博弈过程均存在差别，因此模型也存在

差别。对三个模型进行比较,可以发现:

一对一的私下共享模型中,由于学习者双方是对等的,且讨论的过程不存在旁观者,也没有共同体的监督,不需要考虑社会资本等收益,完全是个体行为。所以双方都会寻求对自己有利的讨论对象和共享方式,只有当双方都能从讨论和共享过程中得到提高,共享才会继续下去,因此私下共享的双方知识结构越互补,则越容易达到均衡状态。

团队共享模型涉及团队收益和个体绩效两方面。最好的结果是团队收益与个体绩效均达到最优,但在二者相冲突的情况下,就每位学习者而言,个体绩效会被优先考虑。因此,团队常常会出现"搭便车"者。"搭便车"现象的存在造成了团队的"不公平",也会给小组中的合作者带来负面情绪。因此,制定奖罚制度削弱"搭便车"行为,是促进团队共享的关键之一。

开放共享模型中有显著的社会资本效应,学习者在共同体中开放共享知识,除了可以梳理思路和获得反馈,同时也可以扩大自身的影响。但在开放式博弈的过程中,由于是个体面向全体的公开,指向性不明确,共享者遇到合适的"互补者"的概率不确定。此外,由于"责任分散效应"的存在,"互补者"也未必愿意对共享者的付出进行补充。因此,开放共享所涉及的模型需要重点考虑到共享版块的设置、话题兴趣相仿子群体的聚集,以及对深度共享内容的激励。

(二)知识共享的生命周期比较

在私下共享层次,背景相近、目标一致、水平相当的学习者容易保持较长期的互动和共享关系。生命周期最短的一对一共享可以短到仅互动一次,仅限于单次问题的解决。私下共享活动与知识共享双方的关系密切相关,如果二者之间一直保持友好合作关系,则知识共享周期也会相应延续。

在团队共享层次,知识共享的生命周期取决于团队任务的进展。每一次新任务的布置,都会带动团队内的互动,刺激知识共享行为的发生。团队领导者的组织与发动,也会促进知识共享的发展与持续。在基于课程的在线讨论中,参与人数将达到一个班级的规模,组织结构明显的班级共享的生命周期比较规律。讨论之初的学员互识和班级预热是讨论互动非常热烈的时期,虽然此类互动并不涉及深度的知识共享,但会在很大程度上影响学习者后续共享的积极性和知识共享的生命周期。随着课程的进行,学习者互动频率会逐渐减少,但互动深度则逐渐提升。课程的长度通常与小范围共享的生命周期相当。

在开放共享层次,研究发现,所有帖子的浏览数均大于 0,说明论坛中的帖子均具有一定的传播广度,帖子的评论数服从幂律分布,评论数为 0 的帖子占一定比例,说明用户回帖具有惰性。帖子的浏览数和评论数呈显著正相关。论坛主题帖的平均寿命为 30 天左右,大于微博的平均寿命 3.47 天,帖子的寿命分布呈幂律分布,帖子间的寿命具有非常大的差异性。通过帖子的评论数反映其生命周期，发现帖子的生命周期呈负指数增长状态，帖子的平均成长期为 1 天，经历成长期后，迅速进入衰退期，且帖子的半衰退期为 5.5 天。影响帖子生命周期的因素有发帖人的经验（即发帖人的发帖数、回帖数、帖子数、在线时长）和人际关系（即发帖人的好友数），用户对帖子的关注程度（帖子的评论数和浏览数），以及帖子内容的质量。

六、促进策略

对模型内部要素进行分析，可以归纳出以下有助于促进在线协作知识共享的策略。

第一，保持分组组合的稳定性。重复博弈的次数需达到 3 次以上，且协作次数越多，则学习者之间的相互约束力越大，越有利于知识的流动，并促进知识的私下共享和团队共享。

第二，降低个体胜出所得的收益，提升团队胜出所得的收益。降低个人成绩在总评分数中的比例，增加小组得分对总评的影响，有利于促进知识的团队共享。

第三，增加学习者之间在协作过程中的相互监督，建立有效的团队互评机制，或者把团队互评的结果添加到总评成绩中。小组人数在 4~8 人为宜。若人数过少，则团队监督有可能失效；若人数过多，则个体贡献难以区分，相互评价难以客观。有效的团队监督与互评有利于促进知识的团队共享。

第四，提供有效的指引，加强知识共享者在共享过程中的知识内化，教师与助教注意向共享者提供及时、有效的反馈，增加在知识共享过程中共享者的收益。设置合理的共享版块和积分机制，引导知识互补者的聚集，将有利于促进知识的开放共享。

第五，营造一种彼此信任的、开放共享的氛围，有利于促进知识的私下共享、团队共享和开放共享。就知识共享而言，班级和项目组的氛围非常重要。如果大家都乐于分享，则所有个体都会形成一种共享和互助的"惯性"。不论是共享者还是反馈者，都能在这种氛围中得到收获。

七、模型小结

在线协作知识共享是基于项目的学习开展的核心问题，也是难点之一。本研究从博弈论的视角分别讨论了私下共享、团队共享和开放共享三种情况下的学习者博弈模型。通过对模型的分析与对比，呈现在线协作知识共享与反馈的动态演化过程，为后续研究提供可扩展的框架。

此外，本研究所提出的博弈模型还可以在内涵上进一步丰富。例如，本书只考虑了个体间完全对等的情况，后续研究可以进一步将个体差异问题考虑在内，如可以考虑起点水平不同的学习者双方，分析师徒模型中的知识共享机制。同时，"率先共享"

的激励策略是知识共享过程实现的"敲门砖"。在本研究所讨论的三个博弈模型中，率先共享者均在博弈过程中处于劣势，因为有可能发生率先共享者在共享后遇不到互补者，或者遇到互补者故意不提供反馈的情况。有效引导率先共享者的出现将是后续研究的重要议题之一。

第二节 基于项目生命周期理论的知识共享激励机制

一、项目生命周期

生命周期理论是由诺贝尔经济学奖得主美国经济学家 F.莫迪利安尼等提出的，利用生物生命周期的思想，将研究对象从其形成到最后消亡看成是一个完整的生命过程（运动整体性）。而对象的整个生命过程因其先后表现出不同的价值形态可划分为几个不同的运动阶段（运动阶段性）。在不同的运动阶段中，应根据对象的不同特点，采用各自适宜的管理方式和应对措施（运动阶段内各要素间内在联系的特点）（朱晓峰，2004）。

众多学者对于项目生命周期的阶段划分尚未达成一致。倪萍（2016）认为不论什么项目都像有机生命体一样，要经历一个特定的生命过程，即启动、规划、执行、结束。这一过程就是"项目的生命周期"。部分学者提出项目生命周期可以分为规划阶段（需求识别）、计划阶段（提出方案）、实施阶段（执行方案）、完成阶段（结束项目）四个阶段。还有学者从强调项目任务完成的角度将项目的进展划分为四个阶段：起始阶段，需要转化为建议；设计阶段，建议转变为工作设计；执行阶段，设施被开发出来；结束阶段，设施投入运行并测试。另一部分学者则在执行项目阶段和结束项目阶段增加了监控阶段或经营阶段，使项目生命周期变成五个阶段（管海波和黄敬前，2004）。美国学者威索基（2015）和英国学者约翰·S.奥克兰多都同意团队生命周期的四分法，前者认为可以将团队划分为评估、形成、开发和部署四个阶段，后者则将其划分为形成（意识）、爆发（冲突）、标准化（协作）和完成（生产力）四个阶段。但团队生命周期划分中最为流行的五阶段模型，是由美国学者克利福德·格雷和埃里克·拉森提出的，该模型描述了群体如何成长为有效团队的过程，该过程可以分为形成（forming）、风暴（storming）、规范化（norming）、执行（performing）和延期（adjourning）五个阶段。

本书结合基于项目的学习中在线讨论的基本情况，在划分项目团队生命周期时，参考了塔克曼的项目团队发展阶段（组建、变动、标准化、业绩表现和解散）、克利福德·格雷和埃里克·拉森的五阶段模型，以及国内学者马丽华提出的项目团队成员激励模型,将基于项目的学习团队生命周期中出现的五个阶段划分如下:第一阶段——形成期,项目团队的目的、结构、领导都不确定,当团队成员开始把自己看作是团队的一员时,此阶段结束。第二阶段——风暴期,是项目团队内部的冲突阶段,团队成员接受了团队的存在之后,但是对工作方法、相互间合作,甚至领导者存在争执,当共同的工作方法流程和项目团队领导层次相对明确时,此阶段结束。第三阶段——稳定期,团队成员开始形成亲密关系,项目团队表现出一定的凝聚力,当团队结构稳定时,此阶段结束。第四阶段——成果期,团队结构开始充分发挥作用,成员的注意力已从试图相互认识和理解转移到完成手头的任务,互相给出建议,促使成果生成。第五阶段——完结期,项目团队进行一系列的收尾工作,着手解散安排。实际上,项目团队并不总是明确地从五阶段模型中的一个阶段发展到下一阶段,有时可能几个阶段同时进行,甚至可能回归到前一阶段。但一般情况下,这五个阶段是顺序进行的(马丽华,2006)。

二、基于项目生命周期的动态知识共享机制

根据上面对项目生命周期的五阶段划分,在此我们将分阶段分析项目团队在在线讨论过程中的知识共享机制。

(一)项目形成期

(1)项目形成期的目标要素考虑

在项目形成期,项目团队需要根据确定的项目任务,选择团队成员,组建项目团队。成员开始着手了解项目和团队的有关信息,且带有兴奋和紧张的情绪,此时他们对团队的期望值也普遍偏高,并开始进行自我定位。

在项目形成期阶段,学习团队的目标在于收集信息和自我定位:团队成员一边了解和熟悉同伴,以及团队的基本情况,一边收集有关信息,弄清项目背景和目标要求。他们要根据项目团队的需要和自身特点,主动定位自己的团队角色,认清自己该做什么。当团队成员解决了角色定位这一问题后,就不会感到茫然和不知所措,从而有助于其他各种关系的建立。当团队成员自己找到一个有用的角色后,就会产生自己是团队不可缺少的一部分的意识,也就是当团队成员感到他们已属于项目时,就会承担起团队的任务,并确定自己在完成这一任务中的参与程度。因此,这一阶段的在线讨论需要以成员自我介绍、简单的协作活动(如确定组名、选取主题)等来促进成员间的互识,帮助他们迅速确定自己的定位,使他们对项目内容和团队目标更加清晰。

(2)项目形成期的结构要素考虑

这一阶段,每个成员对自己所在的团队结构并不十分清楚。成员的情绪状态是兴奋而紧张的,且具有较高的期望值。项目团队组建初期,团队成员相互之间不熟悉或

者没有合作经历。他们想互相认识、相互了解，但在大多数情况下却沉默或很少交流。有时也会选择不集中的自由讨论，但工作效率一般较低。这一时期，团队成员既兴奋期盼，又紧张焦虑，对目标怀有疑问，却又具备一定的主人翁感，对团队有很高的期望值（马丽华和蔡启明，2006）。

（3）项目形成期的内容要素考虑

在项目团队形成初期，在线讨论会更多地集中在项目任务本身，而较少涉及所需学习的知识点。但如果助学者能够在此阶段结合知识点内容，监督和引导学习团队进行项目主题选取、实施计划的调整，将会使团队成员对后续的学习内容有所了解，并初步建立学习内容与项目任务的简单联结。

（4）项目形成期的制度要素考虑

团队的制度需要在项目形成期协商制定，如团队成员例会时间、奖罚制度等团队规范，在形成期初步确定，有助于项目团队内部框架的构建。团队的制度包括明确项目团队的任务、目标、角色、人员构成、任务完成期限、验收方式、团队规章制度、团队成员行为准则等；初步建立项目团队绩效评估、团队成员行为激励约束的制度体系；建立技术手段的支持，如信息化沟通工具、在线团队管理工具等的使用；个体需要确认自己的团队角色和岗位职责，并了解团队其他成员的岗位职责。

（5）项目形成期的技术要素考虑

技术手段的支持可便于项目团队成员的沟通交流、日程规划、项目进度管理，因此在项目形成期，成员一方面需要借助技术手段（如社会化软件、信息化平台等）迅速建立联络方式；另一方面，还需要明确已有资源，以及获取新资源的途径和方式。

（6）项目形成期的知识共享支持方案

在项目团队形成和组建的初期，团队目标的明确、团队规范的建立、团队成员的角色感知、团队互动环境的建构是后续项目顺利展开的关键因素，也是团队成员进行有意义的知识共享的基础。在此阶段，需要重点考虑团队内部框架的建立，以便为后续的知识共享活动提供支持。项目团队内部框架的构建（包括团队的任务、目标、角色、规模、人员构成、规章制度、成员行为准则等）将有助于成员快速进入角色，形成角色认知和定位，明确个体的任务和职责。项目形成期间还应清晰确定团队目标。团队目标不仅标明团队努力的方向，还会塑造和影响团队精神，直接关系到知识共享效果和团队绩效。设定团队目标的步骤一般如下：①结合可支配资源和项目任务，进行目标分解；②形成团队成员间的一致意见，明确项目目标和个人目标；③制定出合理的奖惩制度，要有对目标实现的约束和激励机制；④安排专人负责目标实现的过程控制，由团队领袖总体协调。在制订个人目标时，应注意 SMART 原则，即目标是可明确的（specific）、可衡量的（measurable）、可接受的（acceptable）、现实可行的（realistic）和有时间限制的（time indication）（马丽华和蔡启明，2006）。这一阶段可以通过相对简单的项目任务和开展团队热身活动促使成员相互了解，建立良好的人际关系，形成融洽的团队气氛。成员通过活动得到其他成员的认可，可以帮助自己增加成就感，提高自信心，从而增强团队的凝聚力，获得民主稳定的项目团队环境。

项目形成期的知识共享支持方案如图 7-2 所示。

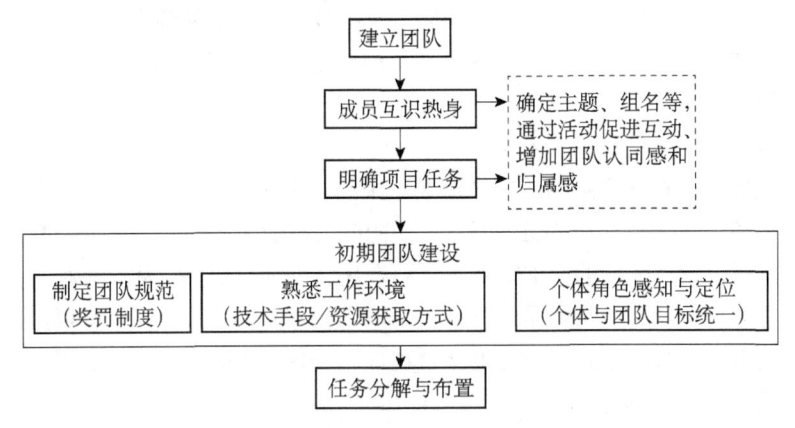

图 7-2　项目形成期的知识共享支持方案

（二）项目风暴期

项目团队组建后，成员认可自己和其他成员都是团队的一分子，就意味着形成期已经结束，进入风暴期。由于各方面带来的差异增加了成员间的冲突，需要磨合相互间的关系，还要继续明确成员的团队角色和职能角色。

（1）项目风暴期的目标要素考虑

在项目风暴期，项目成员的主要目标是明确职责和磨合关系（马丽华和蔡启明，2006）。在形成期明确团队目标和个体职责后，成员将开始执行分配到的任务。在实际执行过程中，往往由于工作规范没有建立完备，成员之间存在观念上的差异，或者是成员与环境之间存在不适应等问题，成员间的矛盾冲突逐渐显现和增多。成员需要将注意力和焦点更多地放在处理各种矛盾冲突上，知识共享和互动环节显著增加，但个体容易忽略或者无暇顾及团队目标，项目进度、团队产出会延缓甚至停滞。

（2）项目风暴期的内容要素考虑

项目风暴期成员的互动频率比项目形成期显著增多，主要围绕协调人际关系、解决冲突、讨论项目实施方案，但对于学习的内容可能会无暇顾及或难以深入。在这一阶段，团队领袖或教学引导者如果能够根据所学的知识点布置项目相关的任务，并在学习内容方面给予引导，将在一定程度上推动项目的进度。

（3）项目风暴期的结构要素考虑

由于立场、观念、方法、行为等方面的差异，项目成员内部容易形成派系结构，人际关系陷入紧张局面，知识的流动与共享可能会出现堵塞，个别成员出现强烈情绪或向团队领袖挑战的情况。项目团队中隐藏的问题逐渐暴露。团队中一些不尽如人意的地方，使成员觉察到现实与起初期望所发生的偏离。风暴期的成员容易夸大问题难度，成员之间常产生相互猜疑、对峙和不满等冲突，使得结构发生断层。部分成员可能出现畏难情绪，不愿面对挑战，不知道能否完成项目任务，会夸大问题难度，消极对待工作，或将问题归结于他人，对团队协作的效果或组长的领导能力产生怀疑。矛盾和冲突的显现可能会使成员产生挫折和焦虑感，工作气氛也趋于紧张，团队士气与形成期相比明显下降。

（4）项目风暴期的制度要素考虑

风暴期需要通过建立适当的制度形成民主的工作环境，从而鼓励成员公开阐明不同观点，保障成员之间沟通渠道的畅通，使团队内部的矛盾和冲突充分暴露并及时得到化解。此外，项目团队的内部框架也需要在风暴期加以明确，从而有利于保证项目的顺利运作。这些制度有可能是经过激烈的冲突相互妥协而形成，也有可能仅仅是经过充分讨论即可完成，形式如何与框架合理性无关，重要的是通过制度规范团队成员行为，指明团队努力的方向。

（5）项目风暴期的技术要素考虑

团队成员此阶段需要努力适应项目相关的技术系统和在线学习平台。积极使用计算机辅助沟通方式加强沟通，包括电子邮件、团队内部互联网、视频会议等。

（6）项目风暴期的知识共享支持方案

在项目风暴期，成员认知的角色和最初时认知的角色所出现的偏差会暴露出来，而由形成期初步建立的沟通渠道和团队制度规范，也需要进行调整和理顺。项目风暴期对知识共享的引导关键在于：一是让个体明确各自的冲突和矛盾，形成合理的项目团队知识共享环境；二是建立明确通畅的沟通渠道和民主的工作环境，有利于知识共享的开展。通过知识和资源的共享积极寻求合作与冲突的平衡，有序地引导成员之间求同存异。对于存在的冲突，不能压制，只能因势利导，建立切实可行的制度与规范。组长也需要肩负起组织讨论和调解冲突的责任，在在线讨论中控制过度"灌水"，引导有意义的沟通和共享。通过组织团队成员的在线讨论，公开比较团队目标和个人期望之间的差别，有助于有序地引导成员求同存异，使团队成员协调各自目标，让两个层次的目标趋于或取得一致，为知识共享打下基础。项目风暴期的知识共享支持方案如图7-3所示。

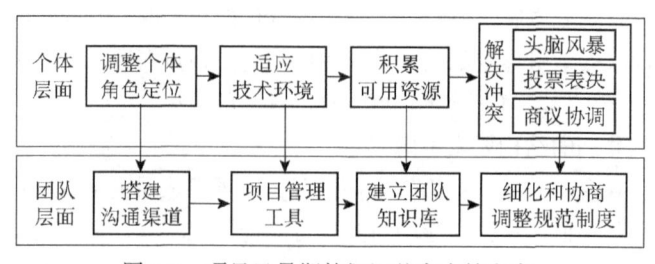

图7-3 项目风暴期的知识共享支持方案

（三）项目稳定期

经过风暴期的种种磨合，进入项目稳定期后，团队成员间的关系已经越来越融洽。人际关系已经不是主要任务，团队成员更多地开始考虑工作任务。成员已经了解并接受各自的角色和职责，相互信任，开始学习何时独立工作和相互帮助，愿意通过公开和平的方式解决相互间的矛盾。团队成员开始考虑如何完成团队分配给个人的任务和各自承担的职责，他们开始衡量通过努力达到预期目标的可能性。随着工作技能慢慢提升，新技术逐渐被掌握，工作规范和流程的建立，工作绩效的提高，成员逐步得到认同和赞赏，相互交流合作增加，逐渐发展出融洽的关系。在理顺人际关系之后，项目团队将关注的焦点放在工作任务方面，而完成项目任务的关键在于每个成员对工作的开展和个体任务的完成。

（1）项目稳定期的目标要素考虑

在项目稳定期，团队成员之间逐渐熟悉起来，个别持不同意见的成员也经过风暴期加强了了解，情绪平静下来，建立了信任感，团队合作意识增强。他们自由地和建设性地交流信息、观点和感情，注意力也转向任务和目标，开始探究如何才能更有效地协作。随着信任感的增强，逐渐形成了独特的合作方式和新的规则，项目规程也得以改进和规范化。因此，项目稳定期的成员之间会深度交流合作，进一步发展关系，项目进度顺利，并取得较大的进展。

（2）项目稳定期的内容要素考虑

为了完成自身任务，团队成员需要掌握相关的知识点，此时基于项目的学习内容设计尤为重要。项目任务需要被合理地分解为若干子任务，引导成员逐个攻破。项目稳定期的个体效率和团队效率都处于较高阶段，成员求知欲强，但容易急于求成，只关注问题的解决而忽略知识体系的建构。因此，辅导者应该注意循序渐进地引导学生，搭建完整的知识框架，同步协调团队项目整体进度与知识传授进度，重视知识可视化的多种呈现方式。

（3）项目稳定期的结构要素考虑

项目稳定期的个体与团队中其他参与者在任务、目标、可用的资源、限制条件等方面逐步取得统一。项目的控制决策权不再由领导层控制，而是交回团队个体层面协商。友谊和对项目的共同责任感使成员的归属感越来越强，团队凝聚力初现，团队特色也逐渐形成。经过了这个社会化的过程，成员建立了更为紧密的关系，团队忠诚度进一步提升。项目团队在结构上已经基本稳定下来，建立起一个为成员广泛接受的工作模式，并在知识共享和保证团队绩效的方向得以持续改进。

（4）项目稳定期的制度要素考虑

个人的努力与个人的能力素质是完成个体任务必不可少的两大要素。成员在努力完成个人职责和任务的过程中，奖酬的价值、个人的努力实现奖酬的可能性会对成员努力发挥积极作用，激励成员取得更好的工作绩效。因此，评价制度和奖酬制度在项目稳定期起着至关重要的作用。项目团队成员关注的重点从人际关系转移到团队工作，他们会衡量努力实现奖酬的可能性。当成员认为通过努力容易实现奖酬的可能性小时，容易消极懈怠。此时则需要对这部分成员进行个别辅导，提高其完成任务的能力与素质，增加他们通过努力实现奖酬的可能性。只有当通过努力实现奖酬的可能性适中时，才有助于成员执行团队工作，各司其职，做好分配到个体的工作。在执行团队工作的过程中，还需要建立适当的动态评价方案，后台对各成员在团队中的贡献（如资源共享、协助答疑、分享创意等）进行跟踪和评价，为团队成员合理授权、调整团队工作模式等提供必要信息。

（5）项目稳定期的技术要素考虑

在项目稳定期，成员在相互信任的氛围下，开始寻找更有效的合作方式，希望自由地交流信息和观点。在技术层面上，可以考虑计算机辅助的团队管理工具，如移动端的日程管理和项目管理工具等，提升团队协作的效率。

（6）项目稳定期的知识共享支持方案

成员在明确各自的角色和职责后，进一步调整团队角色的认知和人际关系。此时的工作重心开始由人际关系向项目任务转移，成员需要提高相应的工作技能，需要较多的自主学习和协作互助，知识的传授和共享在此阶段尤为重要。导学者或项目领导者需要给予个体足够的自由度，充分发挥成员的积极性和创造性，使其不断拓展自己的知识技能。同时，重视团队文化的建设，激励项目团队的进步和革新。对知识共享的激励可以在以下五方面进行：一是采用合适的物质激励，使项目成员专注于项目任务的完成和相关知识体系的建构，乐于向他人分享自己的知识。二是在个体主动分享知识后及时给予肯定，充分认可其对项目进展所做的贡献，使共享者充满成就感，提高自信，有利于建立及时反馈和鼓励共享的团队文化和氛围，维持良好的工作绩效。三是在设计工作任务时，使任务多样化，富于挑战性，让成员乐于接受，并认为是发挥潜能的良好机会。同时，赋予成员较大的责任，使其充分获得成就感和自我实现感。四是赋予成员足够的自主权，选择其最感兴趣和适合自己的工作，有助于增强个体责任感，提高工作期望和工作积极性，让成员获得较大的工作效价，产生一定的内在激励效果。五是建立共享互助的团队文化，作为强大的具有促进作用的精神动力，有特色的团队文化可以使个体明确团队开展工作的方式，从而更好地为项目做出力所能及的贡献。项目稳定期的知识共享支持方案如图7-4所示。

（四）项目成果期

在项目成果期，项目组成员通过努力，已经形成了一定的成果，需要对其进行评价和改进。此时项目团队成员经过一段时期稳定的配合，相互依赖性越来越高，成员将继续巩固和延用稳定期形成的标准化工作流程和工作方法，项目团队在保持较高工

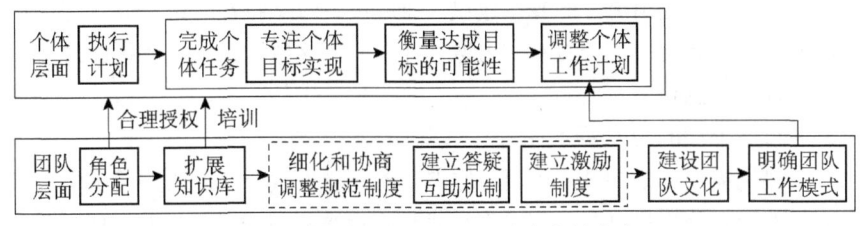

图 7-4　项目稳定期的知识共享支持方案

作效率的同时，开始进行当前成果的展示和相互评价，并逐步加以改进。

（1）项目成果期的目标要素考虑

在项目成果期，团队的目标在于进一步促进成果的生成、展示和改进。在成果形成过程中，团队成员或外部参与者通力合作，在任务内外相互帮助，针对成果进行相互评价并给出建议，当遇到问题时，集体讨论如何实施解决方案。随着工作获得肯定，成员相互依赖度增高，信心也会得到提高。成员通过标准流程和方式进行沟通、分享信息、化解冲突、分配资源。团队成员相互理解、高效沟通、密切配合、积极工作，急于实现项目目标，再加之成员的工作热情容易取得较大的成绩，实现项目创新。工作上的高绩效和成果展示效果使成员获得了强烈的团队归属感和荣誉感，项目工作进入良性循环，每位成员都有向团队贡献自身知识和能力的意愿，希望自己的成果获得赞赏，也希望自己的提议获得同伴的认可。

（2）项目成果期的内容要素考虑

项目成果期需要对所学内容进行回顾和深入应用。知识点已经不再以孤立的形式存在，学习者需要建立知识点之间的关联，并将其应用在成果的修订、探讨成果改进方法、落实项目成果的各个部分、整合团队成果等方面。此时尤其需要对前期所学知识进行总括性的梳理，以便知识的系统建构。

（3）项目成果期的结构要素考虑

项目团队经历了稳定期后可能发生分化：有些团队没有建立起合适的规范和制度，团队凝聚力不足，成员之间相互推搡任务，积极性不高；有些团队则从经验中学习，发展成为熟练、有效、规范的团队，成员之间配合默契，关系融洽，形成积极的互助氛围。在个体层面上也会发生分化，有些成员没有适应建立起来的规范和制度，或者跟不上团队的进度，所形成的成果质量不高，影响到团队的整体协作；有些成员则对工作得心应手，成为团队的领袖，对项目绩效和团队知识共享起着主导作用。

（4）项目成果期的制度要素考虑

在项目成果期，成果的展示方式和成员的互评制度尤为重要。在成果展示和互评的阶段还要注意控制任务进度。通过建立成果展示、评价和改进方面的制度，确保成员可以及时就项目完成过程中的问题和困难及时沟通，资源共享。允许团队随时更新工作方法和流程，鼓励团队成员轮换角色，让每个人都保持一定的新鲜感，更容易换位思考，为团队成果提出更好的修改建议。让成员轮流主持在线讨论或者互换负责一些修改内容，还可能会产生一些新的力量和才能，而这些力量和才能在此之前团队及其成员可能都没有意识到。

（5）项目成果期的技术要素考虑

项目成果期需要一定的技术配合，如需要向成员提供合适的成果展示平台和互评工具，适当的学习分析机制和进度呈现技术也将提高项目成员知识共享的质量。

（6）项目成果期的知识共享支持方案

保持工作状态并维持稳定的工作绩效，是项目成果期的重点，团队成员对任务的密切关注使成员对与绩效无关的因素关注度降低，如图 7-5 所示。

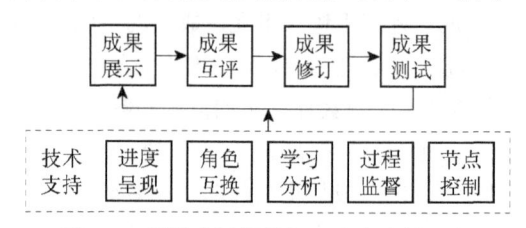

图 7-5　项目成果期的知识共享支持方案

（五）项目完结期

在项目团队中大部分任务已经完成，只剩余少量收尾工作，成员注意的重点不仅包括项目团队的任务，而且还包括对任务成果的评价，对个体绩效的评价，以及对整个项目团队和个体努力过程的反思。

（1）项目完结期的目标要素考虑

在项目完结期，团队将成果的交付和绩效评定作为目标，成员的注意力从关注项目任务转为项目完结的收尾工作。对团队成果的优质整合成为团队知识共享的主要目标。

（2）项目完结期的内容要素考虑

项目完结期的重点是对学习内容的归纳总结，而对项目的归纳和总结有利于知识的最终梳理和系统建构，以便在后续项目中举一反三。

（3）项目完结期的结构要素考虑

项目完结期的人员结构重新趋向单一，项目成员提交个人完成的成果后，团队需要对成果进行整合和提炼。成果整合的任务往往会落到个别能力较强的成员身上。能力较强的成员通常会尽可能扩散自身知识，集众之力提高效率，最终完成成果交付。

（4）项目完结期的制度要素考虑

项目完结期需要在制度上保证收尾工作的顺利进行和总结工作的开展。项目的收尾工作包括团队成果的整合和提交，总结工作包括项目总结和个人总结。项目总结可以在某种程度上弥补绩效分配不均所产生的不公平感，也可以为成员带来非物质的奖励，让成员获取他人经验，积累知识，为今后的发展做准备。

（5）项目完结期的技术要素考虑

项目完结期内需要用到的辅助技术主要是总结和分析，项目成员在实时或非实时的环境下对所做的工作进行回顾反思，系统对个人贡献加以分析，推算出个人的绩效，为项目嘉奖提供依据。

（6）项目完结期的知识共享支持方案

完成项目任务，是项目团队的基本任务。使项目团队从项目总结中获得最多的收获，是项目团队更高的任务，成员个体也可以获得与自己实践不一致的经验，这也是一个项目团队获得成功的重要方面。在项目完结期，成员之间的知识共享主要通过相互评价和共同反思实现。对知识共享的支持需要考虑以下方面：①建立公平合理的互评机制，并且保持之前已经建立好的个体绩效评价体系处于稳定状态，不要轻易调整，否则会造成制度不稳定，影响团队凝聚力和成员共享的积极性，也会影响到成员学习的满意度。②嘉奖表现突出的成员。及时肯定表现突出的成员，不仅可以使个人感受到自我价值的实现，更重要的是，他们会带着高昂的情绪接受下一项新任务。无论对项目、团队还是个人，这都是一个值得使用的激励方法。③总结项目，让成员充分获得非物质收益。总结项目的意义，不仅在于分享项目成功带来的喜悦，还可以弥补因为某些原因没有获得的足够公平感，用获得的项目经验和知识弥补一部分由于绩效评价不公所致的外在不公平感。④开展活动，营造愉快的解散气氛。团队成员感情弥坚，彼此依依不舍，惜别之情难以抑制，他们深深感悟到凝聚力的可贵。各种团体活动可以为下一次成员能够再一次组合工作做准备，甚至可以消除某些团队成员之间的矛盾。也只有经历了长期的团队合作，成员才能从中获得与外在性奖酬相对独立的内在需要，如情感需要。相对来说，这些成员再度合作时，磨合时间会缩短。项目完结期的知识共享支持方案如图7-6所示。

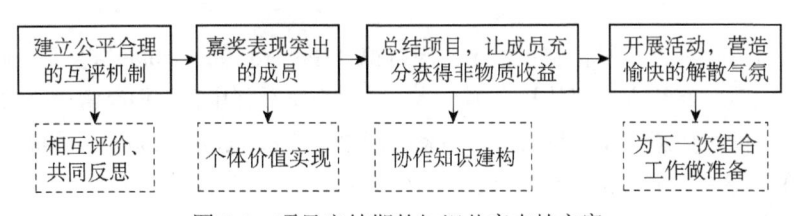

图7-6 项目完结期的知识共享支持方案

第八章　教学型虚拟社区的动态知识共享机制

虚拟社区中的知识共享方式主要是基于主题的共享，本书所讨论的个案主要采样自开放型的虚拟社区。虚拟社区是一群主要借由计算机网络彼此沟通的人们，他们彼此有某种程度的认识，分享某种程度的知识和信息，在很大程度上如同朋友般彼此关怀，从而形成的团体（Rheingold，2000）。虚拟社区的成员通常会对一个共同的主题感兴趣，该主题的知识目标是维系成员关系的主要动力。区别于团队共享中的群体生态，虚拟社区有着自身的特点。本章将对虚拟社区的特征及其中的知识共享过程和影响因素进行分析，为后续研究打下基础。

第一节　虚拟社区概述

虚拟社区的概念最早由霍华德·莱因古德（Hawerd Rheingold）提出，他对虚拟社区的定义为"网络上出现的社会集合体，在这个集合体中，人们经常讨论共同的话题，成员之间有情感交流并形成人际关系的网络"（Rheingold，2000）。虚拟社区的真正意义在于将人们聚集在一起，通过网络建立起互动环境，在相互提供与相互吸收信息、知识共享过程中满足各自的需求（刘臻晖，2016）。虚拟社区形式多样，主要有论坛、博客、贴吧、微博、社交网络等。

一、虚拟社区的类型

依据不同的标准，可以将虚拟社区分为不同的类型，依据学习性质可以划分为任务型虚拟社区、实践型虚拟社区及知识型虚拟社区；依据技术标准可以划分为异步通信型虚拟社区、同步通信型虚拟社区及同异步混合使用型虚拟社区。根据功能用途,也可以将虚拟社区划分为教育型虚拟社区和综合型虚拟社区。前者有完善的教学管理机构和教学管理制度,有不同学科和专业的网络课程社群,而且每门课程都有自己独立的交互论坛,成员分为教师与学生、管理员与技术人员等;后者是在共同的学习兴趣支配下自发形成的,学习目的多样,成员交互一般基于某一类主题在开放的论坛中展开,没有有计划、有组织的交互活动。这两种类型的虚拟社区正好与正式学习和非正式学习两类基本形式相对应。教育型虚拟社区是指在正式学习过程中,以学习为主要目的,进行相关交流、相互协作、相互分享,共同进步的虚拟社区。例如,为某一类课程教学而设立的虚拟社区。而综合型虚拟社区则是社区成员自愿参与各种非正式学习活动,共同探讨学习问题,完成一定的学习任务,相互学习与交流,共同分享资源,从而组建的具有共同文化的虚拟社区(刘子恒,2012)。

此外,Dholakia 等(2004)按照个人成员间的沟通程度将虚拟社区分为基于网络的社区和基于小团体的社区。袁海波和袁海燕(2003)也从几个角度对虚拟社区进行了分类,如从成员关系纽带的角度来看,虚拟社区可以分为从现实关系发展而来的社区和从虚拟关系发展而来的社区,从现实关系发展而来的社区如校友录、即时通信等,这类社区是在现实生活中已经认识的人群在网络中继续保持联系和交流而建立的社区,而在从虚拟关系发展而来的社区中,成员之前互相并不认识,而是由于某个共同的兴趣或相似的经历而产生一定关系。康永征和武杰(2006)根据用户需求将虚拟社区分为科技社区、妇女社区、老年社区和校园社区。徐美凤和叶继元(2011)根据社区的学术性将虚拟社区分为人文、管理类社区和理工类社区。另外从经营模式看,虚拟社区可分为独立经营模式社区和网络企业多样化模式社区。

二、虚拟社区的用户行为

虚拟社区用户的行为指社区成员参与虚拟社区活动的行为,如发帖活动(posting activity)和浏览活动(viewing activity)(Koh and Kim,2007),但随着社区形式的发展,参与行为已经涵盖了成员浏览、跟帖、发帖、发表图片、站内短信、发布或参加投票、上传文件、共享音频视频、建设个人空间等不同表现(张高军等,2013)。基于参与活动的特性差异及对不同类型社区的经营意义,学者又相继提出了贡献行为、分享行为、帮助行为、协作行为、志愿行为、用户生成内容(user generated content,UGC)等概念。

在虚拟社区的基础上,部分学者根据成员的参与水平(如参与频次和时长)和共享水平,对虚拟社区成员进行分类。聂莉(2011)采用了 Ridings 的观点,将社区成员的参与行为分为两类：潜水者和灌水者，潜水者指以信息搜寻为主，参与积极性不高的成员；灌水者指对社交要求高，积极参与社区互动的成员。张高军等（2013）利用社会网络分析方法，将点中心度高，能控制信息传播的方式和范围的成员归为社区的领导者。夏立新等（2017）认为虚拟社区边缘用户在内容特征上，如用户基本信息、用户标签、用户兴趣、发表原创内容及转发评论等行为缺失，难以提取，待发掘兴趣点多；在结构特征上，具有关注其他用户多，互动少，所形成的社会网络稀疏，易受到其他用户影响等特质。Wang 等（2002）根据成员的参与水平即加入社区的时间和平均在线时间，以及成员对社区的贡献程度即发帖率和回帖率，将用户分为浏览者（tourist）、社交者（mingler）、贡献者（devotee）和内部者（insider）四种类型。

社区成员参与形式多种多样，参与水平高低不齐，成员的参与动机、虚拟社区所提供的益处（社会的、享乐的、心灵的）、用户的共享经历、用户的卷入度、用户参与虚拟社区的动机、用户对虚拟社区的感知特征（感知的相似性、有用性、易用性）等方面都影响着成员的参与行为。通过文献总结归纳，发现学者主要从用户和社区两方面探讨虚拟社区用户行为的影响因素。

（1）用户

用户参与虚拟社区的动机将影响社区行为。参与社区的动机一般划分为功能利益和社会利益。功能利益指成员搜索信息；社会利益指成员寻找朋友，进行人际交往等。部分学者对虚拟社区的参与动机进行了探讨，发现动机不同，成员的参与水平不一致（Ridings et al.，2006）。对于虚拟社区，学者也发现，成员的动机与参与行为显著相关。Pöyry 等（2013）以企业主导的 Facebook 为例，研究了成员动机与成员的参与和浏览行为的关系。社会利益动机的成员参与社区的意愿更强，但是购买意愿和推荐意愿较弱；而功能利益动机的成员浏览行为更多。Chung 和 Buhalis（2008）发现用户获取信息的益处、社会心理的益处和享乐的益处都会影响用户的参与水平，其中信息获取越满意，用户参与社区的水平越高。于伟和张彦（2010）根据成员的感知-收益-行为倾向模型，从信息内容、人际沟通和平台属性三个维度探究其对成员的行为机理。研究发现，参与者对虚拟社区的价值感知会导致其出现持续参与和结伴参与等后续行为。因此，社区建设需要从信息提供、环境塑造和规则设计等入手，强化参与者的感知有用性和凝聚力，进而产生社区归属感。

成员在参与虚拟社区中的各种体验也会显著影响成员的参与水平。Ku（2011）主要从畅爽体验和感知行为控制理论角度进行分析，研究发现，成员的参与行为和成员的畅爽体验相关，社区成员使用虚拟社区的畅爽体验和感知的愉悦程度，能提高成员参与虚拟社区知识共享的意愿。Wang 等（2002）运用结构方程进行实证研究，发现虚拟社区提供的社交的和享乐的益处能够提高社区成员的社区参与水平；自尊（efficacy）和与激励相关的对未来的期望（expectancy）会影响成员对社区的贡献水平。赵呈领等（2016）通过实证研究得出，结果预期对知识共享行为有显著的正向影响；

评价顾忌对知识共享行为有负向影响；知识共享自我效能感对知识共享行为有间接的正向影响，对结果预期有显著的正向影响。

（2）社区

虚拟社区是用户进行交互的平台，影响用户的行为。Qu和Lee（2011）研究了虚拟社区成员的参与行为与成员的社区归属感的关系，研究发现，如果社区成员通过共享知识宣传推广社区，适当地依据社区的价值改变自身的消费行为，积极参与到虚拟社区中，将显著提高成员对社区的认同。因为虚拟社区是在网络空间聚集而成的人群，那么个体的行为必然会受到群体的影响。虚拟社区内的参与和贡献行为会受到社会身份认同机制的影响。Casaló等（2013）发现社区成员对旅游虚拟社区感知的相似性及体验的互惠性，有利于成员更好地融入社区中，从而提高成员对虚拟社区的认同。Noor等（2005）基于技术接受模型，探究了信任对虚拟社区成员参与行为的关系，发现社区成员对社区的信任程度、感知风险、感知有用性和易用性均显著影响成员共享信息的意愿，从而影响成员实际共享知识的水平。相似性能够提高成员的信任程度，信任和互惠是虚拟社区的社会关系维度特征，这两者是影响社区成员参与行为的重要因素。

（3）小结

就研究内容而言，对于虚拟社区用户行为的研究，学者主要分析了用户的交互行为和交互内容，并根据用户的参与社区行为，从不同维度对用户进行分类。而用户的参与动机、用户体验、用户的卷入度水平、用户间的信任度及社区的归属感都将影响用户的参与水平。

虽然，国内外相关研究已经取得了较大进步，但由于虚拟社区这一研究对象本身具有复杂性，用户行为影响因素具有多样性，因此，有必要细化虚拟社区的类别，继续进行探讨。另外，学者多数是通过问卷调查获得数据，或者基于用户互动的内容分析虚拟社区，较少基于社区用户互动的行为数据从复杂网络的角度加以分析。

三、虚拟社区中的知识共享

虚拟社区的跨时空、互动性、虚拟性等特性，使其成为知识交流与共享的理想平台。知识共享的程度对虚拟社区的健康发展非常重要，它是解释社区活力的一个重要因素，是社区最重要的活动，若没有知识共享，任何虚拟社区都无法继续存在。因此，研究虚拟社区中的知识共享非常有必要，且虚拟学习社区有自己独有的特性，社区内的知识共享活动也有自己独特的特点。接下来，这里将结合虚拟社区这一独特的环境，分析虚拟学习社区知识共享的过程、影响因素及机制。

在文献研究的基础上，本书从三个方面分析影响虚拟社区成员知识提供和知识接受的因素，在知识共享双方层面主要是知识共享的动机、知识共享的态度、知识共享的能力等；在环境层面主要有知识共享的文化、知识共享的氛围、技术因素等；在教师层面主要是教师的角色和行为对社区成员知识共享的影响。在分析这些影响虚拟社区内知识共享因素的基础上，提出虚拟社区知识共享的实现策略，主要有对社区成员的动机激励策略、态度激励策略、环境激励策略及提高社区成员的知识共享能力策略等，这些策略相互促进，相互补充，共同作用促进虚拟社区内的知识共享活动。

虚拟社区内的沟通和人际互动主要是通过发帖、聊天等形式进行，而这种交流方式传递了大量的信息和知识，包括成员的个人资料、经验、兴趣、对某个问题的看法等。也就是说，可以将虚拟社区看作一个自由讨论的平台，成员就自己感兴趣的话题发表意见，通过这种交流过程能够拉近成员之间的距离，增加社区的活力并创造更多的知识，因此虚拟社区的这种交流过程实质上是知识共享的过程（孙康和杜荣，2010）。下面将从虚拟社区知识共享的过程、虚拟社区知识共享的影响因素和虚拟社区知识共享的机制三方面进行阐述。

（一）虚拟社区知识共享的过程

在知识管理的研究领域中，有关知识共享过程的研究是一项重要的研究课题，也一直是国内外学者关注的一个研究方向，他们基于不同的理论和模型描述了知识共享的过程。在此采用王开明和万君康（2000）的通信模型阐述虚拟社区的知识共享过程。王开明等的通信模型将知识共享过程中知识的传播移动看作类似于信息发送，包括发送和接受两个过程，由知识共享的主体——发送者和接受者分别完成，二者通过中介媒体联系，并且在发送和接受的知识中含有噪声，如图 8-1 所示（谭大鹏和霍国庆，2006）。

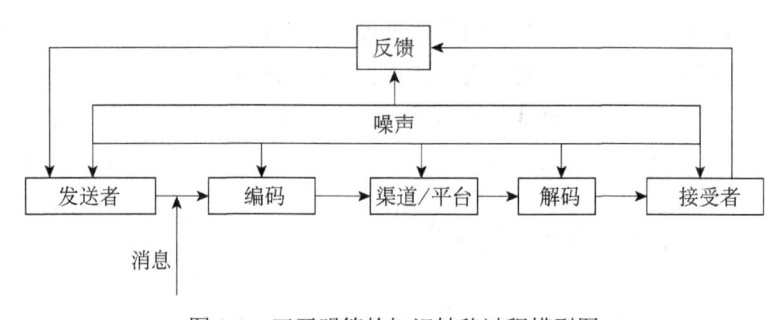

图 8-1　王开明等的知识转移过程模型图

结合虚拟社区对这个过程进行进一步阐述。从图 8-1 可以看出，知识共享类似于信息传播的过程，包括知识的发送和接受两个基本过程，这个过程由不同的主题——发送者和接受者分别完成。不同的主题是社区的用户，二者通过网络媒介相互联系。当发送者从自己的知识库中选择和整理"发送知识"，将文字或图片发送到网络平台时，通常含有噪声。接受者通过网络平台，接受含有噪声的知识，并根据自己的经验对其理解和吸收，形成"接受知识"存入接受的知识库（孔德超，2009）。

虚拟社区的讨论者人数众多。发帖人即楼主发表与主题相关的帖子，社区成员加入帖子进行讨论，社区成员可以对他人的观点做出评论，表达看法，也可以对帖子进行转载。以旅游虚拟社区为例：楼主 a 发表某景区的旅游攻略帖，详细介绍该景区的路线、费用、景色及旅游注意事项，用户 b、c、d 对该帖感兴趣，参与讨论，吸收楼主及他人的观点，转换成自身知识，并发表自己的观点，楼主 a 同样也与其他成员进行互动，吸收其他成员共享的知识。用户互动的过程就是用户进行知识的共享、吸收和转换的过程，知识共享通过成员发帖和回帖体现出来，是显性的；但知识的吸收和转换是成员内化过程，是隐性的。

图 8-2 是虚拟社区用户知识共享的过程图。由图 8-2 可知，虚拟社区的知识共享过程主要由三个方面组成：用户、帖子和交互。知识共享的主体是虚拟社区的用户，他们具有双重角色，既是知识的提供者又是知识的接受者；知识共享的内容为帖子，知识共享的媒介是虚拟社区，知识共享的实现形式是发帖和回帖的交互方式。因此，虚拟社区成员的知识共享过程如下：用户以虚拟社区为媒介，通过发帖和回帖的交互方式，共享和吸收知识，知识共享行为的实质体现为论坛成员的发帖和回帖的交互行为。因此，可以从知识共享的主体——论坛用户，知识共享的内容——帖子，知识共享的方式——发帖和回帖的交互三个方面分析虚拟社区的知识共享。但在具体分析虚拟社区知识共享主体——论坛用户时，发现对论坛用户的分析必须依据用户的行为进行。因此，在第八章、第九章、第十三章的实证研究中，我们将知识共享的主体和知识共享的方式结合在一起进行分析。

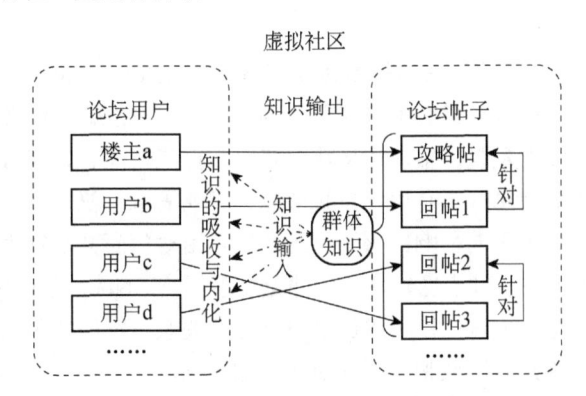

图 8-2 虚拟社区用户知识共享的过程图（杨斌，2012）

（二）虚拟社区知识共享的影响因素

学者对影响知识共享的因素从不同角度进行了阐述，并取得了丰富的研究成果。Bishop（2007）建立了虚拟社区参与的研究模型，在模型中成员的参与行为受欲望驱动，其欲望主要包括社交（social）欲望、命令（order）欲望、生存（existential）欲望、报复（vengeance）欲望和创造（creative）欲望五个方面，且社区成员的行为受欲望驱动。刘蕤（2012）从揭示自我效能、个人结果预期、社区导向结果预期、关系、护面子、争面子因素对知识共享意愿的影响关系，讨论验证虚拟社区知识共享激励机制的方法与路径。孙康和杜荣（2010）提出了实名制虚拟社区中知识共享影响因素与知识共享效果之间相关关系的理论框架，以及知识共享的影响因素，如信任、归属感、态度、联系动机和兴趣分别与问答频率和问答质量呈显著正相关；归属感、联系动机、兴趣对问答频率和问答质量有显著促进作用，信任对问答质量有促进效果，态度对知识共享效果则不具有预测作用。龚主杰等（2013）从感知角度构建了虚拟社区成员持续知识共享意愿的结构方程模型，结果发现，社区成员的感知价值不仅直接正向作用于持续知识共享意愿，还通过满意度间接作用于持续知识共享意愿。

虚拟社区所处的文化背景、社区氛围和企业文化对知识共享有显著影响（张鼐和周年喜，2010；张岌秋，2009a）。刘蕤（2012）采用结构方程模型方法验证了个体心理维度及社会文化维度内的影响因素对虚拟社区知识共享意愿的作用，研究结果表明，社区关系和争面子均与虚拟社区知识共享意愿存在正相关关系。尚永辉等（2012）基于社会认知理论，通过实证研究发现社区氛围（互惠、公平和创新）与知识共享行为有显著的正相关关系；结果预期与知识共享行为没有显著的正相关关系。Yang（2007）调查了旅游企业的知识共享，发现基于合作的企业文化及领导风格对企业知识共享有显著影响。张鼐和周年喜（2012）实证研究发现，信任、认同、互惠和共同语言、价值观会对知识共享行为产生积极的影响，社会资本在虚拟社区的知识共享行为中发挥重要作用，当社区成员间有着密集、频繁的交往和互相信任时，成员的共享意愿更加强烈。

张岌秋（2009b）基于修正后的技术接受模型（technology acceptance model，TAM），对影响虚拟社区信息获取意愿、信息获取行为、信息共享意愿、信息共享行为的因素进行了实证研究，分析发现，感知信息获取有用、自我效能、认同对信息获取意愿有显著正向影响；感知信息共享有用、自我效能、成就需求、权力需求、信息获取行为对信息共享意愿有显著正向影响；感知信息共享有用对信息共享行为无显著影响；认同、期望互惠、亲和需求对信息共享意愿并无显著影响。Noor等（2005）基于技术接受模型，探究信任与旅游虚拟社区成员参与行为的关系，发现社区成员对社区的信任程度、感知风险、感知有用性和易用性对成员知识共享的意愿和行为均有显著影响。

综上所述，学者主要从知识共享的主体和共享的平台两个方面分析了虚拟社区知识共享的影响因素。共享主体的动机、个人特征、自我效能、态度及信任影响知识共享的效果；虚拟社区的社区关系、社区氛围、用户对社区的归属感及感知价值也影响虚拟知识共享的效果。

（三）虚拟社区知识共享的机制

首先，学者在分析虚拟社区知识共享过程及影响因素的基础上，总结了虚拟社区的知识共享机制。王飞绒等（2007）认为虚拟社区知识共享是一个在遵循虚拟社区规范的基础上，以知识创新为目的，社区成员之间通过知识流的联结方式构成的系统，虚拟社区知识共享存在的前提是成员互动。徐小龙和王方华（2007）在分析虚拟社区知识共享主要影响因素的基础上，建立了知识共享机制模型，该模型是一个包含完善的信息技术设施、有效的激励机制、创新的社区文化和人性化服务体系的有机系统。在此基础上，孔德超（2009）完善了虚拟社区知识共享机制，将提高已知比较水准、团队效能及良好的社区规范增加到机制中。其次，学者总结了具体的虚拟社区知识共享机制。金岳晴（2011）构建了 Living library 虚拟社区知识共享机制模型，该模型由良好的图书馆组织、完善的技术水平、长效的激励机制和信任的社区文化构成。盛振中（2011）认为网商虚拟社区中持续互动和共享知识有其特定的运行机制，该机制包含良好的会员运营、完善的信息技术平台、有效的激励机制和融洽的社区文化。沈泽强（2013）从网络技术、通信技术、完善的社区平台、学习共同体和良好的虚拟社区文化环境等方面构建了虚拟社区知识共享机制。从以上定义可以看出，学者对虚拟社区知识共享的理解和认识存在一定的差异和共同点，共同点体现如下：信息技术设施是虚拟社区运行的前提，激励机制、社区文化也是虚拟社区运行的重要因素；其差异体现在虚拟社区知识共享运行机制涉及的要素及各要素的作用。

第二节 教学型虚拟社区知识共享实证研究

一、个案选择

本节的实证研究以某大学微格教学技能虚拟社区为研究对象，对教学型虚拟社区的知识流动与知识共享行为进行社会网络分析，通过实证研究分析以教师为主导，以课程进程为时间轴的教学型虚拟社区的知识共享机制。

（一）实验环境

本研究依托某大学微格教学实训中心作为实验基地，以及本研究搭建的 Moodle 平台作为网络支持平台。考虑到方便学生和教师访问且不产生附加费用，该平台部署在校园网上。

（二）实验对象

实验对象为 40 名大学本科生，其中男生 8 人占 20%，女生 32 人占 80%，大部分学生是大三学生，少数是大二学生。所有学生在大学一年级都研修过计算机基础课，具有一定的计算机基础知识和操作技能，目前他们都已通过省计算机应用能力一级水平考核，能够适应所创设的学习和训练环境。

选取大三学生作为教学实验对象主要考虑到以下几个因素：首先，该年级学生经过学科教学法、教育学、心理学等课程的研修，已具备一定的学科专门性知识与技能，以及教学对象分析、教育教学活动设计、现代教育技术手段运用等方面的能力，这些基本的理论素养与能力是确保师范生微格教学的重要前提。其次，该年级学生即将面临教学实习和毕业，对切实提高自身的教学能力，适应信息时代的教育需求具有迫切要求，因此他们参与实验的积极性较高，能与实验者主动配合，这有利于实验的顺利开展。

（三）实验过程

我们对训练者进行微格教学前的学科教学法等基本理论的教学后，在所创设的学习环境基础上，开展了本次教学实验，实施流程及实验过程如图 8-3 所示。

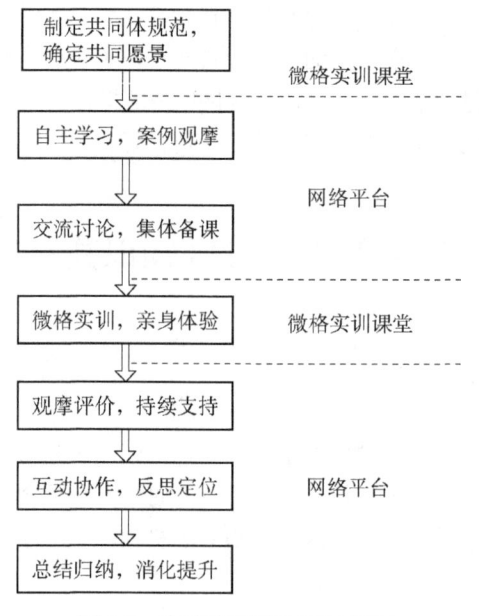

图 8-3 实施流程及实验过程图

（1）制定共同体规范，确定共同愿景

只有在激发学生潜在的学习热情基础上，学习效率才能最高。只有在一个气氛活跃、交流互动热烈的学习环境，才能使学习者愿意与其他人共同学习，从而使得整个学习共同体沿着正确的道路良性循环下去。鉴于此，首先需要制定共同体规范，确定共同愿景。规范、准则的形成，需遵循平等、尊重、信任的原则。为了确定共同体愿景，在学生正式进入教学技能训练之前，一般来说是开学的第一堂课程上，教师完成两项任务。

第一，请一线教师参与到第一次课堂，和学生进行交流互动，主要是给学生讲授教学技能中的一些方式与方法和解决师范生进入教学技能训练的困惑与难题，提高学生进行教学技能训练的信心并端正态度，让学生对自身现有的水平进行诊断，使学生有恰当的训练目标定向。根据诊断结果，每位训练者结合自身实际，并结合指导教师和其他训练者的意见，确定训练目标，将要进行的微格训练与其背后的知识联系起来，引导训练者进行有意义的学习和训练，而不只是盲目尝试。

第二，在学生有强烈学习愿望的基础上由教师告知学生课程的学习方式与方法，安排训练的目标与训练计划，对学生进行分组，规范学生的考核方式，确定共同学习目标，在教师的指导与督促下，学生做好训练前的准备。通过以上方式确定了共同体的规范与愿景。

（2）自主学习，案例观摩

在有了共同愿景，确定了自己的训练目标后，学生就可以根据自己所确定的目标，在网络平台中选择合适的理论资源和优秀的视频进行自主学习与视频观摩，从而初步了解有关教学方面的理念和方法，并结合已有知识，提出自身将要训练的教学技能的初步方案。

平台中理论资源由师生共建共享，在学习共同体中，学生和教师都不是知识的所有者，而是知识的探索者和添加者。理论资源主要包括微格教学相关知识、教学技能分类及相关知识、教案编写知识、教学辅助软件与信息化工具及师生共建共享的一些其他理论资源和链接到的优秀学习网址等，学生通过网络平台提供的这些资源进行在线学习，作为课堂理论学习的有益补充和延续。

视频观摩是学生学习教学技能非常重要的部分，学生可以在平台中选择合适的视频案例，通过观看案例，并仔细地进行阅读，分析应注意的地方、可取之处及不足之处。俗话说，旁观者清，在真实的问题前面，训练者可通过观看案例，模拟专家身份进行思考和点评。

（3）交流讨论，集体备课

师范生通过自主学习、案例观摩，有了自身将要训练的教学技能的初步方案后，为了优化师范生教案与学案，提高师范生教学技能水平，同时给学生提供一个相互学习与交流的机会，增加共同体的凝聚力，在实验的这一环节中，采用了集体备课的方式。

按微格训练的情况，将40名学生分成4个组，每组10名学生，每个训练小组安排一名组长，负责协调本小组的活动。小组内同专业的学生组成几个小团体，一般3～4名学生协作进行集体备课，确定训练目标，分工编写教案，交流教学设计。

具体便是，分工之后，每份教案都有一位主备者，组成集体备课小团体的成员轮流担任每次训练教案的主备者，主备者将教案划分成几个部分，对在微格实训中由组成集体备课团体的所有成员来讲，每人训练其中的一块内容，大概10分钟，整体结合起来组成一堂课。主备者完成教案后，将教案发布到平台所创设的讨论区和 WIKI 中，利用讨论区、WIKI 等，提供团体内部的互动交流，成员间可以进行相互讨论，并进行协作学习，排除不合理的整合地方，加上其他成员个性化的教学方法，确定最佳的整合方案。协作互动既可以借助平台基于网络的局部探讨和其他通信工具来完成，也可以采用面对面的交流方式，如讨论等。在进行学习时，鼓励训练者在学习和训练过程中相互求助和提供帮助，而不是搁置问题或只是把问题发给指导教师，这样更能使训练者获得团队共同体产生的价值。

集体备课方案的设计不但能够有助于优化师范生教案与学案，提高师范生教学设计能力，提供师生相互学习交流的机会，而且为以后师范生进入顶岗实习，解决师范生课程教学压力过大提供了一个很好的解决方案。

(4) 微格实训，亲身体验

训练者经过上面的准备，进入微格教室，以小组为单位进行微格教学训练，演绎并亲身体验真实的教学情景，在微格实训基地实践，完成理论与实践的结合。

每个小组中同专业的学生组成的不同小团体，将按照集体备课协商好的顺序进行训练，每个人讲 10 分钟左右，共同完成一份教案的训练，同专业学生参与了集体备课，可以更好地比较教学风格，扬长避短。训练过程中，教师给予实训者评价与指导，其他成员也将给予面对面的评价和讨论，同时其他成员每次都会按照评价量表给训练者打分并给予描述性的评价记录，课后组长整理好之后，将会上传到 Moodle 网络平台，作为每位训练者的成长记录，以促进训练者教学能力的提高。与此同时，通过摄录设备，对过程进行全程跟踪录像，以便课后反思评价，深化提高。

(5) 观摩评价，持续支持

在微格教学技能实训课堂中，师范生不可能大规模、长时间地进行交流讨论和训练，只能以小组的形式集中进行训练，进行一些面对面交流的实时的互动，极大地限制了学生的参与程度。在课外则只有少部分学生会在小组内进行一些零散的讨论，未能进行自由、持续、深入的讨论，缺乏灵活性，小组成员间的合作和互助也显得不够充分。教师在指导时，不可能罗列和回答每位学生的问题，使训练的效果大打折扣。此外，不仅缺乏课时外的实时和非实时的交流互动，也缺乏可持续的指导和支持。

为了克服上述缺点，我们通过对视频的处理，将训练者亲身体验的训练视频，选择一些上传到平台的视频观摩版块中，训练者在完成微格教室内的训练后，可通过网络平台进行持续的分析和讨论，学生不仅可以随时观摩各类录像视频，提升自己的教学技能水平，还可以在学习的基础上对同学提出意见和观点，给予指导，进而使自身的教学能力得到提高。同时，学生还可以通过发送信息，邀请评价者用自己设计的评价量表对自己的教学技能进行评价，并就评价量表本身提出完善意见。教师除了对学生做出评价外，还要求根据学生的特质和潜力提出改进的方案，有效地支持学生总结反思训练中有关的理论问题、关键问题及存在的不足与长处。由于实验的网络平台仅限于内网使用,其他学校的一线教师不能通过网络参与评价活动,便请有一线教学经验的在校研究生或者参加实习过后的本科生代之,对学生的教学技能进行评价。这样就充分融合了自我评价、同学评价和教师评价等多种评价方式,打破了微格教学技能评价赶时间、不到位的现状,扩大了师生之间、生生之间的交流与协作。

对于各位学生分享的视频,其他同学在看完给予其评价后,还可以进入投票区参与投票,选出优秀的讲课视频,被大家投票推选公认讲课非常好的视频,将选入优秀的视频案例库中,作为大家学习的范例。

此外,我们还设置了录像视频的不同分类,有观摩示范课的录像视频、学生训练的录像视频、往年学生微格训练的录像视频、一线教师课堂实录等。学生在微格训练后,可通过网络平台进行持续的分析、讨论与反思。

(6)互动协作,反思定位

在整个训练过程中,训练目的不仅仅是使学生获得新知识和新能力,而是更关注学生对以往经验的总结和反思,强调在掌握技能知识的过程中不仅是能知道、能行动,而且要求能从深刻的反思中获得经验。网络平台为学生提供了一个便捷的学习环境,也为学生的相互协作和沟通、反思提供了更多的渠道,我们主要设置了个人反思与成长档案记录两种方式来体现反思环节。①个人反思:主要体现于作业模块中,包括分享学习心得体会,总结学习效果,以及对小组集体备课的想法、看法、建议等。通常这些信息记录了学习者在学习过程中的思维经历,所采用的问题解决方法,以及学习者为做出决策而进行信息收集与处理的过程。②成长档案记录:其他成员每次都会按照评价量表给训练者打分并给予描述性的评价记录,每个组的组长整理之后都会上传到平台。学生的成长档案记录全面收集评价资料,记录学生训练同学评价、教师评价的历程,个性化地反映学生在教学技能方面的成长,使学生在体验成功中得到激励,在横向和纵向比较中发现不足,在反思中寻找解决方法。

学生进行反思学习发现问题后,会提出各种各样的问题和困惑,为了辅助师范生加深对一些理论知识的理解与解决师范生在技能训练中遇到的一些难题,同时也作为探究式学习的一部分,帮助学生深入理解所学习的内容,在平台中我们设置了网络专题交流模块。网络专题中的问题都是学生所感兴趣的或者比较困惑的问题,有一定的复杂性,不同学习者可能会对问题有不同的观点和思路,因此具有讨论交流的必要。

在整个训练过程中持续及时的交流、反馈与反思是形成和发展网络学习共同体的条件之一,同时也是发展"共同体"意识的重要措施,同时助学者在其中也起着非常重要的作用。通过反思交流、答疑,便于训练者进一步进行思考,对方案进行下一次修改和协作,然后进行下一次微格教学训练,进入体验、分析、协作、评价的不断循环中,直至达到训练目的。

(7) 总结归纳，消化提升

以上许多环节通常是整合在一起、相互渗透的，学习、训练、评价是相互融合在一起，不是相互独立的。共同体的各个要素：资源、学生、助学者相互作用，使训练者在交流和评价的过程中不断消化提升，加深对所训练的教学能力和技能的认识，并通过总结，完成理论与实践的结合。

二、研究方法

个案研究主要采用社会网络分析配合线下访谈进行。社会网络分析法是研究小群体、社区乃至阶层的工具。社会网络分析法将行动者及其相互间的关系作为研究内容，它通过对行动者之间的关系模型进行描述，分析这些模型所蕴含的结构及其对行动者和整个群体的影响。本节主要针对微格技能实训的课程平台上师生的主题及回帖数据，进行编码形成矩阵，利用 UCINET 等软件计算密度、连接度、点中心度、子群等各种变量，采用社会网络视角从个体和团体的角度研究该虚拟社区成员社会交往的实际情况和频率，以及知识流动和知识共享的模式。通过分析线下访谈论坛成员对微格技能实训课程和论坛各版块的意见及看法，进一步了解论坛成员知识掌握和知识共享的实际情况，从而为教学型虚拟社区如何促进师生互动，进行知识流动与动态共享提供建议。

（一）资料和数据的采集

微格技能实训课程平台设计的原则是便利师生，共建、共享形成集体智慧和资源。在教学实验班中共有 63 名成员，其中学生 62 名，教师 1 名。课程采用混合学习形式，每周一次 90 分钟的面授课程，配以虚拟社区的在线支持。

该虚拟社区的讨论主要分为 7 个模块：欢迎界面、了解本门课程、资源区专栏、网络专题交流模块、观摩评价模块、答疑与交流版块、反思版块。本节选取的研究对象是这 7 个版块下的 98 个主题帖子。

微格技能实训课程是相对封闭的师生进行学习交流的社区，因此社会网络分析的对象是微格技能实训虚拟社区的所有师生，收集的论坛数据是所有论坛成员在课程平台的讨论区发表的所有帖子即知识，共计 814 条。

（二）编码过程

首先，对用户名 id 进行编码。论坛成员是通过注册用户名 id 进行互动，id 包含文字、数字、字母，较为复杂，因此需要对 id 进行编码，64 个 id 编码为 1~64 个数字。

其次，对虚拟社区的数据进行编码。该社区的发帖一般分为主题帖和回帖两类，主题帖和回帖是一对一或者一对多的关系，回帖与回帖也存在对应关系。本次研究的编码数据，是利用关系矩阵将论坛主题帖作者和回帖者的互动关系表现出来。对论坛成员的互动关系整理的原则是，将用户自己对自己的回复次数设为 0，根据用户和用户互动的实际次数，得到矩阵中用户的互动次数，不存在互动关系的用户，矩阵中的值为 0。据此，编码得到矩阵。

最后，对论坛成员的互动内容进行资料整理和编码。对社区讨论区的帖子内容进行文本分析，参考沈冯娟（2008）、严亚利和黎加厚（2010）的在线互动分析框架，将帖子中包含的互动关系和类型进行编码整理，对讨论区帖子进行编码和分类如表 8-1 所示。帖子交互程度编码如表 8-2 所示。

表 8-1 帖子互动关系编码

类别	子类别	具体分类
认知类	信息网（知识分享）	资源
		技术
		方法
		创意
		反思
	讨论网（课程内容讨论）	陈述观点
		认同
		反对
		补充
		建议
	帮助网（疑难讨论）	提问
		解答
		追问
情感类	情感网	鼓励
		称赞
		感谢
		祝福
		闲聊

表 8-2 帖子交互程度编码

层次	标准
浅度互动帖	①简单回应"学习了、赞、同意"等文字； ②重复上一帖子的观点或者语句，表示赞同； ③回复帖子时，简单描述个人理由
中度互动帖	①回答并比较与上一帖子不一致的地方或者差异的程度； ②提出了自己的观点或者看法
深度互动帖	①深入反思，提出疑问； ②深入思考，提出个人独特见解或观点； ③运用批判性思维讨论主题或者观点

三、研究结果与分析

（一）虚拟社区用户的基本情况

在微格教学技能学习社区中，共计63名用户，其中教师1名，学生62名，男性13名，女性50名；共计发帖次数812次，其中教师发帖139次，次数最多。在社区中，从未有过任何发言的人数为18人。由此说明，大部分人都参与到该虚拟社区中，但是还有少部分人没有参与，总体来看该虚拟社区较为活跃（表8-3）。

表8-3 各id发帖基本情况　　　　（单位：次）

id编码	性别	发帖数	首帖数	首帖中独帖数	跟帖中末帖数	id编码	性别	发帖数	首帖数	首帖中独帖数	跟帖中末帖数
1	女	139	32	0	28	33	男	20	1	0	1
2	女	0	0	0	0	34	男	27	4	0	2
3	女	6	0	0	0	35	女	33	1	0	2
4	女	6	0	0	0	36	女	7	0	0	2
5	女	12	1	0	4	37	男	22	2	0	0
6	女	6	2	0	0	38	女	101	8	0	18
7	女	19	2	0	2	39	女	5	2	0	0
8	女	11	0	0	0	40	女	4	0	0	0
9	男	1	0	0	0	41	女	0	0	0	0
10	男	0	0	0	0	42	女	1	0	0	0
11	女	1	0	0	0	43	女	15	2	1	3
12	女	32	5	0	1	44	女	0	0	0	0
13	女	0	0	0	0	45	女	15	0	0	5
14	女	1	0	0	0	46	女	0	0	0	0
15	女	0	0	0	0	47	女	11	0	0	0
16	女	0	0	0	0	48	女	23	4	0	1
17	女	9	1	0	1	49	女	0	0	0	0
18	男	7	0	0	1	50	女	18	1	0	2
19	女	0	0	0	0	51	男	12	0	0	0
20	女	16	3	0	0	52	女	23	3	0	2
21	女	5	1	0	1	53	女	13	0	0	0
22	女	0	0	0	0	54	女	0	0	0	0
23	女	58	14	3	7	55	女	0	0	0	0
24	女	0	0	0	1	56	女	6	0	0	0
25	女	16	0	0	0	57	女	11	3	0	0
26	女	5	0	0	0	58	男	0	0	0	0
27	女	21	2	1	6	59	女	0	0	0	0
28	男	0	0	0	2	60	女	15	1	0	2
29	女	0	0	0	0	61	男	0	0	0	0
30	女	0	0	0	0	62	男	26	3	0	4
31	女	16	0	0	0	63	男	0	0	0	0
32	女	17	1	0	0						

（二）虚拟社区用户知识共享程度分析

（1）密度

密度是网络中各节点间关系的紧密程度，是在网络中实际存在的线与可能数量的线的比例。密度是用来表示行动者的关系是否紧密，用来测量社会网络中行动者之间的连接程度。密度值在 0~1，值越接近 1 说明网络节点彼此间关系越紧密。微格教学技能虚拟社区的密度为 0.228，说明该社区的用户互动活跃度较高，内部成员交流频繁，知识共享程度较为密切。

（2）点度中心度

点度中心度指的是在一个社会网络中，与某成员直接发生联系的其他成员的点数，又分为绝对中心度（degree）和相对中心度（nrmdegree），后者是前者的标准形式。利用 UCIENT 软件，根据关系数据表计算出社区成员发帖的点入度和点出度，如表 8-4 所示。在有向图中点度分为点出度和点入度，点出度（outdegree）是指网络中一个节点关注其他点的数量，点出度越高，说明该用户热衷于回答别人提出的问题，可反映用户积极共享知识的程度。点入度（indegree）是指一个节点被其他点关注的数量，点入度越高，说明该用户收到的回复或评论越多，可反映社区成员所共享的信息受社区用户关注的程度（黄婷婷，2017）。

表 8-4 虚拟社区用户点度中心度

社区成员编码	用户名	点出度	点入度	点出度的标准值	点入度的标准值
1	Cyz	357	107	11.806	3.538
38	Lf	44	94	1.455	3.108
23	Hyq	41	44	1.356	1.455
12	Cxz	23	27	0.761	0.893
34	Lmc	20	23	0.661	0.761
48	Wwx	17	19	0.562	0.628
39	Mlm	15	3	0.496	0.099
62	Zjz	14	23	0.463	0.761
37	Lwh	12	20	0.397	0.661
52	Xyw	12	20	0.397	0.661
57	Yss	12	8	0.397	0.265
20	Hlh	11	13	0.364	0.430
35	Lh	9	32	0.298	1.058
32	Lyt	8	16	0.265	0.529
43	Oyl	8	13	0.265	0.430
7	Ch	7	17	0.231	0.562
25	Jym	7	16	0.231	0.529
27	Ljs	7	19	0.231	0.628
47	Wll	7	11	0.231	0.364

续表

社区成员编码	用户名	点出度	点入度	点出度的标准值	点入度的标准值
50	Xyt	7	17	0.231	0.562
60	Zl	7	14	0.231	0.463
5	Cal	6	11	0.198	0.364
31	Lys	6	16	0.198	0.529
33	Lds	6	19	0.198	0.628
6	Cbh	5	4	0.165	0.132
17	Gzn	5	8	0.165	0.265
51	Xqw	5	12	0.165	0.397
53	Yzp	5	13	0.165	0.430
4	Cyy	4	6	0.132	0.198
8	Cjl	4	11	0.132	0.364
18	Hgy	4	7	0.132	0.231
9	Cjc	3	1	0.099	0.033
45	Sjn	3	15	0.099	0.496
56	Yzt	3	6	0.099	0.198
14	Csq	2	1	0.066	0.033
21	Hwt	2	4	0.066	0.132
26	Kcm	2	5	0.066	0.165
36	Lml	2	7	0.066	0.231
11	Cqx	1	1	0.033	0.033
3	Cxj	0	6	0.000	0.198
42	Ptt	0	1	0.000	0.033
40	Msj	1	4	0.033	0.132
61	Zqm	0	0	0.000	0.000
63	Zyg	0	0	0.000	0.000
...	...	...	...	...	...

由表 8-4 可知，该社区中点度中心度较高的有 10 名左右，这些用户在社区中贡献的信息被大多数成员关注，同时他们也积极和其他用户进行互动共享知识。该门课程的教师（id=1）在论坛中的点出度为 357，点入度为 107，均是论坛中度数最高的用户。可以看出，教师是整个互动的核心，其帖子传播的信息被大多数成员关注，是整个论坛的权威，同时他们也积极联系其他成员，共享信息，传递知识。另外，有 14 名用户（占比为 13%）的点度中心度为 0，说明这些用户在社区中和其他成员没有任何互动与交流，不存在任何连接，对整个社区的知识共享程度为 0，但是通过观看后台数据，发现这些成员大部分都浏览过论坛的帖子信息，说明有相当一部分成员是论坛的沉默者。

整个互动网络的点出度标准化中间中心势［network centralization（outdegree）］为 11.717%，整个互动网络的点入度标准化中间中心势［network centralization（indegree）］为 2.987%，二者相差非常大，说明整个互动网络是一个不对称的网络。因为中心势越接近1，说明互动网络越集中。在该课程论坛中，点出度和点入度的中心势都不是很高，说明知识的互动和共享还是较为均匀地分散在各论坛成员。但是，点出度的中心势要远大于点入度的中心势，说明主动共享信息的成员更加集中，回复他人帖子的成员更为分散。

（3）虚拟社区用户点的中间中心度

点的中间中心度衡量的是在一个社会网络中，某成员是否处于"通过控制或曲解信息的传递而影响群体"的重要地位，即在多大程度上处于其他成员的中间，是否发挥出"中介"作用。由表8-5可知，编码为1的教师和编码为38、23的学生的中间中心度都比较高，说明这些人在虚拟社区中，信息主要是通过他们进行交流和传达，是整个互动网络中的权威，能够在较大程度上控制知识的流动。同时，有一部分成员的中间中心度为0，说明这些人几乎不参与知识共享。

在分析的整个虚拟社区网络中，整个网络的中间中心势为26%，处于一般水平，并不高，说明在课程论坛中，大部分用户不需要别的用户作为桥梁，便可以直接获得相关信息。其中，标准化中间中心度在1以上的有11人，如表8-5所示。

表8-5 论坛成员点的中间中心度

社区成员编码	用户名	中间中心度	标准化中间中心度
1	Cyz	788.233	26.540
38	Lf	360.958	12.153
23	Hyq	82.087	2.764
53	Yzp	77.322	2.603
34	Lmc	66.182	2.228
35	Lh	51.990	1.751
51	Xqw	42.850	1.443
25	Jym	38.930	1.311
62	Zjz	31.135	1.048
31	Lys	30.391	1.023
7	Ch	29.888	1.006
20	Hlh	29.337	0.988
37	Lwh	27.752	0.934
33	Lds	13.970	0.470
32	Lyt	12.888	0.434
48	Wwx	10.453	0.352
47	Wll	7.973	0.268
50	Xyt	6.224	0.210
52	Xyw	5.698	0.192
17	Gzn	4.412	0.149
18	Hgy	3.418	0.115
43	Oyl	3.071	0.103
56	Yzt	3.004	0.101
57	Yss	2.621	0.088

续表

社区成员编码	用户名	中间中心度	标准化中间中心度
60	Zl	2.452	0.083
4	Cyy	2.201	0.074
12	Cxz	2.175	0.073
27	Ljs	2.086	0.070
40	Msj	1.532	0.052
45	Sjn	1.375	0.046
5	Cal	1.278	0.043
9	Cjc	0.445	0.015
11	Cqx	0.445	0.015
14	Csq	0.445	0.015
36	Lml	0.445	0.015
26	Kcm	0.333	0.011
…	…	…	…

（4）虚拟社区的小团体分析

在虚拟社区中，成员之间的交流和信息传递是通过发帖和回帖实现的。成员的互动网络最能反映成员知识共享的状况。为此，我们对互动网络矩阵进行小团体分析。

E-I 指数（external-internal index）是网络结构分析的一种指标，主要用来衡量一个大网络中小团体现象是否严重，是分派指数的一种计算方法，并可通过社会网络分析软件进行 E-I 指数分析。计算公式为

$$\text{E-I} = \frac{\text{EL} - \text{IL}}{\text{EL} + \text{IL}} \tag{8-1}$$

式中，EL 为子群之间的关系数；IL 为子群内部的关系数，该指数的取值范围为[-1, 1]，该值越靠近 1，表明关系越趋向于发生在子群之外，意味着派系林立的程度越小；该值越靠近-1，表明子群之间的关系越少，关系越趋向于发生在子群之内，意味着派系林立程度越大；该值等于 0 时，表明网络中的关系是随机分布的（李长玲等，2011）。

本节从以下三个方面进行考虑。

1）从分析结果看，凝聚子群密度比较显著，E-I 值为 0.656，接近于 1，说明群体之间的关系较多。这就意味着在互动网络中，存在一定的派系林立情况。

2）当考虑相同性别内部凝聚子群的互动密度时，发现凝聚子群密度并不显著，说明互动网络并不存在因为男女性别进行分派系的情况。

3）当考虑同一学院内部凝聚子群的互动密度时，发现凝聚子群密度并不显著，说明在虚拟社区内部，成员之间并不以各自学院为单位划分派系。

社会结构是在社会行动者之间实存或潜在的关系模式，凝聚子群是一个行动者集合，在此集合中，行动者之间具有相对较强、直接、紧密、经常的或者积极的关系。凝聚子群研究则是从某种社会结构中找出凝聚子群。随着社会网络分析法的发展与完

善，多种不同的凝聚子群类型被提出，如基于关系互惠性的派系研究，基于成员之间接近性的 n-派系，基于点的度数的 K-丛，基于成员关系密度的 Lambda 集合，等等。在一个社会网络关系图中，"派系"指至少包含三个点的最大完备子图。派系中最少包含三个成员，且任何两个成员之间都是直接相关的，派系形成后将无法向其中加入新的点。

对此社会网络进行派系分析（图 8-4），本节设置的派系最小成员为 4 人，进行派系分析得到了 5 个派系，这些人主要是虚拟社区成员分类的领导者，他们之间的联系相对紧密且较为积极，进行问题的讨论和资源的分享。通过派系分析，根据点出度和点入度的标准值，将论坛成员分为领导者、活跃者、追随者和逃避者。各类型成员的特征如下。

领导者：发首帖的回帖数很多。

活跃者：既发首帖也跟帖，频次高，帖子深度较大。

追随者：发帖数量少，大部分为跟帖。

逃避者：登录论坛浏览信息，但是从来没有发过帖子，是论坛的旁观者，处于孤立的状态。

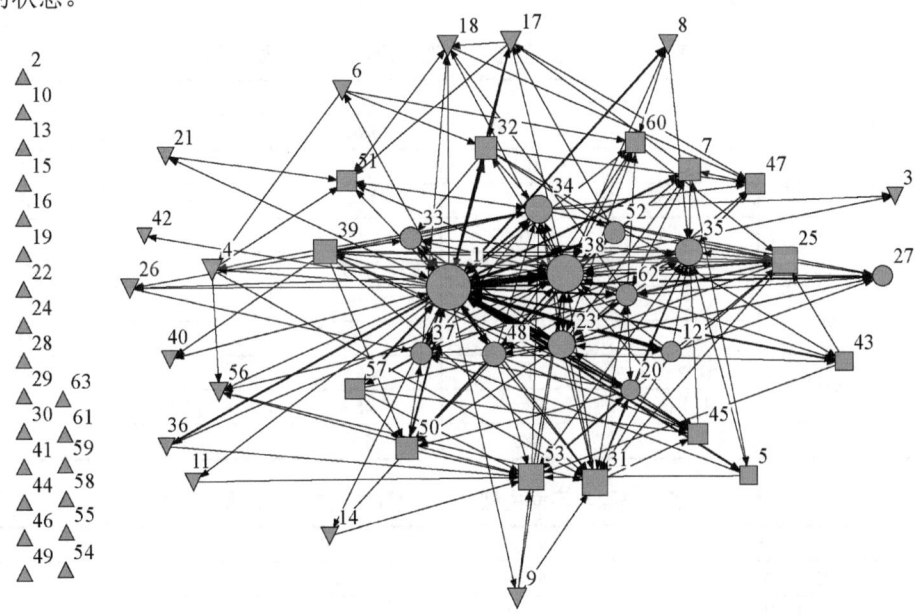

图 8-4 派系成员互动网络图
圆形：领导者；正方形：活跃者；倒三角形：追随者；正三角形：逃避者

由图 8-4 可以看出，领导者中的 1Cyz 和 38Lf 在整个关系网中处于中心地位，领导者位于整个社群图的中心，活跃者围绕领导者，处于关系网的中间部分，追随者位于关系网的外围，而逃避者没有进入整体关系网。

(5) 矩阵相关性分析

性别和所属学院是论坛成员的特征，在虚拟社区的互动中，我们通常也会关心性别和来自同一个学院是否会影响学生之间的互动和交流，是不是相同性别、来自于同一个学院的师生更乐意交流。这些问题，其实就是矩阵的相关性问题。首先，我们分别建立成员与成员之间的性别关系矩阵、成员与成员之间的学院关系矩阵；其次，采用 UCINET 软件提供的二次指派程序（quadratic assignment procedure，QAP）进行矩阵相关性分析。

首先，对性别矩阵和互动网络矩阵进行相关分析。通过计算得出，上述两个矩阵的相关性不显著（$P=0.274>0.05$），即性别对论坛成员的互动并没有影响。其次，对学院关系矩阵和互动网络矩阵进行相关性分析，发现上述两个矩阵的相关系数不显著（$P=0.259>0.05$），即来自同一学院对论坛成员的互动也没有显著影响。

(6) 基于不同类型的论坛成员的发帖内容分析

性别、是否在课程中担任组长与三种类型的论坛成员之间的卡方检验不显著。不显著的原因可能是论坛成员中的组长人数和男生人数占比小，因此数据质量不高。

子网类型和论坛成员的三种分类的卡方检验如表 8-6 和表 8-7 所示。

表 8-6 子网类型与不同类型论坛成员的列联交叉　　（单位：次）

子网类型		论坛成员类型			合计
		1 领导者	2 活跃者	3 追随者	
1 讨论	计数值	183	133	49	365
	期望值	217.1	113.7	34.2	365
2 信息	计数值	67	18	12	97
	期望值	57.7	30.2	9.1	97
3 帮助	计数值	148	40	5	193
	期望值	114.8	60.1	18.1	193
4 情感	计数值	85	62	10	157
	期望值	93.4	48.9	14.7	157
合计		483	253	76	812

表 8-7 子网类型与不同类型论坛成员的卡方检验结果（$N=812$）

卡方检验	卡方值	自由度	双边检验的估计值
皮尔逊卡方检验	53.995	6	0
似然比检验	57.917	6	0
线性间联合检验	15.175	1	0

由表 8-6 可知，领导者对论坛成员的帮助多，活跃者积极参与讨论和情感分享，而追随者在情感分享和帮助问题帖中的计数值要小于期望值。由表 8-7 可知，卡方检验结果显著，说明领导者、活跃者和追随者在发布帖子的子网类型上存在显著差异。

（三）虚拟社区用户知识共享的动态分析

通过教师访谈，我们了解到，在教学型虚拟社区中，在线讨论难以持续进行的原因通常在于：讨论活动自由度不好把握，自由度过大的虚拟社区变成学生休闲灌水和闲聊之地，秩序混乱，在线讨论的质量和知识含量过低；自由度过小的虚拟社区又容易导致讨论话题重预设、主体的情感交流缺失、参与意识匮乏等问题。如何有效地组织在线讨论、保持在线讨论中学习者知识共享的深度和持续性，一直是一个棘手的问题。在本个案中，微格实训课程是从 9 月开课，1 月结束考试结束课程。通过分析论坛知识共享随着课程推进的动态变化，我们尝试探究虚拟社区知识共享的动态过程。

按照月份计算可知，课程开课以后的 9 月，论坛成员的发帖次数为 135 次，10 月和 11 月分别为 58 次和 46 次；12 月 429 次，1 月为 143 次。12 月成员发帖次数激增。各次面授课程后的论坛发帖量如表 8-8 和图 8-5 所示。

表 8-8 课程论坛每周发帖量统计

周次	发帖频次（次）	百分比（%）	有效百分比（%）	累积百分比（%）
1	43	5.3	5.3	5.3
2	49	6.0	6.0	11.3
3	29	3.6	3.6	14.9
4	19	2.3	2.3	17.2
5	14	1.7	1.7	19.0
6	19	2.3	2.3	21.3
7	3	0.4	0.4	21.7
8	17	2.1	2.1	23.8
9	18	2.2	2.2	26.0
10	10	1.2	1.2	27.2
11	9	1.1	1.1	28.3
12	9	1.1	1.1	29.4
13	9	1.1	1.1	30.5
14	87	10.7	10.7	41.3
15	147	18.1	18.1	59.4
16	144	17.7	17.7	77.1
17	43	5.3	5.3	82.4
18	89	11.0	11.0	93.3
19	46	5.7	5.7	99.0
20	8	1.0	1.0	100.0
合计	812	100.0	100.0	

注：周次计算是从周日到下周日的自然周

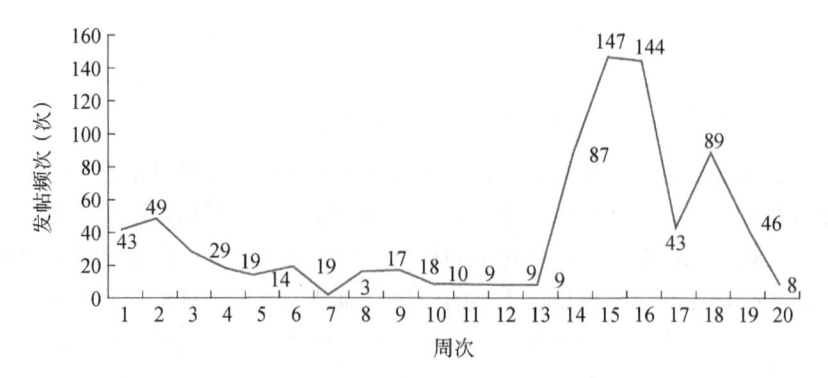

图 8-5　每周发帖频次图

通过逐一分析帖子，可以发现以下规律。

第一，教学型虚拟社区的知识共享程度随着课程进程会发生相应改变。从不同月份论坛成员发帖的数量可以看出，在课程开始之初，学生对课程、教师和同学都保持着较高的新鲜感，因此在虚拟社区讨论比较热烈，随着课程的推进，学生在虚拟社区的发帖趋于平缓和稳定，课程即将结束时，讨论又更加激烈起来。

第二，推荐资源与互评作业的布置会增加社区中的发帖量。例如，在 12 月，该门课程的教师在课程论坛中增加了新的版块——推荐和分享学习资料，学生上传教学视频进行互动点评。这一干预措施使得 12 月成员发帖次数和互动频率激增。

第三，在整个虚拟社区用户活跃程度变化中，论坛版块的设置和主题的增加对整个虚拟社区的知识共享程度有非常大的影响。因此，不断增加有意义和有趣味的主题，对于活跃论坛氛围，吸引学生在课程论坛中参与讨论，尤其是对激励论坛的逃避者和追随者共享知识有着重要意义。

第四，专家的出现和活跃可以为社区带来更多的生机活力。在访谈过程中，师生均提及有资深专业人士的参与非常重要，专家群体的支撑使虚拟社区得以保持活跃的讨论氛围。大多学习者参与在线讨论是为了找到解决问题的办法，如果提出的问题没人响应，或难以得到权威解答，则参与讨论的积极性就会大大减弱。

四、研究结论

通过对微格教学技能虚拟社区社会网络的分析研究，我们可以知道一个虚拟社区与其社会网络结构有着紧密的联系，并且从上述描述中我们可以得出以下结论。

该虚拟社区存在中心人物，该中心人物一般是教师，他们受到大多数人的关注，是知识的发源地，在虚拟社区中较活跃，该教师引领着整个虚拟社区的运转。但是，由于社区中其他成员对社区的使用不是很频繁，社区成员在其中的参与积极性不高，各个成员之间不经常进行信息交流，大都缺乏沟通和信息共享。通过访谈可以看出，社群的许多成员习惯浏览信息，并不参与群讨论，大多都是浏览状态，所以导致存在大量的边缘人物。因此，为了维持虚拟社区的持续发展，应积极改善边缘人物的现象，试图将边缘人物转化为中心者，让其参与到社区的讨论中。通过对小世界网络进行验证，说明社区成员之间应该通过一个人就可以建立联系，但是从大家在群中发言和相互讨论的结果可以看出，其成员之间的联系并不紧密。可以建议社区管理者了解不同成员的需求，积极鼓励社区其他成员参与其中，班级干部也应积极参与其中，引入不同的话题，调动群成员的积极性，增加该社区的活跃性和成员的交流程度，充分利用虚拟社区所具有的各种优点，使虚拟空间与现实生活产生紧密的联系，让学生之间的相处氛围更加融洽。

第三节 本章小结

本章分析了虚拟社区知识共享的过程，并在此基础上综述了虚拟社区知识共享的影响因素和共享机制。虚拟社区知识共享的效果受共享主体和共享平台的影响。社区用户的动机、个人特征、自我效能、态度及信任将影响知识共享的效果，虚拟社区的社区关系、社区氛围、用户对社区的归属感和感知价值均影响着知识共享效果。在分析虚拟社区知识共享影响因素的基础上，我们从知识主体、信息技术、社区环境、激励制度等方面构建了教学型、综合型等虚拟社区的知识共享机制。

第九章 综合型虚拟社区知识共享的生命周期

第一节 研究设计

一、个案选择

(一)综合型虚拟社区与教学型虚拟社区的区别

教学型虚拟社区是具有教学功能、为实现某一教学目的,能保证成员间有效交流,并具有一定规则且成员愿意承担相应责任和义务的网络学习共同体(刘臻晖,2016)。而综合型虚拟社区是指集各类服务、休闲、娱乐、消费和学习行为于一体的相关人群组成的综合型共同体。本研究尝试对综合型虚拟社区中的知识共享过程和机制进行分析与研究,以综合型虚拟社区来做个案研究,主要是考虑到以下几点:①在非正式学习中,人们日常接触更多的是综合型的虚拟社区,所以要研究开放型知识共享,综合型虚拟社区是不能忽视的一块阵地。然而现阶段关于知识共享的研究主要针对的是教学型虚拟社区,而对集休闲、娱乐、交易等为一体的综合型虚拟社区探究知识共享的研究较少。②教学型虚拟社区是由某一专业领域的科研学者人员构成的,依托于计算机网络技术,使社区成员能够利用多种交流方式进行学术知识共享(王倩,2017)。与教学型虚拟社区相比,综合型虚拟社区的开放性更高,参与者进入壁垒较低,讨论话题较广泛。③综合型虚拟社区通常会有企业的参与,这将有助于延长综合型虚拟社区的生命周期,有利于对知识共享过程的动态性进行研究。④对于一个学术性比较强的专业讨论社区,论坛成员加入其中的目的多是搜索信息或者相关知识,对其社交功能不太重视(雷婷,2017)。而综合型虚拟社区组织形式更为松散,没有课程教师等的绝对领导角色,因此自组织性质更为明显。⑤综合型虚拟社区的用户生成内容,如虚拟社区的交流帖、点评网的在线评论、QQ 群和微信群的即时交流内容等，主要是源于消费者自身经验体会而产生的内容，可信度更高。根据 BazaarVoice 2012 年 1 月发布的报告，51%的千禧一代（1977～1995 年出生的人）称来自虚拟社区的陌生人的口碑（user generated content，UGC）内容更可能影响他们的购买决策，相比之下只有 49%的人认为来自朋友和家人的意见影响力更大。因此，综合型虚拟社区不仅是用户进行交流沟通、信息共享的场所，更是消费者进行消费决策时信息搜索和咨询的重要来源。

（二）以旅游虚拟社区作为研究个案

旅游虚拟社区作为受众广泛、进入壁垒较低的典型综合型虚拟社区，是研究开放共享的理想个案。基于上述五点考虑，本章以旅游虚拟社区作为研究个案，对虚拟社区的开放共享机制进行更为全面细致的分析。

旅游虚拟社区是基于互联网的一种旅游爱好者聚集组织，由具有共同旅游兴趣爱好或旅游经历的网民组成，通过互联网进行沟通和互动，其成员相对固定并可相互感知，以旅游相关活动为讨论内容（宋莉莉，2009）。在虚拟社区中，社区成员根据自己的兴趣爱好，发帖、回帖和转帖等，与其他用户建立互动关系，形成社会网络，从而形成相对稳定、联系较为紧密的社群，成员在群组中处于不同的位置，扮演不同的角色（杨斌，2012）。虚拟社区中的知识共享与交流是维持和推动社区发展的主要动力，虚拟社区中的知识共享程度反映了虚拟社区的生命力和吸引力。社区成员的知识共享和互动交流决定着虚拟社区的生存与发展。对旅游虚拟社区知识共享机制的研究，可以作为综合型虚拟社区的范例，研究结论也可在虚拟社区范畴内加以推广。

二、研究思路

研究的整体思路如图 9-1 所示。

首先，构建虚拟社区用户知识共享的互动网络。通过设计数据获取的抓取程序，获取虚拟社区中版块的信息，包括发帖者 id、回帖者 id、发帖时间、帖子信息及用户信息等，根据用户之间的互动关系进行数据预处理，建立对应版块用户知识共享的互动网络。

其次，基于信息生命周期理论，分析虚拟社区知识共享即主帖的生命周期特征。以主帖的浏览数和评论数来反映主帖生命周期的特征指标，在对主帖生命周期进行定义的基础上，分析虚拟社区主帖的寿命长度，实证研究虚拟社区主帖的生命周期类型，并据此分析虚拟社区主帖的影响因素。

再次，基于复杂网络理论和社会网络分析方法，构建虚拟社区知识共享的分析指标，从以下五个方面分析虚拟社区用户的知识共享行为。

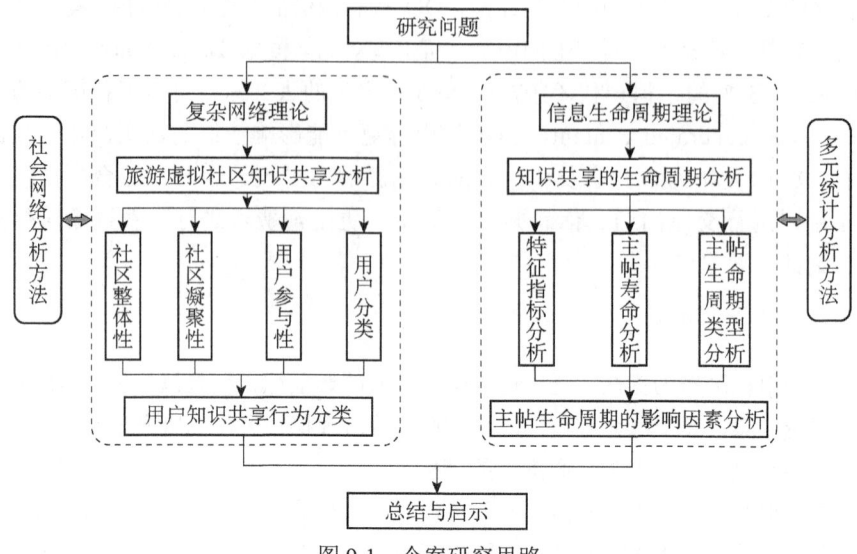

图 9-1　个案研究思路

1）重点分析虚拟社区用户互动关系网络的重要特征参数，包括密度、聚类系数、平均路径长度等指标，并验证了网络的小世界特性，整体分析虚拟社区用户的知识共享。

2）运用成分分析、派系分析、模块分析和 K-核等凝聚子群分析方法，探索性地分析虚拟社区的凝聚子群，并挖掘高密度知识共享凝聚子群内部的知识共享行为。

3）通过用户的点入度和点出度，分析用户参与虚拟社区知识共享的程度，通过分析二者的关系，探究社区用户的活跃度和影响力的关系。

4）选取虚拟社区用户发帖数、获回帖数、回帖数和发主帖数的精度值，以及发主帖数的热度值作为描述用户知识共享行为的分类指标，通过聚类分析将虚拟社区用户分为领袖型用户、核心用户和普通用户。

5）选取主帖的广度和深度指标描述用户的知识共享行为，并根据用户的互动特征对虚拟社区用户的知识共享行为进行分类。

最后，基于旅游虚拟社区知识共享过程的分析，总结综合型虚拟社区知识共享机制。

三、研究方法

本实证研究尝试在总结与归纳虚拟社区的定义和过程的基础上，从知识共享的内容和知识共享行为两方面分析综合型虚拟社区的知识共享机制。利用多元统计分析方法，分析虚拟社区知识共享的生命周期特征及其影响因素；利用社会网络分析方法，分析虚拟社区的知识共享行为，最终揭示虚拟社区环境下的知识共享机制。具体的研究方法如下。

1）社会网络分析。根据虚拟社区用户的互动关系矩阵，利用社会网络分析方法，计算社会网络的特征指标，探索性地分析虚拟社区小团体的知识共享特征。

2）程序实现。使用 JAVA 开发网络爬虫软件，获取实证研究数据。

3）定性和定量相结合。定性的研究方法主要应用于对虚拟社区类型及知识共享过程进行描述，它们很难用精确数来表示，而只能用定性的语言来表达这些信息；文本分析虚拟社区知识共享内容，总结归纳虚拟社区知识共享的过程及类型。定量分析方法可应用于虚拟社区用户知识互动关系网络结构特征的表示与度量，如确定联结强度时的交往频数、中心性、密度、平均度等；采用统计分析方法，如描述性统计分析、聚类分析、因子分析、相关分析及多元回归分析等探究知识共享的生命特征及影响因素等。定性与定量相结合的研究方法将贯穿于整个虚拟社区的知识共享研究。

四、分析工具

本研究利用的社会网络分析软件主要有 UCINET 和 Pajek。UCINET 将电子表格编辑（spreadsheet editor）功能与各种统计分析的运算方法结合在一起，可以与多种软件进行数据交换（王陆，2009）。UCINET 为菜单驱动的 Windows 程序，可能是应用最多的一个综合性社会网络分析程序，包括大量的网络分析指标，如中心度、凝聚度、派系分析等，还涵盖了一些基本的图论概念、位置分析法和多维量表分析法等（刘军，2009）。UCINET 还提供了数据管理和转换软件的工具，可以从图论程序转换为矩阵代数语言。但是，UCINET 适合处理中小规模的网络，当网络的节点大于 5000 时，处理速度变得非常慢。

Pajek 是一项基于 Windows 操作系统的免费社会网络分析软件，Pajek 的功能十分丰富，且适用于分析大型社会网络。Pajek 以网络图模型为基础，以六种数据类型为形式，可以快速有效地进行网络分析。Pajek 还提供了一种复杂网络结构的抽象方法，有利于从全局的角度分析复杂网络，还可以具体分析复杂网络中各个节点和各边的特点（刘娟娟，2009）。

虚拟社区如各类 BBS 等用户构成的整体网络是复杂网络，节点数目繁多，适合用 Pajek 进行分析。但是在虚拟社区内部，以用户为核心形成的个体网络是小规模网络，适合用 UCINET 进行分析。因此，本研究采用 Pajek 和 UCINET 分析虚拟社区的知识共享。

第二节 数据收集与编码

本章重点介绍了某知名旅游虚拟社区数据集的网页爬虫程序及数据存储方法。

一、数据的来源

本章以一个活跃的信息共享社区为研究对象，探究虚拟社区的知识共享机制。该社区是以话题即帖子为中心的用户交互社区，这与以单个用户为主要结构的社交网站不同。理论上，社交网站中成员利用的是真实身份，成员之间的真实关系比较明确，成员之间的关联对其他成员是透明的，且成员的注册信息很丰富（荣波等，2009）。

二、数据的获取

为了高效获取虚拟社区的用户数据，本章在确定研究对象和内容的基础上，分析网页结构，设计程序语言，获取用户行为和信息数据，并将数据存储到 Access 数据库中，再由矩阵生成器生成可供 UCINET 识别的数据（该程序请见附录）。具体过程如图 9-2 所示。

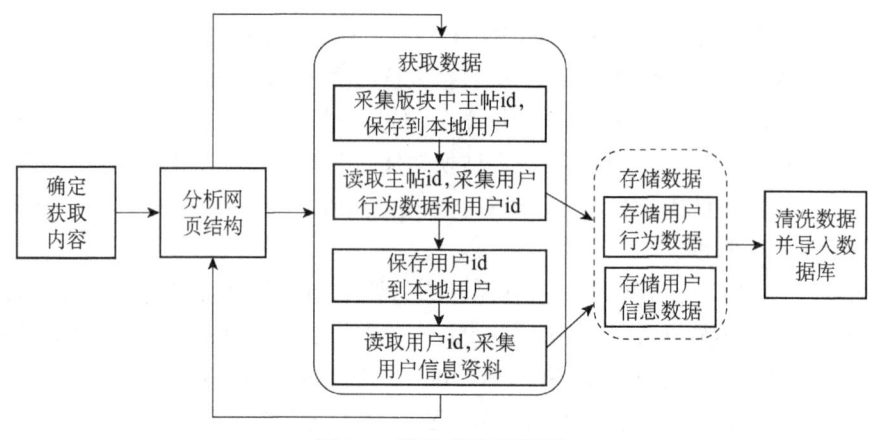

图 9-2 数据获取流程图

（1）确定获取内容

目标虚拟社区的主题包括游记攻略的分享、用户约伴同游、寻求帮助、问题咨询等。本章获取的内容包括用户行为数据和用户信息数据，用户行为数据是指用户发帖和回帖的行为，用户信息数据是指用户的注册、性别、积分等个人信息。此版块用户总数为 19 676 人，主帖总数为 18 079 个，回帖总数达到 326 024 个。

（2）分析网页结构

在该虚拟社区中，用户行为数据和用户信息数据主要存储在帖子页面和用户页面，帖子页面包含帖子的详细信息和帖子获得的回复信息，用户页面主要是用户的基本信息资料。

（3）获取数据

在分析网页结构的基础上，进行数据的获取。首先，获取该版块下所有帖子的 id，保存到文本文件中；其次，从文本文件中读取每个帖子的 id，针对每个帖子的 id 启动一个线程，获取帖子的基本信息及帖子的回复信息；再次，根据获取的用户 id，抓取用户的基本信息；最后，将获取的信息保存到本地文件中。由于用户信息量庞大，为了提高信息获取的效率，本章采用多线程获取数据。当程序获取数据失败时，返回到前一步，重新分析网页结构，补充抓取数据。

（4）存储数据，清洗数据并导入数据库

存储数据主要包括存储用户行为数据和存储用户信息数据。用户信息数据主要包括用户 id、用户注册时间、在线时间、最后访问时间等资料，存储简单。用户行为数据主要包括用户发帖和回帖行为，比较复杂，必须将提取出的有效数据进行存储。为了便于对该虚拟社区用户的知识共享行为进行分析，本章追踪采集了以下三方面的信息。

1) 用户信息。用户的 id、用户发帖的名称、用户性别、好友数、回帖数、主题数、性别、在线时间、注册时间、最后访问时间、积分、经验值等数据。

2) 帖子信息。帖子的名称、帖子 id、发帖人 id、发帖人的发帖时间、帖子的浏览数量、帖子的回复数量、帖子的最后被回复时间。

3) 回帖信息。回复的帖子的 id、回复人 id、回复时间、被回复人 id。

对存储的数据进行清洗，删除无效数据后，最终导入 Access 数据库，以便进行数据的编码。

三、数据的编码

社会网络分析软件处理的数据格式为关系数据。本章主要根据社会网络分析原理，构建虚拟社区用户的回复关系网络。虚拟社区中的帖子包括两部分：主帖和回帖，主帖和回帖是一对一或者一对多的关系。用户与用户之间通常会进行多次回复，形成重边，用户也可以回复自己的帖子形成自环。由于本章主要是探究用户间的互动关系，不太考虑用户对自己帖子的回复。而且，在该虚拟社区中，存在部分用户为了提高帖子的人气，大量回复自己的帖子即自我顶帖的行为，以此虚高帖子人气。因此，删除用户的自我回帖更能够真实地反映帖子的真实活跃度。值得注意的是，本章仅仅删除了自环帖即楼主对帖子的自我回复，但是并未删除楼主对其他用户的回复。因此，本章编码关系数据的原则如下：将自己对自己的回复次数设为 0，根据用户和用户互动评论的实际次数，得到矩阵中用户的互动次数，不存在互动关系的用户，矩阵中的值为 0，最终编码形成二值有向的关系矩阵，其中，列为发帖用户，行为回帖用户。由于每个版块用户数量众多，本章是通过编写矩阵生成器程序，自动生成用户互动的关系矩阵，矩阵用 UCINET 可识别的纯文本形式存储。为了便于说明虚拟社区中用户互动编码的结果，本章用 Excel 数据格式进行说明，具体情况如表 9-1 所示。

表 9-1　用户-用户关系矩阵

项目	用户 1	用户 2	…	用户 n	用户 $n+1$
用户 1	0	1	…	2	0
用户 2	1	0	…	0	0
⋮	⋮	⋮	…	⋮	⋮
用户 n	0	1	…	0	0
用户 $n+1$	0	0	…	1	0

矩阵中，用户 1 所在行和用户 n 所在列交叉处的值为 2，表示用户 1 对用户 n 的回帖次数为 2 次。

除了构建用户回复关系矩阵外，本章通过编码，构建了用户-帖子矩阵，如表 9-2 所示。其中，列表示帖子编号，M 为帖子数量；行表示回帖者编号，N 为用户数量。第 i 行和第 j 列的值代表第 i 个用户回复第 j 个帖子的次数。

表 9-2　用户-帖子矩阵

项目	1	2	…	j	…	M
1	0	0	…	1	…	0
2	1	1	…	0	…	0
⋮	⋮	⋮	…	⋮	…	⋮
i	0	1	…	1	…	1
⋮	⋮	⋮	…	⋮	…	⋮
N	0	0	…	0	…	0

第三节　虚拟社区知识共享的生命周期

虚拟社区成员的知识共享行为将直接影响社区的生命周期（Chan and Guillet，2011）。脱离知识共享主体参与的知识共享平台也就失去了存在的意义（张克永，2017）。目前网络中大量的虚拟社区发展不成熟，成员参与社区程度低，大部分用户是浏览者，缺乏知识的共享和交流。因此，通过研究虚拟社区知识共享的生命特征及知识共享行为，将有助于探究完善虚拟社区知识共享的有效机制。

知识共享主要是在一定情境下的多方交流行为，且传递内容为知识或信息，传递过程具有一定的目的性（邢彩霞，2017）。虚拟社区知识共享的内容为用户的帖子，由主帖和回帖组成。主帖是用户（楼主）将个人拥有的知识如体验、建议等，按照一定的格式布局，用文字或图片的形式整理、编撰，发布在虚拟社区中的帖子。回帖是用户在浏览、阅读帖后，以文字或图片的形式，对帖子的反馈和回复。主帖一般内容多，信息量丰富，是用户对知识集中汇总的结果；回帖短小精悍，信息含量少，是用户吸收主帖知识后的即时反馈，回帖数反映主帖获得关注的程度。本章研究的对象是虚拟社区用户发表的帖子。

一、主题帖生命周期的特征指标

对传统科技文献信息生命周期的讨论大多基于文献的引文规律（刘晓娟等，2014）。Price（1965）论证了文献引文网络的度服从幂律分布，即文献被引证的次数服从幂律分布。社区用户对社区帖子进行浏览和评论的行为，反映了信息的影响力。其中，浏览数体现了帖子所含信息的传播程度，评论数体现了该帖子的受关注程度（司夏萌和刘云，2011）。这与传统科技文献的引文有类似之处，均体现了信息的影响力。基于这一相似性，本章通过分析帖子的浏览数和评论数的分布，探究帖子生命周期的属性。

本章通过统计该版块所有帖子的浏览数和评论数，分析帖子的浏览数量和评论数量的分布情况。在对数据进行分析前，要对版块的数据进行预处理，删除版块中失效链接的帖子及无效异常的帖子。删除无效帖子的原则如下：第一，删除帖子的自我回复率大于 80%，且帖子的总评论数大于 10。因为帖子的自我回复率高在一定程度上虚高了帖子的真实浏览数量。第二，删除数据抓取不完整的帖子。第三，删除发帖异常的用户发布的所有帖子。删除无效帖子后，抽样版块帖子详情如表 9-3 所示。

表 9-3　该版块帖子详情

用户总数（人）	帖子数（个）	评论数（次）
9 868	18 079	69 523

（1）浏览数

在抽样版块中，浏览数极小值为 2 次，极大值为 230 726 次，每个帖子的平均浏览数为 3586.70 次，可见大部分的帖子得到了相当数量的关注，有一定的传播范围。该版块帖子浏览数描述性统计如表 9-4 所示。该版块帖子浏览数柱状图如图 9-3 所示。

表 9-4　该版块帖子浏览数描述性统计

帖子总数（个）	极小值（次）	极大值（次）	均值（次）	标准差（次）	偏度（次）	峰度（次）
18 079	2	230 726	3 586.70	7 011.52	14.66	349.83

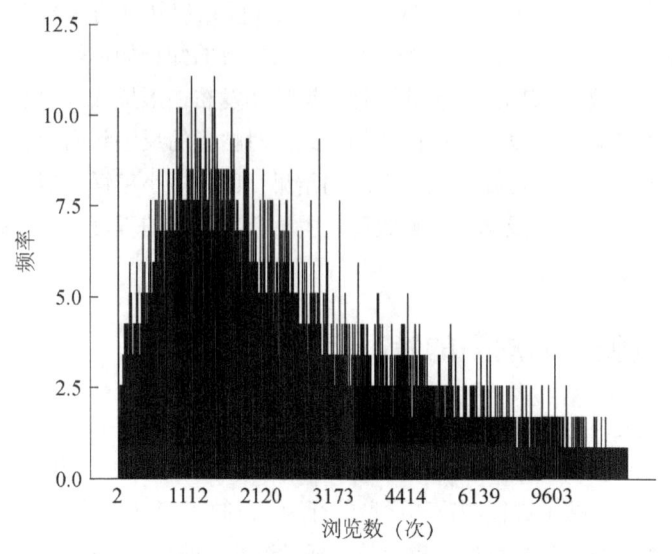

图 9-3 该版块帖子浏览数柱状图

从图 9-3 可以看出,该版块浏览数在 1130 左右的帖子频次最大,帖子右偏趋势明显。在 1130 之前,帖子的比例随浏览数呈现上升趋势,且浏览数为 1 次的帖子不存在,正常帖子的浏览数都不会太低。对高于该值的帖子的浏览数进行幂律分布的模型拟合,由表 9-5 可知,得到的幂指数为 0.597,不符合幂律分布,即 $P(k) \sim k^{-r}$,$r \in [1, 3]$,其中 k 为帖子的浏览次数,$P(k)$ 为浏览次数为 k 的帖子的概率,r 为大于零的参数。该版块帖子浏览值区间如表 9-6 所示。

表 9-5 该版块浏览数分布函数模型汇总和参数估计值

方程	模型汇总				参数估计值	
	拟合指数	F 值	自由度	显著性	常数	系数
幂	0.49	5673.677	5917	0	280.727	−0.597

注:因变量为频率,自变量为值大于 1100 次的浏览数

表 9-6 该版块帖子浏览数区间

浏览数(次)	区间百分比(%)	累积百分比(%)
[2,200)	1.18	1.18
[200,500)	4.15	5.33
[500,1 000)	12.79	18.12
[1 000,1 500)	16.12	34.24
[1 500,2 000)	13.59	47.83
[2 000,2 500)	10.43	58.26
[2 500,3 000)	7.86	66.12

续表

浏览数（次）	区间百分比（%）	累积百分比（%）
[3 000, 3 500)	5.72	71.84
[3 500, 4 000)	4.50	76.34
[4 000, 4 500)	3.63	79.97
[4 500, 5 000)	3.13	83.10
[5 000, 6 000)	4.24	87.34
[6 000, 7 000)	2.90	90.24
[7 000, 8 000)	2.01	92.26
[8 000, 9 000)	1.56	93.82
[9 000, 10 000)	1.04	94.86
[10 000, 20 000)	3.71	98.56
[20 000, 30 000)	0.65	99.21
[30 000, 40 000)	0.28	99.49
[40 000, 230 726]	0.51	100.00

由表 9-6 可知，该版块浏览数在 200 次以下的帖子比较少，占总帖数的 1.18%，浏览数小于 500 次的帖子数占总帖数的 5.33%，而浏览数在 500~3000 次的帖子总数占总帖数的比例为 60.78%，说明大部分帖子的浏览数都在 500~3000 次，有一定的传播范围；浏览数超过 10 000 次的热帖，比例极小，占比为 5.15%。

（2）评论数

该版块帖子评论数描述性统计如表 9-7 所示。

表 9-7 该版块帖子评论数描述性统计

帖子总数（个）	极小值（次）	极大值（次）	均值（次）	标准差（次）	偏度（次）	峰度（次）
18 079	0	1 391	20.40	44.57	9.13	147.70

由表 9-7 可知，该版块中评论数的极小值为 0 次，即该帖未获得任何评论。评论数极大值为 1391 次，该帖是详细记录旅游攻略心得体会的散文，楼主文笔优美，完美地融合了图片和文字，生动地介绍了游记的全过程，并且针对每一位评论该帖的用户，都进行了感谢和评论，互动活跃。该版块近九成的帖子都获得了回复，帖子评论数的均值是 20.40 次，和该虚拟社区其他子版块相比，活跃度明显较高。通过比较发现该版块活跃程度较高的原因主要如下：该版块明确规定了每篇帖子的发帖内容（20 张照片及 800 字以上的文字，且均为原创），并根据发帖的质量，奖励发帖的用户 100~1000 元的代金券。因此，该版块的帖子总体质量高，用户受到代金券的激励，发帖和回帖活跃，整个版块较为活跃。而其他版块大部分是自主发帖，没有规定详细的发帖要求和激励制度，因此活跃度较低。

该版块帖子评论数区间如表 9-8 所示。

表 9-8　该版块帖子评论数区间

评论数（次）	累积百分比（%）	区间百分比（%）
0	11.01	11.01
(0，5]	21.67	32.68
(5，10]	24.14	56.82
(10，15]	12.98	69.79
(15，20]	7.73	77.52
(20，30]	7.63	85.15
(30，50]	6.11	91.26
(50，70]	2.74	94.00
(70，90]	1.75	95.75
(90，120]	1.60	97.35
(120，200]	1.75	99.10
(200，1391]	0.90	100.00

由表 9-8 可知，评论数为 0 次的帖子占比为 11.01%，说明有约 1/10 的帖子在发布后，没有得到任何评论；评论数在 1~10 次的帖子占比为 45.81%，说明接近一半的帖子的评论数在个位数，约 70%帖子的评论数小于或者等于 15 次；评论数大于 200 次的帖子占比极小，不到 1%。

该版块帖子评论数的柱状图如图 9-4 所示。

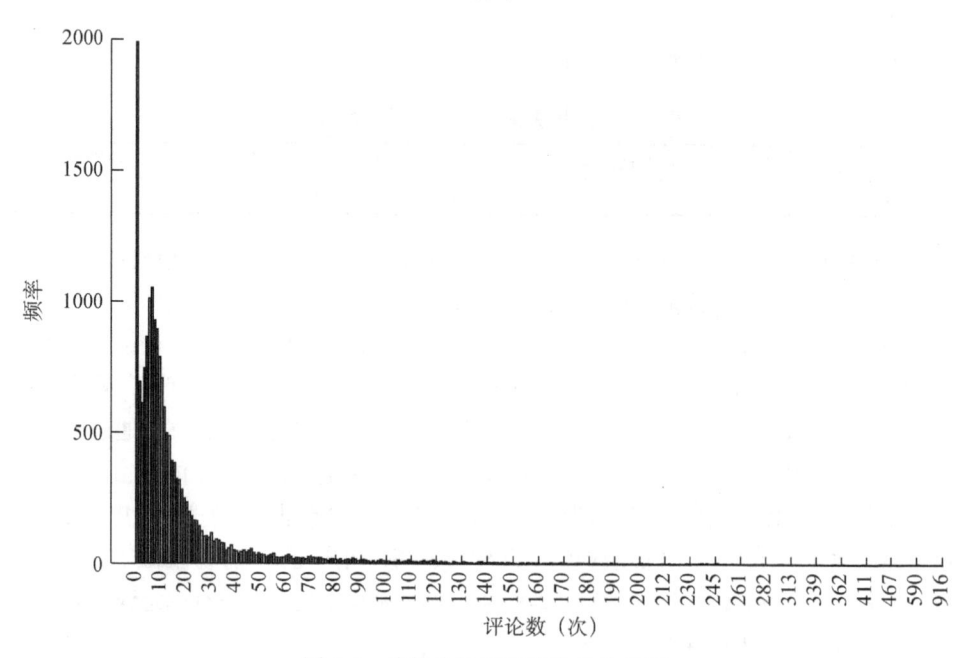

图 9-4　该版块帖子评论数的柱状图

第九章 综合型虚拟社区知识共享的生命周期

由图 9-4 可知，当帖子评论数大于 10 次时，帖子数随着评论值的增加而递减，形成了一条长长的尾巴，且帖子的评论数服从幂律分布，幂指数为 1.614，幂律分布函数如表 9-9 所示，分布函数图如图 9-5 所示。总之，虚拟社区帖子的评论数服从幂律分布；评论数为 0 次的帖子占比较大，但是浏览数在 100 次以下的帖子占比较小，用户回复帖子具有惰性；和活跃版块相比，不活跃版块的评论数为 0 的帖子占比更大，热帖更少。

表 9-9 该版块帖子评论数分布函数模型汇总和参数估计值

方程	模型汇总				参数估计值	
	拟合指数	F 值	自由度	显著性	常数	系数
幂	0.902	2 956.441	322	0	15 564.550	−1.614

注：因变量为频率，自变量为评论数

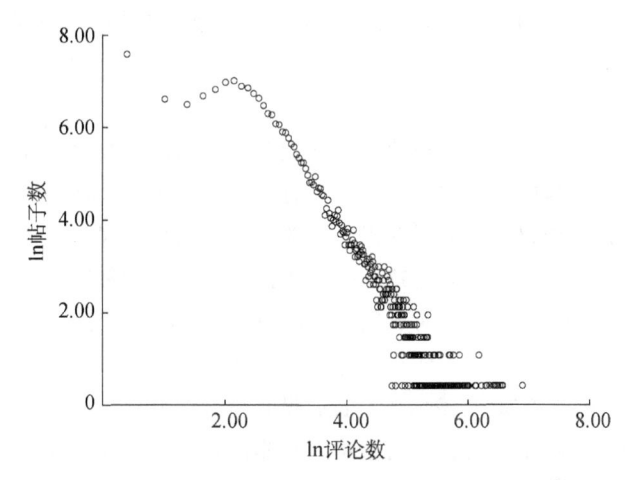

图 9-5 该版块帖子评论数的幂律分布图

（3）浏览数和评论数的关系

帖子的浏览数和评论数都是衡量帖子活跃程度的指标，通过对两者做相关分析，结果如表 9-10 所示。帖子的浏览数和评论数的相关系数为 0.411，二者呈中等程度的正相关。

表 9-10 浏览数和评论数的 Pearson（皮尔逊）相关系数

Pearson 相关系数	显著性（双侧）
0.411	0.000

注：在 0.01 水平（双侧）上显著相关

139

二、帖子生命周期的定义和特点

（1）定义

网络信息的生命周期是指网络信息从产生到失去效用价值所经历的各个阶段和整个过程。虚拟社区用户共享的知识即帖子属于网络信息，其效用价值体现在用户对帖子的浏览、评论、转载等行为。由表 9-10 可知，帖子的浏览数和评论数的相关系数为 0.411，$p<0.001$，相关性较高，因此可以用评论数代替浏览数描述帖子的生命周期。在该版块，部分用户为了提高自己帖子的人气，大量评论自己的帖子，这容易导致帖子评论数虚高，不能反映帖子的真实寿命。本章为了探讨帖子的真实寿命，剔除了楼主对帖子的评论（仅剔除了楼主对帖子的自我回复，不剔除楼主对帖子中其他用户的回复）。因此，本章将帖子寿命定义为：从帖子发布到其最后一次被评论之间的时间差。

（2）特点

根据上述帖子寿命的定义，按照如下方式对帖子的评论数进行统计：因为每个帖子的寿命长短不同，且帖子获得评论的间隔时间较长，如果以分钟和小时为单位来计量帖子的寿命，则单位时间内帖子获得评论数为 0 次的情况太多，因此以天为单位来计量帖子的寿命。帖子寿命描述性统计如表 9-11 所示，寿命最短的为 0 天，即该帖未得到任何其他用户的回复，寿命最长的为 1597.11 天即 4.38 年，该帖并非热帖，但寿命长的主要原因如下：该帖发表于 2010 年，有两位用户于 2014 年对此帖感兴趣，予以评论，虚高了其寿命，实际上该帖在发表后没有得到任何评论，直到 2013 年才有用户评论。由此可见，帖子获得评论的影响因素非常复杂。一般而言，帖子回复的活跃期不会超过 1 年，删除极端值的影响后，帖子的均值为 32.1 天，要小于表 9-11 中的 42.11 天。可见，虚拟社区帖子的寿命一般在 30 天左右，30 天以后，帖子基本不再被关注。根据刘晓娟等（2014）的研究，微博的平均寿命为 3.47 天左右，可见帖子的寿命要长于微博的寿命。

表 9-11 帖子寿命描述性统计

帖子数（个）	极小值（天）	极大值（天）	均值（天）	标准差（天）	偏度（天）	峰度（天）
18 490	0	1 597.11	42.11	89.15	3.93	22.77

图 9-6 是帖子寿命柱状图，在图中，为了缩小统计区间，更直观地展示帖子寿命，将帖子的寿命天数向上舍入，取整天数，如寿命在（0，1]天，取整为 1 天。由表 9-12 可知，寿命为 0 天的帖子占比为 14.33%，说明部分帖子在发布后，就变成沉帖。帖子的寿命分布呈幂律分布，幂指数为 1.406，帖子寿命的幂函数拟合结果如表 9-13 所示。帖子寿命的频数和寿命在双对数指标下，是一条斜率为负幂指数的直线，如

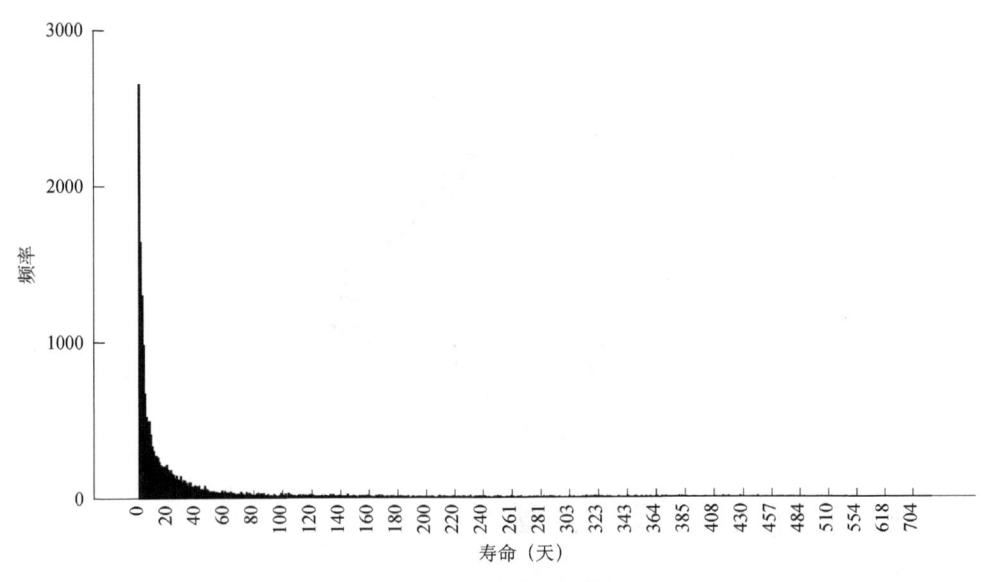

第九章 综合型虚拟社区知识共享的生命周期

图 9-7 所示。

频率

寿命（天）

图 9-6 帖子寿命的柱状图

表 9-12 帖子寿命区间分布

天数（天）	区间百分比（%）	累积百分比（%）
0	14.33	14.33
(0，1]	8.87	23.20
(1，2]	7.02	30.22
(2，5]	11.74	41.96
(5，10]	10.93	52.89
(10，20]	12.15	65.05
(20，30]	7.60	72.64
(30，40]	4.94	77.59
(40，50]	3.20	80.78
(50，100]	7.36	88.14
(100，200]	5.82	93.96
(200，300]	2.69	96.65
(1000，1598]	3.35	100.00

表 9-13 帖子寿命幂律模型汇总和参数估计值

方程	模型汇总				参数估计值	
	拟合指数	F 值	自由度	显著性	常数	系数
幂	0.907	5 401.840	551	0	10 01.924	−1.406

注：因变量为频率，自变量为天数

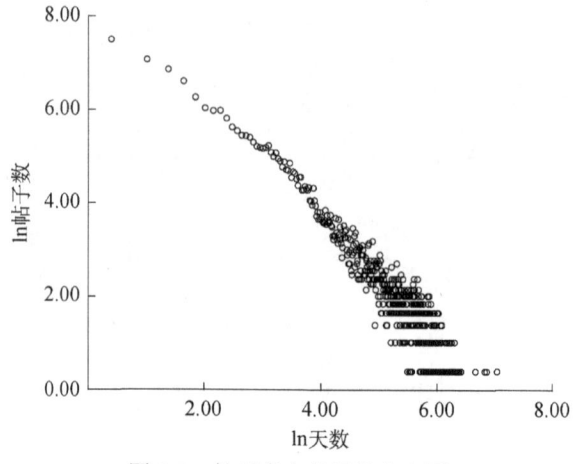

图 9-7　帖子寿命的幂律分布图

三、主题帖生命周期的类型

（1）网络信息的生命周期曲线

网络信息存在老化现象，也具有生命周期特性。梁芷铭（2014）经过大量的实证分析定性地描绘出网络信息的生命周期曲线（图 9-8）。纵轴表示网络信息的效用价值，曲线定性描述了网络信息从生产到消亡各阶段效用价值变化的大致趋势。网络信息一旦产生就迅速步入成长期，访问量急剧上升（如 AB 段所示）；然后步入成熟期（如 BC 段所示），直至网络信息的访问量逼近最大值，这一阶段是信息价值利用的黄金期；然后信息进入半衰退期（如 CD 段所示），表现为网络信息访问逐步降低，归为 0（梁芷铭，2014）。虚拟共享的帖子也属于网络信息，其生命周期曲线也和图 9-8 类似。

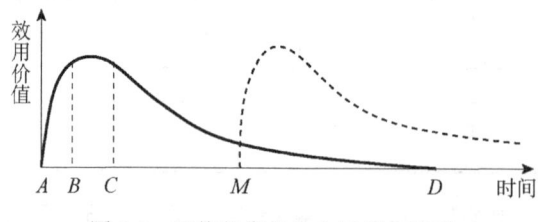

图 9-8　网络信息的生命周期曲线图

布鲁克斯假设：科技文献的被引次数随时间推移的衰减过程近似服从负指数模型，当文献被引达到引用峰值后，便开始经历文献老化的衰减过程，可以得到拟合度很高的负指数曲线。虚拟社区共享的知识不同于科技文献，但二者在某些方面具有相似性，它们都是被作者创建并发布的信息，读者可以通过某种方式对该信息进行关注（刘晓娟等，2014）。同时，Zhao 等（2013）基于负指数定律提出了相应的预测模型。本章假设：帖子的评论数随着时间推移，衰减过程服从负指数模型。

（2）实证研究

从版块中抽取帖子的真实评论数大于 80 次的帖子，统计帖子发布后的每一天获得的评论数。连续统计 40 天后，计算出 40 天内统计的评论数占该帖子评论数的比例，然后筛选出比例大于 95% 的帖子。连续统计 40 天，是因为该版块中帖子的平均寿命实际是 32 天左右，40 天足够反映大部分帖子的生命周期。而且影响帖子寿命的因素错综复杂，帖子重新活跃的概率具有不可预测性，统计天数中的评论数不能涵盖所有帖子的全部评论。为了进一步反映帖子的生命周期呈负指数模型，在筛选出的结果中，删除了第一天获得评论数小于 10 次的帖子，最终获得帖子数为 328 个。这些帖子获得的真实评论数均值为 136 次。本章逐一绘制出 328 个帖子的评论数随时间变化的曲线图，通过比较曲线特征，挑选了具有代表性的 4 个帖子，反映帖子生命周期的特征，具体结果如图 9-9～图 9-12 所示。

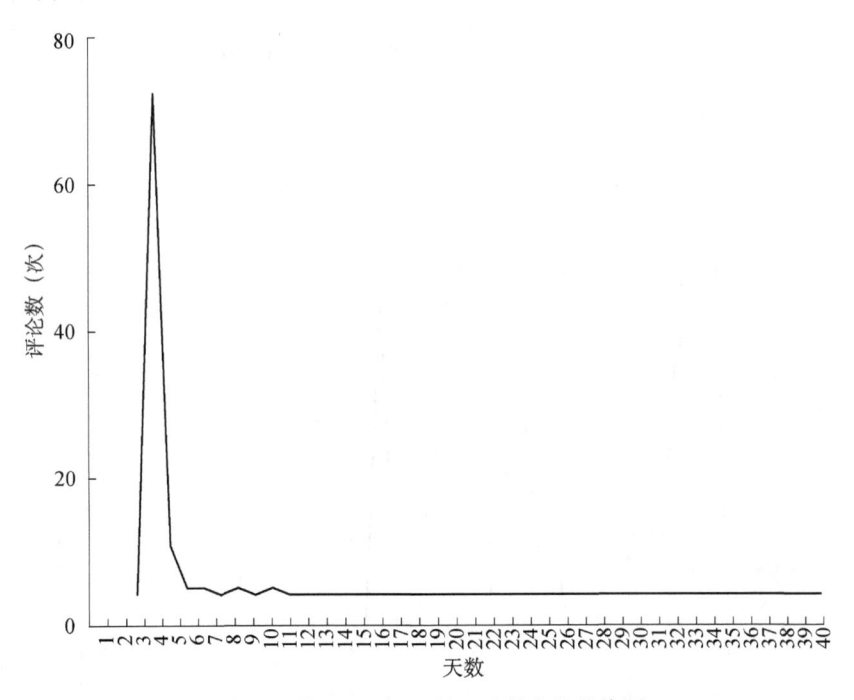

图 9-9 帖子 id 为 15 的评论数变化曲线图

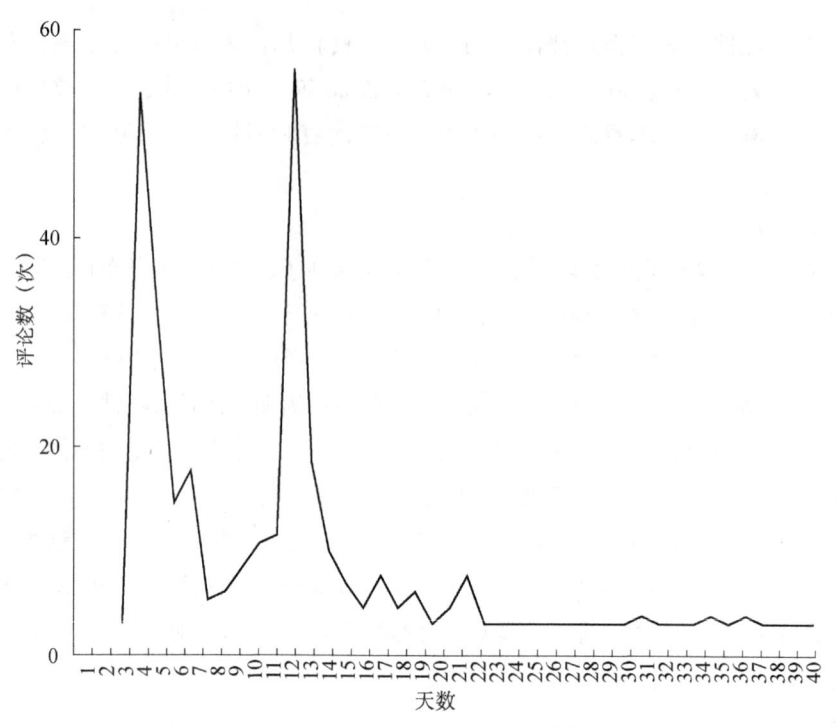

图 9-10　帖子 id 为 9 的评论数变化曲线图

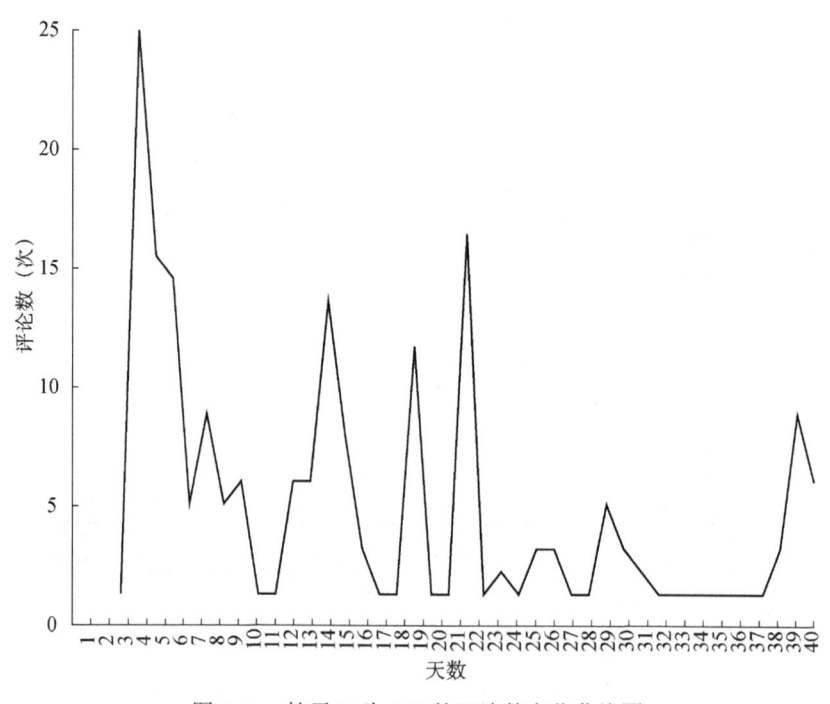

图 9-11　帖子 id 为 153 的评论数变化曲线图

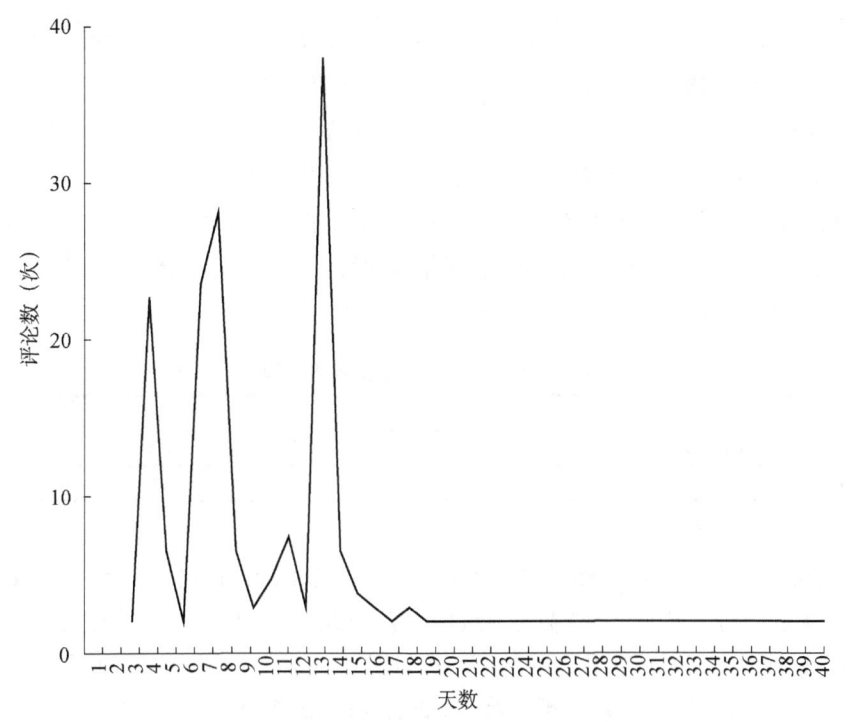

图 9-12　帖子 id 为 172 的评论数变化曲线图

结合帖子的知识内容及用户的互动行为，分析帖子的生命周期变化。帖子 15 是在 11 点左右发布，发布后随即得到了其他用户的关注，到下午 5 点左右，获得了 60 次评论，占该帖总评论数（83 次）的 72%，结合图 9-9 可知，该帖子的评论数随时间变化的曲线是陡增陡降，只有一个峰值。样本中，大部分的帖子类型都是帖子 15 的类型。

帖子 9 在发布后的 24 小时内获得 66 次评论，从第 2 天开始到第 9 天，评论数随着时间的推移减少，但在第 10 天，当日所获评论激增到了 69 次。当日获得评论数中，楼主针对用户回复的评论有 35 次，剩余 34 次评论来自 22 名其他用户，其中有 4 名用户和楼主进行了密切互动，互动次数都在 4 次以上，有 1 名用户达到了 10 次。结合用户之间的互动内容和楼主的好友数，可以发现，第 10 天评论数激增，部分源于楼主的好友在第 10 天和楼主进行了多次密切互动。此外，整个帖子的回复次数为 316 次，其中楼主对用户的回复达到了 153 次，说明楼主针对用户的每一次回复，都进行了反馈。同时，楼主为了提高此帖的人气，还奖励回复此帖的用户 2 经验值，这也整体增加了帖子的评论数。该帖子的半衰退期为 7 天。结合图 9-10 可知，帖子 9 的评论数变化曲线出现了两个峰值，该帖子沉寂后再次活跃源于发帖人好友的回帖与互动。

帖子153和帖子172从评论数变化曲线来看，出现了多个峰值，除峰值外的时间图形较为平缓，图形呈锯齿状，这两个帖子的半衰退期分别为11天和5天。结合帖子的实际情况，呈现锯齿特征的主要原因是，楼主介入帖子的评论，对用户进行回复，增加了帖子被浏览的概率和获得评论的机会，因此评论数得到了增长。

总体而言，帖子的评论数在过了评论峰值后，随着时间的推移会减少。本章对328个帖子的每日评论数计算均值，并进行负指数曲线估计，模型拟合结果非常好，拟合指数为0.977，拟合结果如表9-14所示。

表9-14 模型汇总和参数估计值

方程	模型汇总				参数估计值	
	拟合指数	F值	自由度	显著性	常数	系数
指数	0.977	1627.768	38	0	14.285	−0.106

注：因变量为评论数均值，自变量为天数

对比图9-13与图9-9～图9-12中的网络信息生命曲线，可以看出在第一个观察期（即帖子发布的第1天内）评论数迅速增长，是知识的成长期，除第1天外的观察期都是衰退期，计算出来的半衰退期为5.5天。比较图9-9～图9-12中4个帖子的生命曲线，虽然帖子9、15和153的曲线在第1天以后都有起伏，在某些时间段出现了明显的回升，但是这些帖子获得评论数的总趋势是下降的，尤其是在峰值过后，评论数迅速减少。

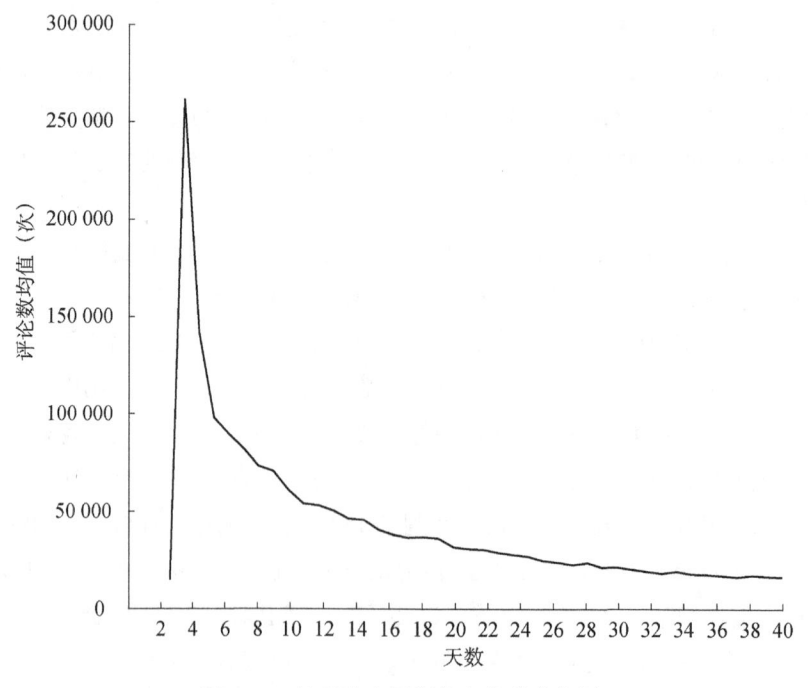

图9-13 帖子生命周期的负指数曲线图

第四节 本章小结

1）本章以某虚拟社区的某活跃版块为研究对象，分析帖子的浏览数和评论数两个特征指标，发现帖子的浏览数都大于 0 次，具有一定的传播广度，帖子的评论数服从幂律分布，评论数为 0 次的帖子占一定比例，说明用户回帖具有惰性。帖子的浏览数和评论数显著正相关。

2）在对帖子生命周期进行定义的基础上，分析了帖子生命周期的特点，发现帖子的平均寿命为 30 天左右，大于微博的平均寿命 3.47 天，帖子的寿命分布呈幂律分布，帖子间的寿命具有非常大的差异性。

3）通过帖子的评论数反映其生命周期，发现帖子的生命周期呈指数形式衰减，帖子的平均成长期为 1 天，经历成长期后，迅速进入衰退期，且帖子的半衰退期为 5.5 天。

第十章 综合型虚拟社区的知识互动网络分析

第一节 知识互动的分析指标

Roberts（2004）认为，评价学习过程的标准有三个：成员在协作学习活动中的参与度、成员间的互动水平及学习成果的综合性。在虚拟社区的知识共享中，也可以借鉴这三个评价标准。因为虚拟社区的知识共享以计算机为媒介，成员的参与度、成员之间的互动水平更加显性，并且知识共享的效率也由这两个指标体现（杨斌，2012）。现今研究者大量运用社会网络分析方法对这两个指标进行描述，具体的分析指标如下。

一、社群的整体性

社群的整体性主要是通过密度进行测量。密度是从整个网络的角度对成员之间的关系程度进行测量。密度越高，社群成员关系越密切，成员知识共享的程度越高。密度的计算公式是：网络中实际存在的连线数与网络中最大可能连线数之比。因此，密度与网络规模即节点个数呈负相关，社会网络规模越大，密度越低。为了比较不同网络规模的密度，可以用平均点度衡量整个社群的凝聚性。平均点度是所有节点的点度的算术平均值。在不同的网络规模中，平均点度越高，意味着社群成员知识共享的程度越高（de Nooy et al.，2018）。

二、社群的凝聚力

社群是指在既定目标和规范的约束之下，彼此互动、协同活动的一群社会行动者。

在虚拟社区中，社群要求它的所有成员进行互动，即知识共享。社群的凝聚力主要通过凝聚子群进行描述。学者认为：通过虚拟社区的凝聚子群分析，能够反映虚拟社区成员的社群知识共享状况（杨斌，2012）。Tan（2006）认为分析社群的凝聚子群有助于了解其成员个体所处的知识水平，以及成员拥有的知识兴趣和学习目标。Chiu 等（2006）曾明确指出社群凝聚力是影响虚拟社区知识建构和共享的重要因素之一。

凝聚子群至今还没有统一的定义。Wasserman 和 Faust（1994）认为凝聚子群是满足如下条件的一个行动者之和，即在此集合中的行动者之间具有相对较强的、直接的、经常的或者积极的联系。凝聚子群的探测方法有多种，主要可以从以下四个方面探讨：①建立在互惠关系上的凝聚子群，即派系；②建立在成员可达性基础上的凝聚子群，即 n-派系和 n-宗派；③建立在点度数上的凝聚子群，即 K-丛和 K-核；④建立在子群内外关系基础上的凝聚子群（刘军，2009）。

本章针对凝聚子群的分析方法是：首先进行成分分析，了解整体网络可以分为几个连通子群。然后进行派系分析，探测社区中的小团体；如果前两步失败，则进行块模型分析，通过块模型分析，发现整体网络的所有凝聚子群、各凝聚子群自身凝聚性的强弱，以及不同凝聚子群之间的连接程度。最后进行 K-核分析，探讨高密度知识共享的凝聚子群的交互特征（武慧娟，2014）。

三、成员的参与程度

成员的参与程度是衡量虚拟社区成员知识共享的一个基本指标。如果没有成员在社群讨论中积极发帖和回帖，那么也不存在知识共享。成员的参与度可以运用社会网络分析方法中的点度进行描述。在有向图中，点度分为点出度和点入度。在虚拟社区中，点出度是指社区成员发帖的次数，即成员共享知识的广度，点出度越高，意味着其共享知识的广度越大，所接受其知识的成员人数就越多。点入度是指该成员获得他人回复的次数，即该成员吸收知识的广度，点入度越高，意味着他从越多的成员处获取知识。Richardson（1986）发现，在虚拟网络中，某一成员与越多其他成员存在知识交流关系，其获取知识的能力越强。在虚拟社区中，每位成员所拥有的知识不尽相同，如果排除冗余交互，与越多的成员进行知识交流，越有机会得到新的知识甚至产生知识变异，进行知识创新。

在社群图中，成员与成员的连接即边，表示成员之间的关系和行为。连接强度可以清晰地描述两位成员联系的次数，即两位成员进行知识交互的频率。连接强度大，即强连接，表示两位成员知识共享的次数越多。强连接能够提高成员之间的信任感，但是，弱连接同样重要。社会学家 Granovetter（1973）开创了弱连接理论，认为强连接网络由于同质性较强，可能难于提供有效信息；而弱连接，即那些疏远不经常的连接为非重复信息的交互提供了平台，有利于促进创新。

四、用户类型

在虚拟社区，有些用户非常活跃，大量发帖和回帖，积极互动，进行知识共享；部分用户非常谨慎，只对自己的帖子感兴趣，进行自我顶帖。由此可见，不同用户的知识共享行为及其影响行为相差很大，在虚拟社区中起的作用各不相同。因此，在进行社会网络分析时，有必要对虚拟社区中知识共享的主体——用户进行分类。

学者从不同维度对虚拟社区的用户行为分类进行了研究。在用户回复网络中，用户的发帖总数、发主帖数、获回帖数、精华帖数是典型的用户行为指标（彭小川和毛晓丹，2004）。毛波和尤雯雯（2006）依据用户的发帖数、回帖数、原发文章数、精华数四个指标，将用户分为领袖、呼应者、浏览者、共享者和学习者；邱均平和熊尊妍（2008）从社会网络分析角度，根据点出度、点入度和点中间度，将用户分为精英型、实力型和活跃型；de Valck 等（2009）根据用户的访问频率、访问持续时间、信息检索、信息提供和参与讨论维度，将用户分为核心成员、交谈者、信息搜索者、爱好者、功能主义者和机会主义者；Toral 等（2010）根据用户的点出度及中间中心度，将用户分为外围用户、正式成员和社区核心；徐小龙和黄丹（2010）根据用户的主帖量、点入度、点出度、交往规模、互动程度、帖子内容，将用户分为领袖者、回应者、社交者、咨询者、旁观者；谷斌等（2014）从知识共享中心度和用户价值两个维度，将用户分为核心用户、咨询者、信息获取者和边缘用户。

虚拟社区知识共享机制的分析流程如下：首先，在构建社区用户知识交互网络的基础上，生成可供社会网络分析的数据——邻接矩阵；其次，对社群的整体性、社群的凝聚力、用户的参与程度、用户类型进行分析；最后，总结分析虚拟社区用户的知识共享行为类型，具体分析流程如图 10-1 所示。

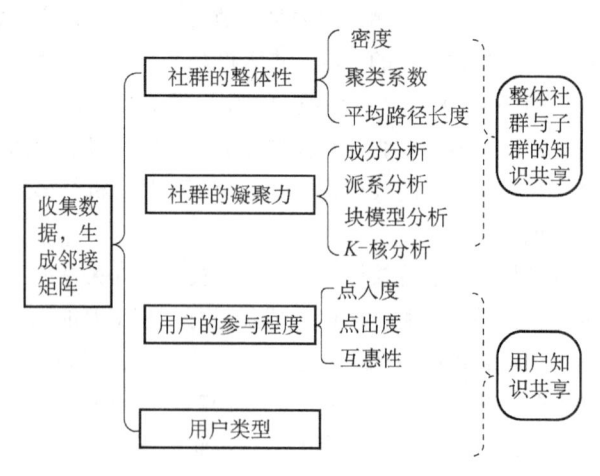

图 10-1 虚拟社区知识互动的分析流程图

第二节　知识互动网络分析

一、整体性分析

社区用户知识共享构成的关系网络是基于回复关系的多值矩阵，分析关系网络的整体性主要指标包括密度、聚类系数和平均路径长度。这些指标主要反映用户回复的网络规模，以及用户与用户之间的知识共享程度。

实证分析关系网络的数据是综合型虚拟社区某版块一个完整自然年的所有互动数据。UCINET 软件适合处理中小规模的网络，Pajek 软件可以处理上千万个节点的网络。由于该版块用户众多且活跃，为了提高数据处理效率，本章利用 Pajek 软件计算该版块的整体性指标。Pajek 软件和 UCINET 软件数据处理的格式不一致，首先要利用 UCINET 软件的数据格式转换功能将可供 UCINET 软件识别的 DL 格式的数据转换为可供 Pajek 软件识别的 net 数据。分析网络的整体性主要是关注网络整体互动和知识共享的情况，而不太关心用户之间知识的流向即帖子的响应方向，因此要对已经编码的二值有向关系数据进行对称化处理，主要通过 UCINET 软件转换（Transform）菜单下的对称（Symmtrize）功能实现。知识共享整体性的实证分析数据是二值无向关系数据。

（1）密度

密度是网络中各节点间关系的紧密程度，是在网络中实际存在的线与可能数量的线的比值。密度是用来表示行动者的关系是否紧密，用来测量社会网络中行动者之间的联结程度。密度值在 0~1 时，值越接近 1，说明网络节点间彼此关系越紧密。例如，版块的网络密度为 0.0014，标准差为 0.0372，说明该版块的网络密度值比较低，内部成员交流稀疏，互动不密切，知识共享的程度较低。

（2）聚类系数

聚类系数分为全局聚类系数和局部聚类系数，它们反映网络中局部或者全局的聚类效应，描述了网络中节点与节点的密切程度，体现了网络的凝聚力。从图论的角度来说，网络的平均聚类系数是指在网络中与同一个节点相连的两节点之间也相互连接的平均概率。

1）全局聚类系数：是指根据局部密度计算出的整个网络的全局聚类系数，等于网络中各节点的个体网络密度系数的均值，结果显示该版块的全局聚类系数 C 为 0.146，与相同节点和相同平均度值的随机网络的聚类系数相比，该版块具有明显的集聚效应，版块内部的用户之间相互回复较为频繁（杨嵘等，2005）。

2）局部聚类系数：该版块的局部聚类系数为 0.043。其中，有 1327 位用户的局部聚类系数不存在，即他们的度数为 1，也就是说他们只与 1 位用户进行过互动，占整个网络的 58%；有 591 位用户的聚类系数为最小值 0，与其互动过的所有其他用户之间并未发生任何互动，占整个网络的 26%；有 58 位用户的局部聚类系数为最大值 1，说明网络中存在少量（约占整个网络的 2.5%）"三角"完备互动关系。这说明该版块的互动较为稀疏，虚拟社区用户互动知识网络是稀疏的网络。

（3）平均路径长度 L

该指标要求行动者之间是关联的，是连接任何两个点之间的最短路径的平均长度。平均路径长度测量的是成员之间进行知识互动的速度，衡量了用户之间建立联系所需要付出的代价，由表 10-1 可知，版块用户间平均距离并不大。版块的平均路径长度 L 为 4.759，说明在该版块中，任意两位用户建立联系平均需要经过 4~5 位用户。"六度分割"理论（Milgram, 1967）表示最多通过六个中间人你就能够认识任何一个陌生人，若用一个网络抽象人的社会关系，则该网络的平均路径长度为 6。该版块的计算结果与"六度分割"理论比较吻合，说明在虚拟社区中用户获取知识的途径比较便捷，用户之间具有良好的知识交流渠道，信息传递的通道较畅通，覆盖面较广。

表 10-1 特征路径计算结果

最短路径长度	频次	比例
2	234 890	0.052
4	1 084 734	0.242
5	1 270 674	0.284
6	773 892	0.173
8	141 946	0.032
9	25 088	0.006
平均路径长度 = 4.759		

（4）虚拟社区的小世界特性

小世界网络是指既有像随机网络一样的平均路径长度，又有像规则网络一样大的网络系数的网络。小世界网络是巨大而稀疏，但又高度聚类的网络，既具有较短的平均距离又具有较高的聚类系数。因此，需要计算相同规模大小的随机网络的平均路径长度 L_{rand} 和聚类系数 C_{rand}。相同规模是指具有相同的节点数和相同的平均度值，即相同的边数。利用 Pajek 软件，首先创建具有相同节点数和平均度值的随机网络；其次，计算随机网络的特征参数。互动关系网络和随机网络的特征参数汇总比较如表 10-2 所示。

表 10-2　互动关系网络和随机网络的特征参数汇总比较

版块	用户总数 N（人）	密度	平均度值 <k>	聚类系数 C	平均路径长度 L
实际网络	2 277	0.001 4	6.342	0.146	4.759
随机网络	2 277	0.001 4	6.342	0.002 434	6.709 49

通过分析可以看出，抽样版块总共有 2277 个用户，聚类系数为 0.146，平均路径长度为 4.759，密度为 0.0014，平均度值为 6.342。该版块知识共享的互动网络是一个松散的网络，社区成员活动较少，黏性低。但是该版块用户回复网络的聚类系数 C 比同等规模的随机网络聚类系数 C_{rand} 大得多，版块用户回复网络的平均路径长度 L 比同等规模的随机网络的平均路径长度 L_{rand} 要小。所以，该版块的用户互动关系网络具有复杂网络的小世界特性，验证了综合虚拟社区知识共享网络具有小世界特性。

二、凝聚力分析

本小节将对互动关系网络是否存在凝聚子群进行探测性分析，分析步骤如下：首先，对版块进行成分分析；其次，进行派系分析，若派系分析结果不理想，则进行块模型分析，探讨虚拟社区整体的网络结构；最后，进行 K-核分析，分析高密度知识共享用户的知识共享情况。

（1）成分分析

成分（component）是网络中最大的关联子图，即一个成分中，所有节点都可以通过一条线或者多条线相互连接，但是与成分外的点无关联。从用户知识共享的角度看，成分就是一个交流的团体，其中每个用户都可以直接或间接地相互交流，成分的规模标志着该团体成员交往的机会和限制，也反映了整个交流网络的资源流动（葛彦菲，2012）。在有向图中，成分可以分为强成分和弱成分，如果在一个成分中，任何两点之间都存在严格双向的途径，这样的成分就叫作强成分，如果忽略关系的方向，得到的成分就是弱成分。对于虚拟社区用户而言，不论知识的流向如何，用户之间都进行了知识的共享，因此，弱成分分析更能反映用户交流的情况。

NetDraw 和 UICNET 分析的节点数据是中等规模的网络，而该版块的节点数是 2277 个，节点数目过多，因此采用能够快速分析上百万个节点的社会网络分析软件——Pajek。利用 Pajek 软件进行成分分析，发现该版块的整体网络被分为 1 个大的连通子群和 65 个小的连通子群，如图 10-2 所示。最大的成分包含 2116 个用户数，在 65 个小成分中，有 2 个成分包含 1 个孤立的用户，有 45 个成分包含 2 个用户，有 13 个成分包含 3 个用户，有 3 个成分包含 4 个用户，分别有 1 个成分包含 7 个用户和 11 个用户，如表 10-3 所示。

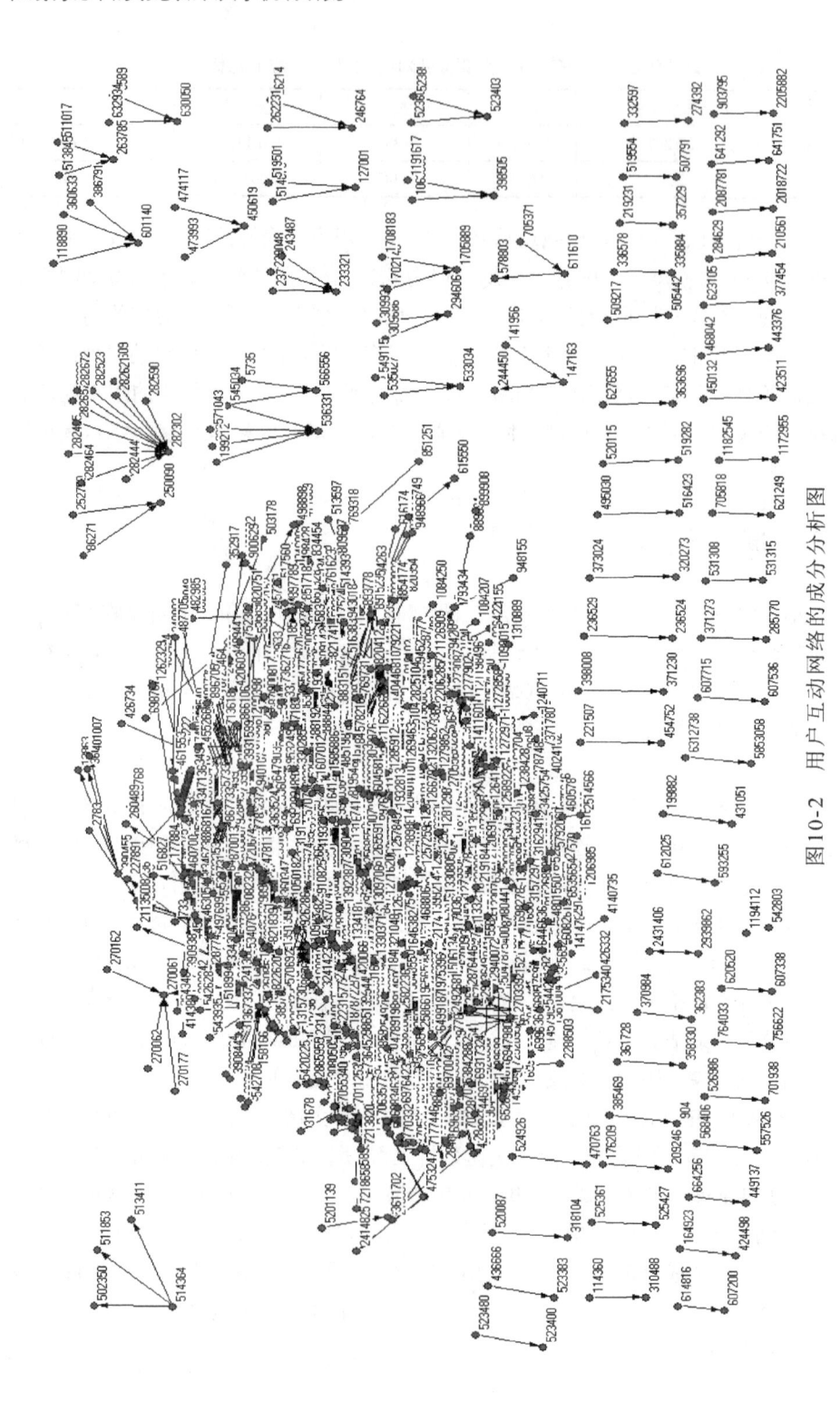

图10-2 用户互动网络的成分分析图

表 10-3　该版块用户互动网络的成分分析结果　　（单位：个）

成分所含节点数	1	2	3	4	7	11	2116
成分个数	2	58	3	3	1	1	1

结合用户在该版块互动的实际情况，根据成分分析结果，可以进一步探讨用户的知识共享行为。在图10-2左上角，id为514364的用户，发布的很可能是广告性质的帖子，箭头方向是从该用户指向其他用户，说明该用户向其他用户发布信息，但是没有得到他人的回应。在图10-2右上部，分散了数个小的连通子群，大部分的互动模式都是几个用户共同指向发帖人，这是以发帖人为核心的单向互动模式。以id为282302的用户为例，该用户发布了一个帖子——征集驴友去大巴山，并分享了与大巴山旅游相关的信息，有10个用户对此感兴趣，对此帖进行回复和咨询，但是楼主在发布帖子后，就脱离了对此帖的维护。id为601140的用户，发布了对千岛湖旅游的咨询帖，获得了其他用户的有效反馈，但查阅用户的登录记录发现，该用户在发布咨询帖后，就再未登录过发帖论坛。可见，部分用户参与社区的目的是满足其功能性需求，当需求得到满足，社区参与行为即结束。图中有两个孤立的点1194112、542803，这两个用户发布帖子的主题和版块的主题存在严重偏离。例如，id为1194112用户的帖子是"写游记，赢IPAD的活动"的活动帖，id为542803用户的帖子是对深圳小梅沙海洋世界进行科普，这两位用户的帖子主题偏离了结伴同游的主题，因此没有得到任何回应。同时，这两个用户在版块也没有参与任何互动与共享，因此成为版块中的孤立节点。

（2）派系分析

在一个无向图中，派系指至少包含三个点的最大完备子图。在该子图中，至少包含三个点，并且其中任意两点之间都存在一条直接相连的线；该派系不能被其他任何派系所包含，也不能向其中加入新的点，否则将改变完备的性质。而在有向图中，只有当两点之间的关系是双向时，派系才有可能存在，若两点之间只存在单向关系，就不可能产生派系。根据关系强弱的不同，将有向图中区分出来的派系叫作强派系（strong cliques），将从无向图中分析得到的派系叫作弱派系（weak cliques）。本章进行弱派系分析，即分析二值无向矩阵。

利用 UCINET 软件对两个版块的互动关系网络进行派系分析，沿着 Network→Subgroups→Cliques 路径找到网络中的派系，派系分析的结果如表10-4所示。

表 10-4　用户互动网络的派系分析结果　　（单位：个）

包含的节点个数	3	4
派系个数	390	30

通过派系分析，在用户互动网络中得到了390个包含3个节点的最大派系，30个包含4个节点的最大派系。这些派系相互重叠，共享部分重叠的成员，说明在该版块中，部分同时隶属于多个派系的成员扮演着"桥"的角色（刘军，2009）。

(3) 块模型分析

在社会分析过程中,可以根据"结构对等性"对行动者进行聚类分析。块模型是常用的方法,它主要关注网络的整体结构。一个块模型由两项组成:①把一个网络中的各个行动者按照一定标准分为结构离散的子群,这些子群称为"位置"或者"聚类";②考虑每个位置之间是否存在关系。每个块就是邻接矩阵的一部分,是一个整体中的子群体。邻接矩阵的各项都称为"块",每个块实际上对应的是初始矩阵的一个子矩阵,如果某块为1,称之为1-块,如果为0,称之为0-块。

一个块模型就是对关系网络的一种简化表示,它代表的是该网络的总体结构。块模型的构建主要涉及两步:第一步是对行动者进行分区,常见的方法是迭代相关收敛(CONvergence of iterated CORrelations,CONCOR)和层次聚类法,本章使用CONCOR分区;第二步是根据一定的标准确定各块是1-块,还是0-块。本章采用的标准是α-密度指标法,α为整个网络的密度平均值。

因此,对该版块进行块模型分析的步骤是:先计算关系网络存在多少个不重叠的子群,然后给出每个子群位置之间的密度表和像矩阵,从而通过简化社群图清楚地看出关系网络的关系结构。

用户互动关系网络被划分为8个子群,各子群的密度比较小,如表10-5所示的从左上到右下的相应位置对角线的值。而矩阵中的其他值表示行和列对应块之间的用户互动的关系。以关系网络的整体密度0.0007作为临界值,大于0.0007转化为1,否则转化为0,将该块密度矩阵转化为对应的像矩阵,如表10-6所示,对应的社群图如图10-3所示。

表10-5 用户互动网络的块密度矩阵

项目	1	2	3	4	5	6	7	8
1	0.003	0	0	0	0	0.001	0.001	0
2	0	0.001	0	0	0.002	0.004	0.002	0.006
3	0	0	0.01	0.006	0	0	0	0
4	0	0	0.001	0.011	0	0	0	0
5	0	0	0	0	0	0	0	0.001
6	0	0	0	0	0	0.001	0	0.001
7	0	0	0	0	0.001	0	0.001	0.001
8	0	0.001	0	0	0.001	0.003	0.001	0.003

表10-6 用户互动网络的像矩阵

项目	1	2	3	4	5	6	7	8
1	1	0	0	0	0	1	1	0
2	0	1	0	0	1	1	1	1
3	0	0	1	1	0	0	0	0
4	0	0	1	1	0	0	0	0

续表

项目	1	2	3	4	5	6	7	8
5	0	0	0	0	0	0	0	1
6	0	0	0	0	0	1	0	1
7	0	0	0	0	1	0	1	1
8	0	1	0	0	1	1	1	1

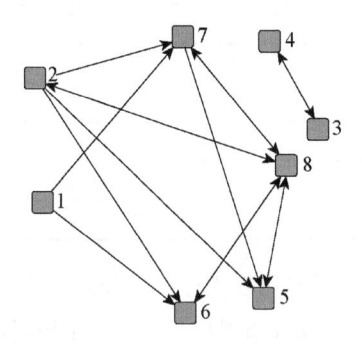

图 10-3 用户互动网络的像矩阵图

根据 Burt 对位置的分类研究，首先从关系的方向上将位置分为两类：一类位置的成员接受关系；另一类位置的成员发送关系。随后从内部关系紧密度上区分两类位置：一类位置的成员与自身所在位置的成员之间建立的关系数占该位置总关系数的一半以下；另一类位置的成员与自身所在位置的成员之间建立的关系数量占该位置总关系数的一半以上。

根据表 10-6 的像矩阵，用户互动网络分成了 8 个子群，子群 3 和子群 4 互动紧密，独立于其他子群之外。其余子群之间，互动频繁，关系紧密。子群 1 和子群 2 处于知识的发送者位置，子群 5 和子群 6 主要处于知识的接受者位置，子群 7 和子群 8 同时既处于知识的接受者位置，也处于知识的发送者位置。由此可见，互动关系网络的结构中，子群内部互动较为紧密，具有一定的集中趋势。

（4）*K*-核分析

K-核是研究复杂网络层次结构非常有效的方法，从中可以发现具有凝聚性的子群，它是一种以度数为基础的测量标准，对成分结构的研究可以运用最小度标准，以便区分高、低凝聚力的领域。对一个图的 *K*-核结构分析是对密度测量的一个重要补充，一个 *K*-核是一个最大的子图，其中每个节点都至少与其他 *K* 个节点连接，且每个节点的度数至少为 *K*。*K*-核分析是一层层地分析网络结构，从外向内延伸的扩展式分析。节点的度数与核数有一定的相关性，但并不是绝对的。一般来说，度数越大的节点，所在子群的核数也越大（武慧娟，2014）。

K-核的分解是通过递归的方法逐渐移去网络中所有度值小于或等于 *K* 的节点，通过 *K*-核的分解，能够描述网络的结构特性，揭示网络层次结构。对于 *K*-核分析，分

析的是用户节点的度数,即点入度和点出度之和。用户互动网络的 K-核分析结果如表 10-7 所示。

表 10-7 用户互动网络的 K-核分析结果

聚类	节点数(个)	节点所占比例(%)
1	1332	58.4980
2	479	21.0365
3	188	8.2565
4	112	4.9188
5	71	3.1181
6	41	1.8006
7	54	2.3715

由表 10-7 可知,2277 个用户可以进行 7 种分区,其度数分别为 1~7,其中,核数为 1 的用户包含 1332 个,7-核说明用户至少和 7 个用户进行互动,是凝聚力最强的子群,包含 54 个用户,这 54 个用户是该版块发帖和回帖频次较多的用户。从知识共享的频次来说,是该版块活跃的用户,因此有必要分析 7-核子群用户具体的互动情况。

7-核子群的密度是 0.0929,这是基于二值有向矩阵计算的结果。该密度值较低,说明即使在该版块的高密度知识共享用户中,用户之间的互动仍然不活跃。对于 7-核子群的用户进行核心-边缘分析,模型最终的拟合指数(final fitness)为 0.211,该值越接近 1,拟合越好,7-核子群的核心-边缘结构不太明显。核心用户包含 21 个,边缘用户包含 33 个,具体如表 10-8 所示。图 10-4 是该版块 54 个高密度用户 36-核节点可视化社群图,方形节点代表核心用户,圆形节点代表边缘用户。节点的大小代表节点度值的大小,线的粗细代表节点间互动的频次。方形的核心用户位于图中间,且节点数较大,核心用户之间互动较为密切,核心用户间的互动密度为 0.188,圆形的外围用户间的互动密度为 0.053,可见,核心用户是该版块中知识交流与共享互动较高的群体,而外围用户间的互动密度低,他们主要和核心用户进行互动。核心用户和外围用户的互动社群图,如图 10-5 和图 10-6 所示。

表 10-8 7-核子群的核心-边缘分析

用户类型	用户编号
核心用户	833297 958158 529581 75455 722301 989593 1729179 1959278 2061414 1886409 165679 1324138 1651682 165700 1033117 289115 1240379 1268412 1249721 1243890 1382916
边缘用户	516885 1476200 1489826 1605496 1277193 1461882 1690197 1414274 1299103 327173 397646 429321 1281987 815126 535943 1087852 1249996 1255095 1262914 1268431 546648 889462 1253921 1063216 957312 1522505 1318125 1438384 1631441 1257845 1271620 1304360 1400375

注:初始拟合指数为 0.136;最终拟合指数为 0.211

第十章 综合型虚拟社区的知识互动网络分析

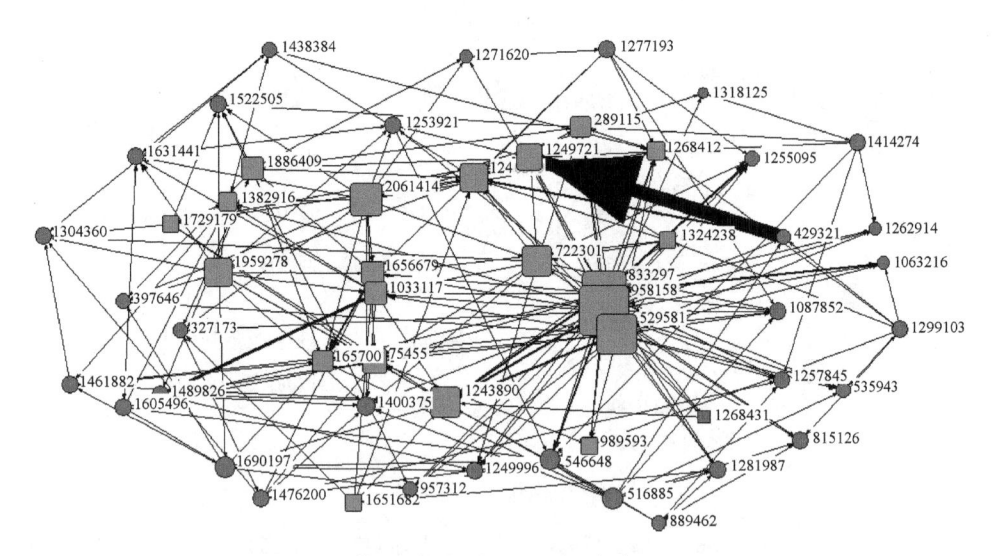

图 10-4 7-核子群的用户互动图（密度：0.0929）

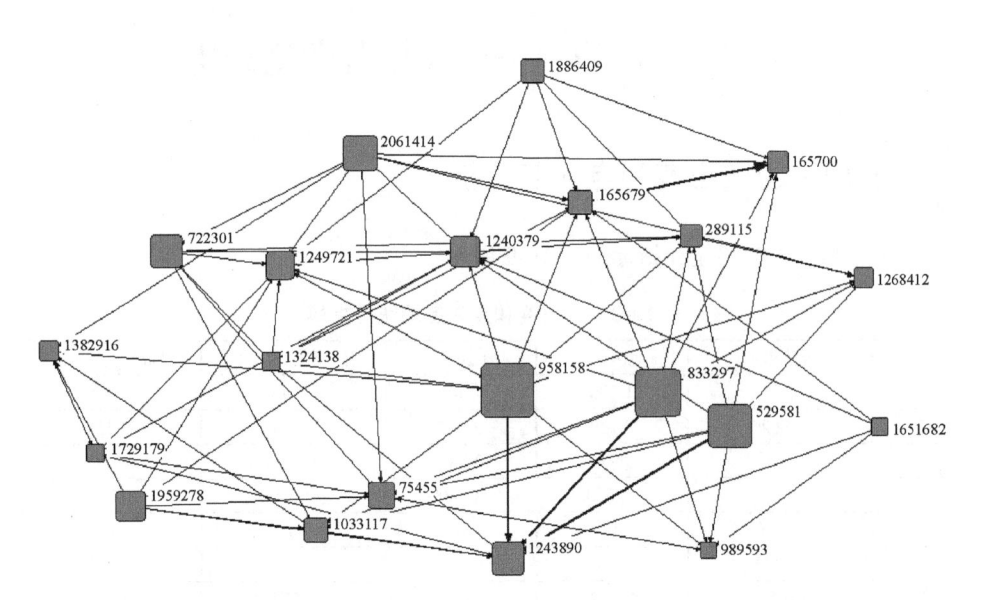

图 10-5 7-核子群的核心用户互动图（密度：0.188）

159

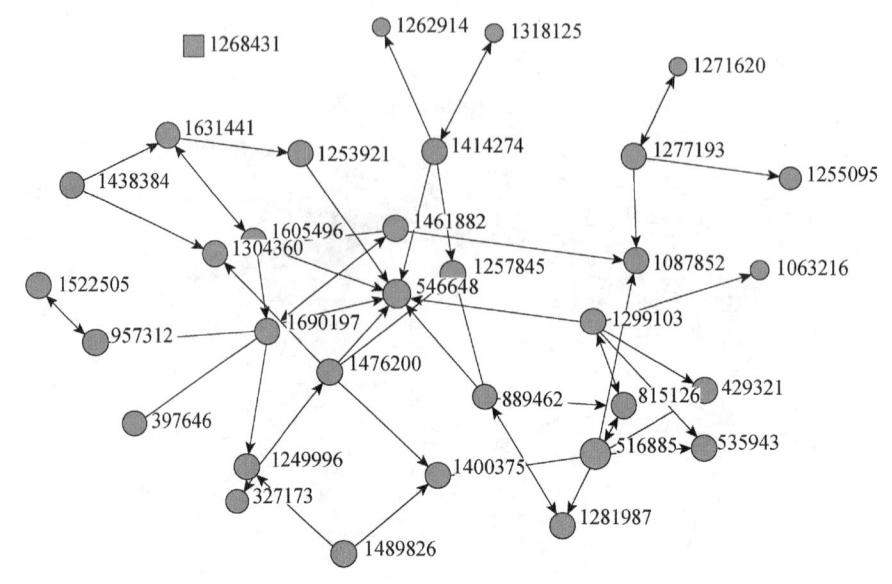

图 10-6　7-核子群的边缘用户互动图（密度：0.053）

第三节　互动行为与参与者类型分析

一、用户的点出度和点入度分析

点出度和点入度的统计指标如表 10-9 所示。

表 10-9　点出度和点入度的统计指标

序号	统计指标	点出度	点入度	标准化点出度	标准化点入度
1	均值	1.706	1.706	0.075	0.075
2	标准差	8.749	5.717	0.384	0.251
3	合计	3 884	3 884	170.65	170.65
4	方差	76.553	32.688	0.148	0.063
5	最小值	0	0	0	0
6	最大值	289	148	12.698	6.503
7	节点个数	2 277	2 277	2 277	2 277

网络中心势（点出度）= 12.634%
网络中心势（点入度）= 6.433%

由表 10-9 可知：用户互动网络的入度中心势为 6.433%，出度中心势为 12.634%，远高于入度中心势，说明用户对帖子回复的差异性要大于用户接受其他用户回复的差异性，即对帖子的回复可能集中在部分社区用户身上，其他社区用户较少回复他人的帖子。可见该版块比较依赖部分核心用户提供社区的公共知识（雷静，2012）。

（1）点出度的统计分析

点出度代表用户知识共享的程度，反映了用户的活跃度。结合表 10-10 可知，在该版块中，点出度为 0 的用户占比为 27.6%，即有 27.6%的用户从未回复过帖子，48.7%的用户只对 1 名社区用户进行回复。由此可见，在综合型虚拟社区中，大部分用户参与知识共享的频率较低，程度较低。查看帖子的内容，发现参与一次互动的用户，互动的内容主要是用户阅读主题帖后，表达的感受如感谢和支持楼主。点出度大于 2 的用户占比为 11.6%，这些用户知识共享程度较高，比较活跃。点出度比较高的用户，版块管理员占了一部分，从发帖内容可知，知识共享程度比较高的用户，在虚拟社区比较活跃，不仅在抽样版块发帖活跃，在其他版块也有大量的信息共享，这些用户的兴趣广泛，且乐于回复，用文字表达自己的感受，同时，愿意根据自身的经验，回答其他用户在版块内的问题。

表 10-10　点出度分布

点出度	频率	百分比（%）	累积百分比（%）	点出度	频率	百分比（%）	累积百分比（%）
0	628	27.6	27.6	15	4	0.2	99.3
1	1109	48.7	76.3	17	1	0.0	99.4
2	277	12.2	88.4	19	1	0.0	99.4
3	108	4.7	93.2	20	1	0.0	99.5
4	49	2.2	95.3	22	1	0.0	99.5
5	27	1.2	96.5	24	1	0.0	99.6
6	14	0.6	97.1	26	1	0.0	99.6
7	11	0.5	97.6	28	1	0.0	99.6
8	7	0.3	97.9	32	1	0.0	99.7
9	9	0.4	98.3	33	2	0.1	99.8
10	6	0.3	98.6	44	1	0.0	99.8
11	4	0.2	98.8	45	1	0.0	99.9
12	3	0.1	98.9	93	1	0.0	99.9
13	1	0.0	98.9	260	1	0.0	100.0
14	5	0.2	99.2	289	1	0.0	100.0

注：因四舍五入导致累计百分比数据略有出入

总的来说，虚拟社区用户回帖具有较大的差异性，核心成员与其他成员有着广泛的联系，对社区的发展起决定作用，而其他成员之间互动联系少，社区在一定程度上依赖核心成员的积极共享。

（2）点入度的统计分析

点入度代表用户知识共享的影响程度，即共享的知识受其他用户关注和反馈的程度。总体而言，和点出度相比，社区用户的点入度分布相对比较均衡，这主要是因为点入度为 0 的用户远多于点出度为 0 的用户。由表 10-11 可知，点入度为 0 的用户占比为 54.5%，说明一半以上的用户在该版块没有得到其他用户的关注；点入度为 1 的用户占比为 22.2%；点入度大于 2 的用户占比为 15.2%，说明大部分用户在社区的发帖是沉帖，得到的反馈较少。

表 10-11 点入度分布

点入度	频率	百分比（%）	累积百分比（%）	点入度	频率	百分比（%）	累积百分比（%）
0	1242	54.5	54.5	21	2	0.1	98.9
1	506	22.2	76.8	22	1	0.0	99.0
2	182	8.0	84.8	23	1	0.0	99.0
3	76	3.3	88.1	24	1	0.0	99.1
4	78	3.4	91.5	25	3	0.1	99.2
5	43	1.9	93.4	27	2	0.1	99.3
6	24	1.1	94.5	28	2	0.1	99.4
7	16	0.7	95.2	29	1	0.0	99.4
8	13	0.6	95.7	31	1	0.0	99.5
9	13	0.6	96.3	32	1	0.0	99.5
10	13	0.6	96.9	34	1	0.0	99.6
11	8	0.4	97.2	35	2	0.1	99.6
12	12	0.5	97.8	38	1	0.0	99.7
13	6	0.3	98.0	40	1	0.0	99.7
14	8	0.4	98.4	42	1	0.0	99.8
15	6	0.3	98.6	47	1	0.0	99.8
16	1	0.0	98.7	59	1	0.0	99.9
17	2	0.1	98.8	85	1	0.0	99.9
18	1	0.0	98.8	102	1	0.0	100.0
19	1	0.0	98.9	148	1	0.0	100.0

注：因四舍五入导致累计百分比数据略有出入

节点的度是指与该节点相邻接的边的条数，度分布 $P(k)$ 是指网络中任意一个节点度数为 k 的概率，不同的网络类型拥有不同的度分布，如随机网络的度分布为二项分布，当网络节点数比较大时，其度分布近似为泊松分布（Albert and Barabási，2002），无标度网络的度分布在双对数坐标下近似一条斜直线。度分布相同的情况下，其网络结构也可能不同，采用度-度相关性描述节点之间的连接关系（熊云艳，2016）。无标度特性实际是网络的度分布满足幂律分布，即大部分节点的度值比较小，小部分节点的度值很大。虚拟社区用户互动关系网络具有无标度特性，即用户的点度服从幂律分布。在抽样版块中，点入度的幂律分布模型拟合指数为 0.841，模型拟合较好，点入度的幂律指数 r 为 1.696（表 10-12）。点出度的幂律分布模型拟合指数为 0.700，模型拟合较好，点出度的幂律指数 r 为 1.403（表 10-13）。该版块点度的幂律分布模型拟合较好，说明虚拟社区具有无标度特性。相比于点入度的幂律指数 r，点出度的幂律指数较大，在幂律分布图（图 10-7 和图 10-8）中，点出度的尾巴更长，说明用户间知识共享的差异性较大，即用户点出度值域要大于点入度值域，也就是说虚拟社区的知识共享很大程度上依靠活跃用户。

表 10-12　点入度幂律分布模型汇总和参数估计值

方程	模型汇总				参数估计值	
	拟合指数	F 值	自由度	显著性	常数	系数
幂	0.841	200.846	38	0	595.435	−1.696

注：因变量为频率，自变量为点入度

表 10-13　点出度幂律分布模型汇总和参数估计值

方程	模型汇总				参数估计值	
	拟合指数	F 值	自由度	显著性	常数	系数
幂	0.700	65.436	28	0	241.635	−1.403

注：因变量为频率，自变量为点出度

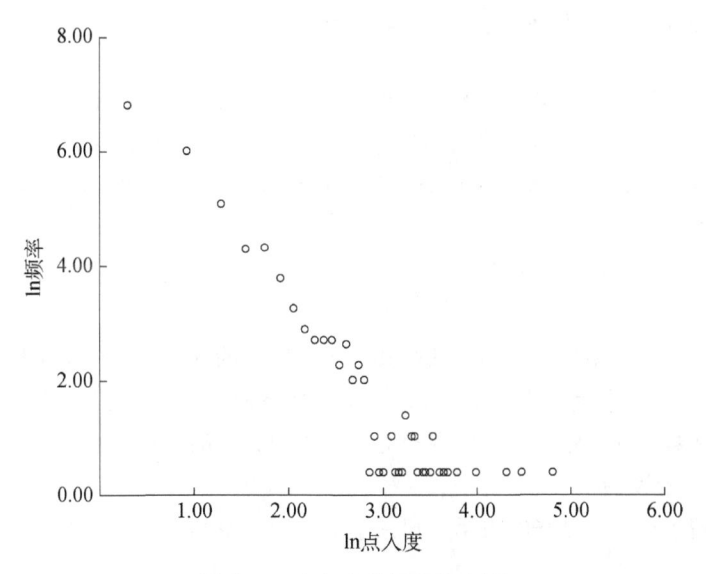

图 10-7　点入度的幂律分布图

（3）点入度和点出度的关系

对点入度和点出度进行相关系数检验，皮尔逊相关系数值为 0.794，且在 0.01 的水平上显著。由此说明，用户的点入度和点出度高度正相关，意味着积极共享知识的用户在共享知识后，能够得到其他用户的回复和反馈；社区用户获得的知识反馈（或者影响力）与其活跃回帖吸引了大量的关注者有关。

图10-8 点出度的幂律分布图

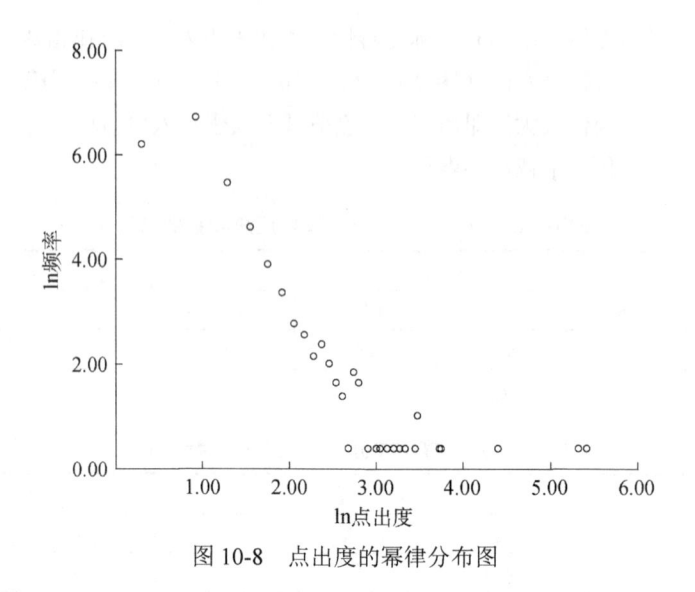

二、综合型虚拟社区用户类型分析

由综合型虚拟社区用户行为分类的文献综述可知，在虚拟社区中，用户的发帖总数、发主帖数、获回帖数、回帖数和发精华帖数是典型的用户行为指标（彭小川和毛晓丹，2004）。本章根据该虚拟社区的实际情况，采用如下指标作为分类的标准。

1）发主帖数，这是用户发表主题帖的个数，是用户主动交流，进行知识共享的体现。

2）获回帖数，用户发表帖子获得其他用户回帖的数量，体现了用户进行知识共享后，得到其他用户反馈的程度，显示了用户共享知识的影响力和关注度。

3）回帖数，回复帖子积极的用户对其他用户共享的知识表示关注，或者是乐于和其他用户进行交流。

4）发精华帖数，精华帖表示用户共享的知识质量高，内容丰富，有较高的阅读价值。

5）热帖值，热帖表示用户共享的知识得到其他用户的关注和反馈，是用户关注的焦点。

基于用户分类指标，利用K-均值聚类法进行聚类分析。将聚类结果分为三类时，聚类指标和聚类类别的线性拟合程度最高，而且Toral等（2010）根据用户的点出度及中间中心度，将用户分为外围用户、正式成员和社区核心三类。因此，本章将综合型虚拟社区用户聚类成三类，聚类结果如表10-14所示。

表 10-14 聚类结果均值及个数

聚类	发主帖数（次）	精度值	热值	获评论数（次）	回帖数（次）	个数（个）	类别
1	0.83	0.01	18.99	10.51	11.44	19 644	第三类
2	67.89	1.93	3 557.07	3 268.30	2 642.52	27	第二类
3	203.00	6.00	13 294.50	15 520.00	14 931.00	2	第一类
均值	0.94	0.02	25.20	16.55	16.57	19 673	

根据聚类后用户行为特征的均值，将虚拟社区的用户分为以下三类，每类成员在虚拟社区中扮演着不同的角色。

（1）领袖型用户

第一类为领袖型用户，人数最少，这些用户平均发帖次数多，质量高，对整个社区知识的形成及共享作用最大。由表 10-14 可知，领袖型用户发主帖数量多，主帖中被纳入精华帖的总数也最多，说明他们发布的主帖质量高，能够引起其他用户的关注和热烈讨论。领袖型用户除了乐于共享知识，分享相关的经验和心得外，还积极回复其他用户的帖子，帮助社区其他成员解决问题。因此，领袖型用户在虚拟社区中的作用显著，可以掌握整个版块的话题趋势，带动其他用户进行经验分享，虚拟社区对这类用户应该多加关注。

（2）核心用户

第二类为核心用户，占比较少。他们发表的主帖数量，虽然少于领袖型用户，但是远远高于用户发帖均值，发帖质量较高，主帖能够引起其他用户的关注；同时，核心用户也积极回复他人的帖子。核心用户是虚拟社区中最活跃的一个群体，他们积极发帖、回帖，一是为了赚取其他用户的关注，满足社交需要；二是为了赚取社区积分，积累社区成长值，享受社区提供的更多服务。核心用户是虚拟社区中最重要的群体，他们积极共享知识和反馈信息，支撑着整个社区的知识共享，对整个社区的互动和发展发挥着重要作用。

（3）普通用户

第三类为普通用户，占比最大。普通用户发主帖少，由表 10-14 可知，普通用户的人均主帖量不到 1，且较少回复他人的帖子，抽样版块的人均回帖量是 11.44，发帖质量不高，精帖和热帖少。但是普通用户的占比最大，他们根据自己的兴趣目标，搜寻浏览帖子，回帖积极性低，社区忠诚度低，是社区最容易流失的用户。

领袖型用户和核心用户是虚拟社区最重要的部分，和普通用户相比，他们的发帖量、回帖量、知识共享质量，以及得到的关注度均显著大于普通用户；且领袖型用户和核心用户在社区内人气高。在抽样版块中，领袖型用户和核心用户的人均好友数分别为 137 和 173，均显著多于普通用户的人均好友数 0.67（$F=2065.10$，$p=0.00$）。领袖型用户和核心用户对社区的忠诚度高，登录社区时间长，用户对社区的黏度大。领袖型用户和核心用户的人均在线时长分别为 214.5 小时和 76.52 小时，显著大于普通用户的人均在线时长 4.89 小时（$F=145.67$，$p=0.00$）。

三、综合型虚拟社区用户知识共享行为分类

（1）帖子的深度和广度测量指标

虚拟社区的知识共享通过用户发帖和回帖的互动行为实现，本小节在分析社区用户互动行为的基础上，对用户的互动行为进行分类。

虚拟社区中，共享知识的影响主要体现在帖子的深度和广度，不同深度和广度的帖子，用户互动的类型不一致。帖子的广度代表用户对主题的关注程度，测量指标主要是第一层用户数；帖子的深度代表用户对主帖的讨论深度，体现为用户间的多次互动，测量指标包括：帖子的层级、高层回帖数、高层用户数、楼主回帖数。帖子的深度和广度测量指标的具体说明如下。

帖子的广度指标（W）：本小节将第一层回帖的用户个数（不重复计数），用于描述帖子的广度。

帖子的深度指标（D）可具体描述如下。

1）帖子的层级（L）：在对帖子的讨论中，首次对帖子的回复是第一层，对第一层回帖的讨论是第二层，依次类推。层级越深，说明用户讨论越充分，知识互动和反馈得越深入。

2）高层回帖数（U_g）：本小节将两层以上的回帖数定义为高层回帖数，如果帖子的高层回帖数越大，说明用户对帖子的讨论越深入。

3）高层用户数（R_g）：指两层以上回帖用户的总数（不重复计数），高层用户数越多，说明深入讨论的用户数越多，帖子的讨论越激烈。

4）楼主回帖数（H）：指帖子的发帖人对回帖用户的回复，而不包括楼主对主帖的回复。楼主是发帖人，在用户互动中，占据最重要和最核心的位置，通过该指标，有利于了解帖子互动的核心。

根据帖子的深度指标和广度指标，本小节将虚拟社区帖子的互动行为分为以下四类。

1）无互动行为：即社区用户发表的帖子未获得任何评论，帖子的广度系数 $W=0$，深度系数 $D=0$。

2）单中心单向互动行为：帖子的发帖人处于互动的中心位置，回帖人围绕在发帖人周围，与发帖人进行单向互动，发帖人对回帖并不予以反馈。此时，$W>0$，帖子的深度系数 D 中 $L=1$，$U_g=0$ 且 $R_g=0$，或者帖子的总评论数等于总用户数。

3）单中心互动行为：帖子的发帖人处于互动的中心位置，回帖人围绕在发帖人周围，与发帖人进行单向或者双向的互动。此时，帖子的广度系数 $W>0$，帖子的深度系数 D 中 $L>1$，$U_g>0$ 且 $R_g>0$。

4）多中心互动行为：即帖子存在两个及以上的互动中心，其他用户的互动也围绕这两个中心。此时，帖子的广度系数 W 较小，帖子的深度系数 D 中 $L>1$，且 R_g 高层用户数多，用户高层互动非常活跃。

（2）用户的互动行为分类实证分析

本小节对用户的互动行为类型进行实证分析，实证分析的数据是该虚拟社区某一活跃版块的所有帖子，计算出每个帖子的广度系数 W 和深度系数 D，该版块中各种情况的帖子数量分布如表 10-15 所示。

表 10-15　基于帖子广度和深度的帖子数量分布

项目	深度系数	所占百分比（%）
$W=0$	516	22.78
$L=1$，$0<W<10$	1476	65.17
$L=1$，$W \geqslant 10$	31	1.37
$L>1$，$0<W<10$	222	9.80
$L>1$，$W \geqslant 10$	20	0.88
帖子总数（个）	2265	100

如表 10-15 所示，无任何互动的帖子占比为 22.78%，大部分帖子的回帖层级属于第一层次，占比为 65.17%，说明综合型虚拟社区中用户互动稀疏，帖子有传播的广度，但缺乏讨论的深度。

下面将结合帖子的实际互动情况，分析不同互动类型帖子的社群图。

第一，单中心单向互动行为。对帖子的广度系数和深度系数进行分析，帖子的层级 $L=1$，说明帖子不存在两层及以上的回复，发帖人未对用户的回帖进行反馈，说明该帖不值得进行深入探讨。或者，帖子的总用户数等于帖子的总评论数，说明每一个用户在该帖子中仅发过一次帖，发帖后对该帖就不再进行关注，且用户与用户之间不存在交流，帖子不能够引发用户的讨论。

图 10-9 是 id 为 372570 的帖子单中心单向互动模式，帖子的广度系数 $W=168$，但是帖子的层级为 $L=2$，帖子中用户的个数等于帖子的总评论数。说明用户评论该帖后，楼主未对用户的回帖进行反馈，用户也未关注此帖，用户与用户之间没有交流和互动。这种帖子只能够引起用户的关注，但是不能引起用户之间的讨论。

第二，单中心双向互动行为。单中心双向互动类型说明用户围绕在发帖人周围进行了多次交流。图 10-10 是 id 为 190014 的帖子单中心双向互动模式，该帖子的层级 $L=12$，高层回帖数 $U_g=138$，高层用户数 $R_g=12$。图 10-10 中，所有用户的箭头都指向 id 为 1514960 的楼主，双向箭头连线表示用户之间进行了双向互动，线越粗表示用户之间互动的次数越多。由图 10-10 可知，大部分用户都和楼主进行了双向互动，id 为 1530981 和 id 为 1613454 的用户分别和楼主（id 为 1514960）进行了深入交流。

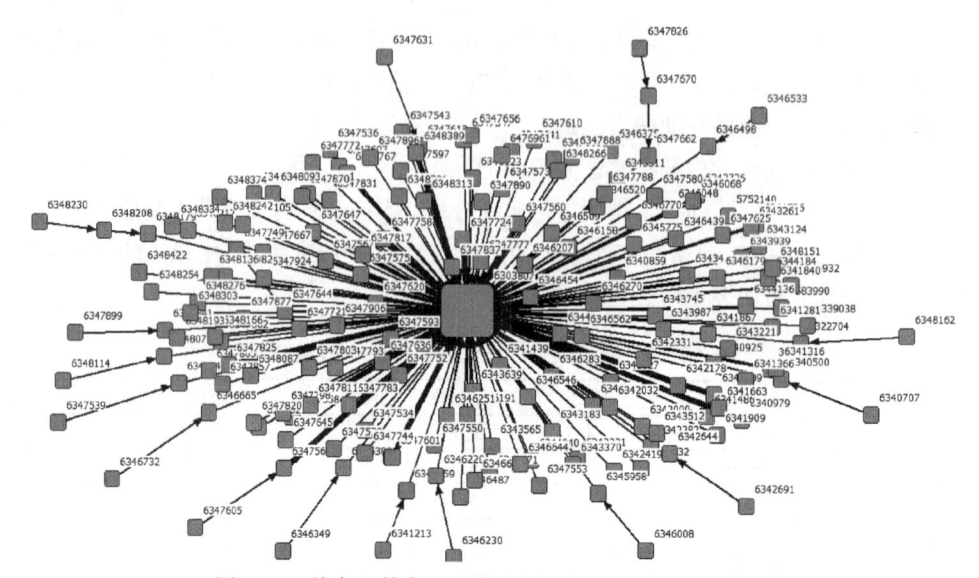

图 10-9　单中心单向互动模式图（帖子 id 为 372570）

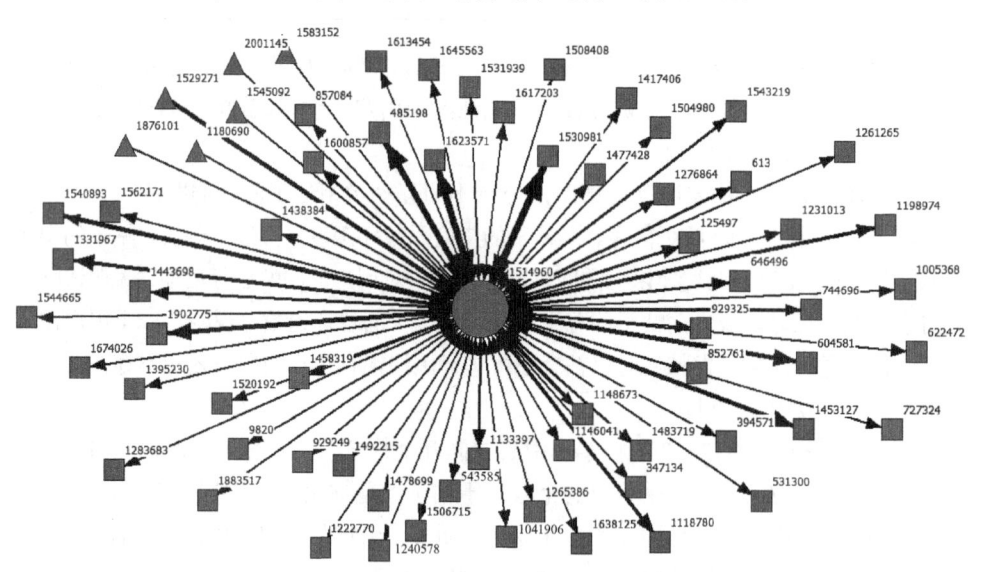

图 10-10　单中心双向互动模式图（帖子 id 为 190014）
圆形：楼主；正方形：该用户和楼主双向互动；三角形：该用户和楼主单向互动

第三，多中心互动行为。多中心互动说明用户除了以楼主为核心进行讨论，其他用户也是用户互动的对象。图 10-11 是 id 为 294847 的帖子多中心深度互动模式，该帖子的层级 $L=25$，高层回帖数 $U_g=667$，高层用户数 $R_g=43$，数值都较大，说明用户在高层进行了较深入的互动，由图 10-11 可知，id 为 2293011 的楼主仍然是整个互动的核心，同时，id 为 2413413 的用户，也与部分用户进行交流，成为次于楼主的另外一个核心。

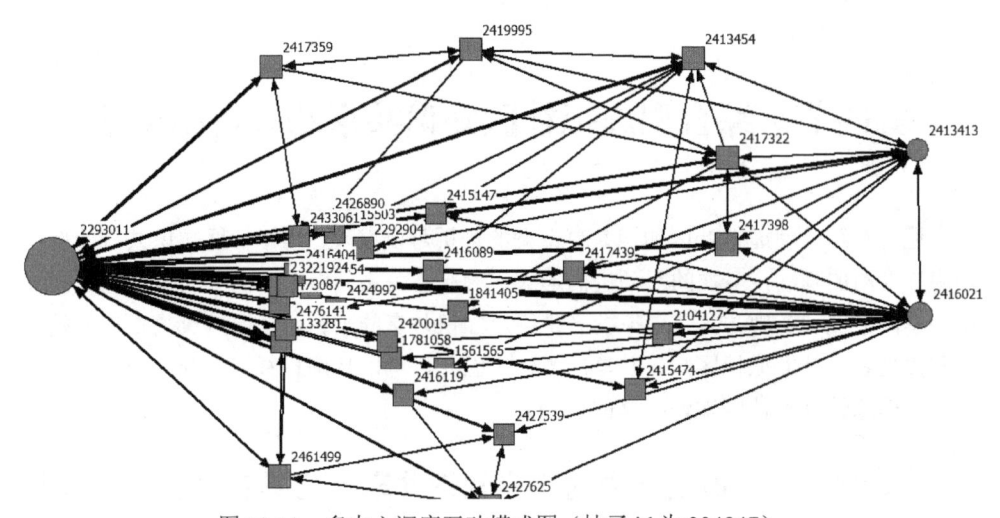

图 10-11　多中心深度互动模式图（帖子 id 为 294847）

圆形：表示和其他用户互动次数较多的用户，即互动中心；方形：普通用户

（3）虚拟社区用户知识互动行为总结

通过对虚拟社区知识交互的行为进行分析，本小节总结了虚拟社区知识互动行为。虚拟社区是知识共享的平台，用户知识交互的方式是以楼主为核心的用户之间发帖和回帖的互动交流，帖子和帖子之间通过共有用户的连接，实现知识在不同帖子和不同版块之间的流动。虚拟社区知识互动行为如图 10-12 所示。

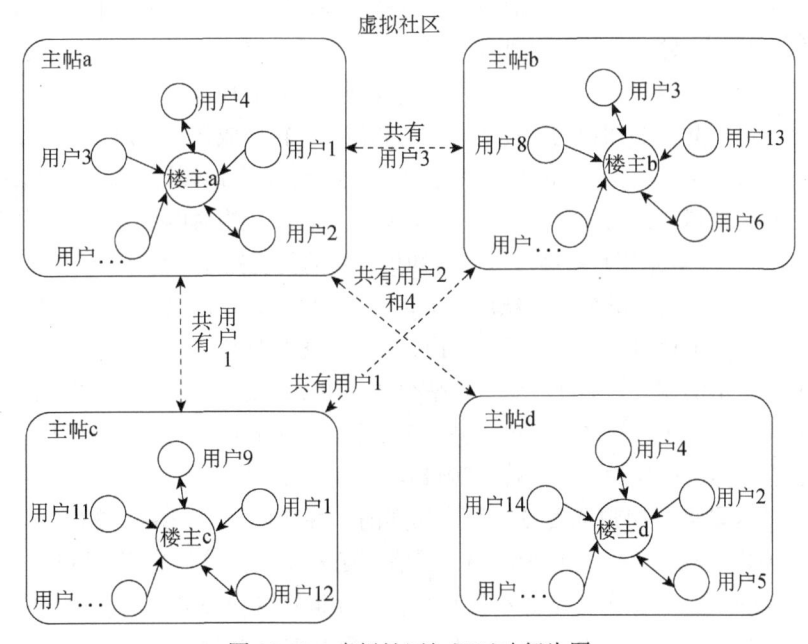

图 10-12　虚拟社区知识互动行为图

第四节 综合型虚拟社区知识共享动态机制小结

通过对综合型虚拟社区知识共享个案的分析可以发现，虚拟社区知识共享的核心是用户参与的互动，多次的互动进而形成一种社会关系。用户间的互动是虚拟社区知识共享的前提和实现方式，虚拟社区是用户知识共享的平台，社区成员是知识的发布者和接受者，是虚拟社区知识共享的主体。因此，可以从虚拟社区、社区用户、互动三个方面总结虚拟社区知识共享的机制。

一、综合型虚拟社区中的用户知识共享行为具有小世界特性和无标度特性

虚拟社区是由完善的信息技术、良好的社区规范、持续的社区收益和以发帖人为核心的互动方式而构成的有机系统。以本章研究的某旅游虚拟社区为例，第一，旅游虚拟社区是由旅游者或者潜在旅游者为主体构成的虚拟社区。社区用户共同拥有旅游这一兴趣，是用户参与该虚拟社区的根本原因。在虚拟社区中，用户的社区参与行为主要与旅游相关，主要包括旅游经验的分享、景区的推荐、信息的咨询、旅游伴侣的征集等。用户发帖和回帖始终与旅游这一主题有关，游离于主题之外的帖子几乎不存在。第二，网络信息技术是用户进行知识共享的技术保障。信息技术为用户搭建了在线沟通的平台，让用户能够以文字、图片、视频等形式实现互动交流。同时，信息技术能对社区成员共享的知识进行提炼、加工和储存，转换成便于用户阅读和反馈的知识。在该虚拟社区中，用户可以通过关键词、主题词、旅游地域等方式进行信息检索，提取其感兴趣的信息。为了提高用户体验，该虚拟社区多次对网页功能和结构进行更新。第三，社区规范是用户持续参与虚拟知识共享的制度保障。用户在虚拟社区发帖、回帖、互动，均要遵循虚拟社区规范。在此虚拟社区中，社区规范主要包括：①在虚拟环境中，社区用户自发形成平等、自由、包容的无形规范。②虚拟社区对社区用户行为有具体有形的规范，如社区法、发帖须知等。如果用户不遵守社区规范，发表与社区主题无关的帖子，社区将通过删帖、禁止发言等形式以示警戒。社区规范是虚拟社区健康有序运行的保障（余意峰，2012）。

虚拟社区是大量用户或者潜在用户构建的一种虚拟社会网络，这种以互动关系为连接的大规模社会网络是复杂网络，具有复杂网络的特性。虚拟社区用户互动形成的关系网络，具有复杂网络的小世界特性。虚拟社区用户规模大，用户知识共享的网络密度值较小，整体互动稀疏。但是，社区用户间的聚类系数较大，用户间平

均距离长度为 3~4 人，信息和知识能够在社区中得到快速流动和传播，知识的流动具有高效性。

综合型虚拟社区的开放性，使社区用户处于动态变化过程，每日参与社区活动的用户规模不一致。用户通过注册和注销等形式可以自由进入或者退出虚拟社区，这和教学型虚拟社区的封闭性和专业性明显不同。在综合型虚拟社区，每日活跃用户数和活跃帖子数都不一致，处于动态变化过程，但长期而言，这种动态变化中出现了周期性峰值。这主要是由旧用户的连续退出和新用户的不断加入造成的。当新用户数少于注销用户数时，社区的活跃用户数日趋减少，整个社区走向衰退；反之，社区的活跃用户数呈上升趋势，社区发展良好。因此，虚拟社区要关注用户的参与行为，增加用户对社区的黏度，才能够提高社区人气，让社区健康发展。

二、用户共享行为普遍存在惰性和个体差异性

综合型虚拟社区中的用户普遍存在惰性，个体差异大，用户的活跃度和影响力具有相关性，主要体现在以下方面。

（一）综合型虚拟社区用户根据兴趣浏览信息，共享行为存在惰性

大型虚拟社区中存在大量浏览数非常高，但评论数为 0 次或者非常小的帖子。这说明社区中的帖子拥有一定的传播范围，但是难以引起用户的反馈，这一方面与信息的内容和质量有关，另一方面也反映了用户主观上存在"惰性"，不愿意回帖。综合型虚拟社区是开放、自由的社区，用户间的交流模式并不是线下的一对一或者一对多模式，也不像教学型虚拟社区，具有明显的层级结构（如教师和学生）。在大多数综合型虚拟社区中，用户是匿名的，用户的发帖和回帖是高度自由的，线下社会网络中的社会规范对用户的约束力大大减弱。用户根据其需求和兴趣自由发帖和回帖，不会过多地考虑传统社区交流存在的"情感债"。

（二）社区用户间的共享行为具有较大差异性

用户参与虚拟社区知识共享主要是通过发帖和回帖进行互动，在社会网络分析中，点出度代表用户的发帖行为，点入度代表用户获得回帖即用户发帖获得关注。在综合型虚拟社区中，用户的点入度和点出度服从幂律分布，具有无标度特性。这说明，在这类虚拟社区中，用户间的共享行为差异性非常大。在我们的研究中，通过对用户的发帖行为指标和回帖行为指标进行聚类分析，将虚拟社区用户分为三类：不足 1% 的用户属于领袖型用户，2% 的用户为核心用户，约 98% 的用户均为普通用户。这和互联网社区的 1% 规则基本吻合，即 1% 的用户对网站积极地创造新内容，而其他 99% 的用户都是潜伏者。综合型虚拟社区用户的参与行为差异性大，且非常不均衡。

（三）社区成员的活跃度与影响力是虚拟社区知识共享的重要特征，二者具有相关性

在虚拟社区中，社区成员通过发帖和回帖进行知识共享与互动，用户的发帖数反映用户的活跃度，用点出度测量；用户所获的回帖数反映用户共享知识的影响力，用点入度测量。二者相关分析的结果显示：用户的点入度和点出度显著正相关，尤其在活跃版块，用户的点入度和点出度高度相关。这说明用户的影响力主要是靠用户的活跃度累积起来，虚拟社区的互动网络不具有异配性。异配性是指度大的节点喜欢和度小的节点连接在一起，即网络具有异配性（司夏萌和刘云，2011）。例如，文艺界用户的回帖少，但是影响力非常大，这主要是由帖子内容和用户特征决定的。在个案中，虚拟社区共享的帖子主要与旅游相关，帖子内容决定了帖子不可能像网络连载小说，或者爆炸性的消息具有吸引力，用户难以靠少量的发帖，获得大部分用户的关注。而虚拟社区的用户是爱好旅游的普通用户，用户之间地位平等，难以像文艺界用户拥有强大的号召力和粉丝群。因此，在综合型虚拟社区中，用户要获得大的影响力，积极发帖和回帖，同时积极参与虚拟社区活动，是一条较好的途径。

三、以发帖人为核心的浅层次交互

综合型虚拟社区的知识共享是以发帖人为核心的浅层次交互，核心用户凝聚力强，普通用户联系松散，互动的知识具有时效性。主要体现在以下方面。

（一）就互动形式而言，社区用户的互动主要是以发帖人为核心的单中心型互动

综合型虚拟社区用户知识交互的方式是以楼主为核心的用户之间发帖和回帖的互动交流，很少出现多中心型互动的模式。以个案为例，该虚拟社区的分享帖主要是对景区或者旅游经验的描述，容易引发用户赞美性的感叹和回复，难以像八卦类、情感类或新闻类的帖子具有趣味性、故事性和新奇性。用户间的互动主要以发帖人为核心，讨论帖子的相关内容，讨论话题难以转移，也难以出现发帖人以外的另一个互动中心。

（二）就互动层次而言，虚拟社区用户间的互动主要以浅层次的互动为主

就互动层次而言，综合型虚拟社区互动层次较浅。在个案中，互动层级为 0 或 1 的帖子占比为 56%，说明大部分帖子中用户间的互动不存在，或者仅互动过一次，互动层次非常浅。结合帖子内容分析，浅层次的互动内容主要是用户阅读帖子后的情感反馈，如"赞，顶，支持楼主，楼主辛苦了，景色真美啊"。综合型虚拟社区用户间的交互主要是以浅层次的情感交互为主。例如，在旅游虚拟社区中，帖子的内容主要

是对旅游产品或者旅游目的地的描述，对于没有目的地体验的用户，这种帖子能给用户以美感和享受，但难以形成情感上的高度共鸣，从而难以引发深入互动。

除了浅层次的互动外，用户间还存在深层次的情感交流，这种交流主要存在于好友用户之间。用户经历初期浅层次的互动后，发现双方拥有共同的兴趣爱好或审美观念，从而进行深层次的交流，互相添加为好友。此后，双方发的每篇帖子，都会互动进行回复和讨论。以该虚拟社区的两位用户为例，id 为 977725 和 id 为 519344 的两位用户互为好友，二者在虚拟社区互动次数总计为 3441 次。好友间的互动一般是深层次的情感交流，有利于增加用户对社区的黏度，提高用户的归属感。

（三）就互动双方而言，互动主要集中在核心用户与核心用户间，核心用户与普通用户间，核心用户凝聚力强，普通用户的互动松散

综合型虚拟社区用户的互动关系网络密度非常小，活跃版块的网络密度值为 0.0026，整体而言，用户间的互动网络较为松散。核心用户是指具有高密度知识共享的用户，他们是整个社区的核心人物，积极发帖和回帖，是社区互动的主力军。普通用户是发帖、回帖较少，知识共享密度低的用户，处于社区的边缘。对核心用户的互动情况进行分析，发现在活跃版块的核心用户之间联系紧密，凝聚力强。一旦删除核心用户的互动数据，则整个网络密度变得极低，可见普通用户间互动较少，且主要通过和核心用户进行互动，实现信息的交互。

（四）就互动内容而言，共享的知识具有时效性，其生命周期是负指数模型

在我们的个案中，该虚拟社区知识共享的半衰退期为 5.5 天，且生命周期模型为负指数模型。帖子在发布后，获得大量关注和回复，帖子所获评论数激增，帖子进入成长期，成长期过后，帖子获得评论数迅速减少，帖子立刻进入衰退期。虚拟社区中帖子的寿命与活跃程度呈显著正相关，即帖子的寿命长度和浏览数与查看数呈显著正相关。帖子获得浏览数和查看数越多，帖子的寿命越长。这和刘晓娟等（2014）在微博信息生命周期研究中发现的结论不一致。微博的寿命与其获得的评论数不相关，即微博的活跃度和生命周期没有对应关系，活跃程度只对微博生命周期产生一定的积极作用。这种区别主要是由虚拟社区用户群和微博用户群的异质性导致的。微博用户群存在大 V 用户，这些用户影响力和号召力非常大，当微博被大 V 评论或者转发后，微博的生命周期发生巨大变化。而虚拟社区几乎不存在大 V 用户，即使社群存在领袖型用户，受社区性质和用户知名度影响，用户对帖子的评论和转发，也难以对帖子的生命周期产生质的影响。因此，虚拟社区帖子的活跃度在一定程度上能反映帖子的寿命，帖子越活跃，其寿命越长，知识产生的价值越大。个案中虚拟社区活跃版块帖子的平均寿命为 30 天左右，帖子发布 30 天后，大部分帖子不再得到用户的关注，变成沉帖。

四、用户需求和收益，是用户参与虚拟社区活动，进行知识共享的前提和动力

综合型虚拟社区能够提供用户信息收集和交友等多种功能，满足彼此间的社交和受尊重的需要（于伟和张彦，2010）。虚拟社区通过满足用户的需要，让用户获得收益。用户的需求类型不同，用户的感知收益也不同。用户需求一般可以分为以下三种：①功能性需求是指为了完成某种具体活动而进行的社区参与，如信息搜寻，其中信息需求是功能需求的主要内容。②社会需求是指通过建立信任、形成联系、互动沟通等与其他成员形成社会关系。③心理需求是指社区归属感、社区认同感等，对应虚拟社区中的身份和角色（Wang et al., 2002）。对应用户不同的需求类型，用户的收益可以分为功能收益、社会收益和心理收益。其中，功能收益包括信息搜索和资讯获取等特定的现实功能诉求，社会收益包括互动、沟通、交友等，心理收益包括受尊重、个性展示和认可等。

（一）用户需求是吸引用户参与虚拟社区，进行知识共享的前提

用户的社区参与是为了满足其某种需求，获得特殊收益。当用户的需求为功能性需求如旅游信息搜索或者咨询等，这种需求会促使用户产生搜索浏览信息、发帖问询等社区参与行为，获得功能性收益。当用户的需求为社会需求如交友时，用户会积极回帖，和更多用户互动交流，期望获得社会收益。当用户的需求为心理需求如获得尊重、赞扬和认可时，用户积极发帖，分享旅游经验和攻略，以获得心理收益。用户需求不同，用户参与虚拟社区的方式也不同。但用户需求是用户参与虚拟社区，进行知识共享的前提。

（二）用户收益是用户持续参与虚拟社区，进行知识共享的动力

用户为了满足其需求，获得相关收益，进行社区参与。当用户的社区参与行为收到负反馈，未能获得相关受益时，用户会停止社区参与行为。例如，社区用户发帖，是一种隐性的知识共享，用户分享旅游攻略是自我展示，期望获得他人的认可和赞美，收获心理上的满足。但用户的帖子发布后，未收到其他用户的评论，或者收到负面评论如批评和指责时，用户将停止发帖分享经验，甚至退出社区活动。

当用户发帖共享知识得到其他用户的正反馈如赞美和奖励时，用户收获心理上的满足和愉悦，更加愿意和给予其正反馈的用户进行交流和互动。这种用户间互动，容易加深用户之间的好感度和亲密度，而亲密度的增大又提高了用户间互动频率。用户间的知识共享得到持续进行。例如，在抽样版块中，用户在浏览帖子后，一般会回帖感谢赞美发帖人。这种感谢和赞美的情感反馈是对发帖人共享行为的尊重和认可。因

此，大部分楼主即发帖人会对用户的回帖进行反馈，表达"谢谢支持"等。这种友好互动不仅有利于营造和谐的社区氛围，也提高了用户成为好友的概率。

五、启示与建议

针对以上结论，本书提出以下几点建议，以促进虚拟社区的知识共享状态，使知识能够在社区内更好的流动。

（一）积极克服用户"惰性"，鼓励用户积极发帖和回帖

虚拟社区作为用户信息分享和互动的平台，丰富的知识、热烈的讨论、及时的互动是社区发展的重要标志。但研究结果表明：主帖的浏览数和查看数相关，但是相关程度不高，帖子的浏览数一般较高，但是帖子的评论数较低，而且大量存在评论数为0次的帖子，说明用户会根据兴趣，随意点击帖子，浏览帖子，但用户回复具有惰性，不会在浏览知识后，对主帖进行即时的反馈。Romm等（1997）指出人们加入虚拟社区受四个因素的影响，分别为技术、动机、任务与系统因素。因此，结合这些影响因素和社会网络分析结果，社区要采取相应措施，减小用户惰性，激励用户在浏览知识后，积极回复，进行反馈。例如：①给予发帖者和回帖者奖励。个案中的虚拟社区通过发放旅游代金券的形式，鼓励用户发表旅游攻略。②虚拟社区设计方便用户的操作习惯，提高用户体验。个案中的虚拟社区用户在发帖过程中，经常反映发表的帖子不见了，图片上传不成功或者上传的图片成为缩略图等一系列问题，虽然管理员在置顶帖对这些问题进行了说明。但最好的解决办法是虚拟社区的设计符合用户的使用习惯，尤其是惰性用户的发帖习惯。

（二）重点发展和维护核心用户

在综合型虚拟社区，用户间的共享行为差异性非常大。虚拟社区遵守互联网社区的1%规则，即虚拟社区的核心用户不足1%，99%的用户均为普通用户。核心用户经验丰富，发帖数、回帖数及拥有的好友数远高于普通用户，且发帖质量高，能够引起其他用户的关注，是虚拟社区最活跃的一个群体，对整个社区的互动和发展发挥着重要作用。因此，要重点发展和维护核心用户，如：①通过用户等级或者贡献帖子的热度、精华度等推选核心用户，或者由社区成员自行推荐有威望的版主（陈国松和李雪松，2013）。②重点关注和推送核心用户发表的帖子。优先考虑将核心用户发表的帖子标注为精华帖和热帖，优先将核心用户的帖子推送给其他用户，使核心用户得到更大的尊重和满足。③邀请潜在的和现实的核心用户举办线下活动如聚会或旅游等，通过线下活动将用户的弱关系转化为强关系，增加核心用户对网站的黏度，培养核心用户对网站的归属感（Yu，2013）。

（三）挖掘用户行为，进行相似好友推荐

在虚拟社区中，用户的好友数和主帖的寿命及主帖受到的关注度呈显著相关，且深层次的情感交流更容易在好友用户间发生。虚拟社区可以进行用户关联，当用户有相似的浏览行为和浏览内容时，可以进行相似用户的好友推送，从而扩大用户在虚拟社区的人际圈，增加用户对社区的黏度和归属感。

（四）鼓励企业的参与，使其重视虚拟社区用户的共享内容，营造口碑效应

在虚拟社区中，用户发布的帖子浏览数均大于 0 次，在个案中的抽样版块中，每个帖子的平均浏览数为 1586 次，主帖有相当大的传播广度。社区用户之间的互动网络是小世界网络，用户间的平均路径长度为 3~4 人，信息能够在用户间得到快速传播。和广告相比，虚拟社区用户提供的经验性的信息可信度更高，对其他用户的购买决策影响力更大（陈国松和李雪松，2013）。Hagel 和 Armstrong（1998）指出企业组织虚拟社区可以满足社会和商业的多元化需要，从而进一步成功地经营网络事业，他们认为虚拟社区可以为网站带来人气。因此，企业要重视虚拟社区这一营销平台，在构建虚拟社区或者在线网站时，要广泛利用用户提供的第三方评论，形成正面的口碑效应，在引导消费的同时也能更好地促进虚拟社区的建设和发展。

（五）提高用户发帖质量，延长主帖寿命

主帖质量是营销寿命长短非常重要的因素。个案中的抽样版块，由于有较为清晰的发帖规则、奖励制度及活跃的管理人员，该版块的主帖质量高，平均寿命长，受到更多用户的关注和评论，对潜在用户有非常高的借鉴价值。因此，虚拟社区要积极鼓励用户创造高质量的帖子：①设置精华帖，并配有奖励措施。例如，虚拟社区通过发放社区代金券的形式，鼓励用户发表精华帖。②设置与精华帖相关的奖项，激发用户的创作热情。例如，基于主帖人气和主帖质量评选奖项。

策略性研究篇

第十一章 在线讨论中知识共享的基本策略

第一节 在线讨论中知识共享支持策略的设计思路

基于第三章至第十章对在线讨论中知识共享的结构性和动态性分析，我们尝试从学习支持、组织管理、知识管理、情感激励四个维度分别对私下共享、团队共享和开放共享三个层次提出知识共享的基本策略。学习支持维度指的是有助于增强学习者认知能力和学习效果的支持服务，可以是学习工具、交流工具、引导服务等。组织管理维度指的是通过建立组织结构，规定角色或职位，明确责权关系等，以有效实现知识共享目标的策略。知识管理维度指的是在组织中建构一个知识系统，通过获得、创造、分享、整合、记录、存取、更新等过程，达到知识不断创新的目的，并回馈到知识系统内。该知识系统由个人知识库、团队知识库、开放知识库组成。情感激励维度指的是通过建立一系列的制度与组织活动，从用户心理上增强知识共享意愿的策略，包括建立信任、评估奖励、情感满足等方面。图 11-1 是基本策略的维度和设计思路，表 11-1 是对策略的一个简化分析框架，其中呈现和归纳了基本策略的要点。

在线讨论中的动态知识共享机制研究

```
                          ┌─ 个人门户支持
                          ├─ 问题呈现形式
                ┌─ 学习支持 ┼─ 学习活动设计
                │         ├─ 学习材料组织
                │         └─ 学习过程引导
                │
                │         ┌─ 成员构成
                │         ├─ 领袖管理
                ├─ 组织管理 ┼─ 目标管理
                │         ├─ 绩效考核与反馈
在线讨论中       │         └─ 知识共享能力提升
知识共享的 ─────→│
基本策略         │         ┌─ 个人知识管理
                │         ├─ 教师知识管理
                ├─ 知识管理 ┼─ 团队知识管理
                │         ├─ 开放资源管理
                │         └─ 知识管理常用工具
                │
                │         ┌─ 建立信任
                │         ├─ 用户体验
                └─ 情感激励 ┼─ 评估奖励
                          ├─ 个人荣誉
                          ├─ 情感满足
                          └─ 文化范围
```

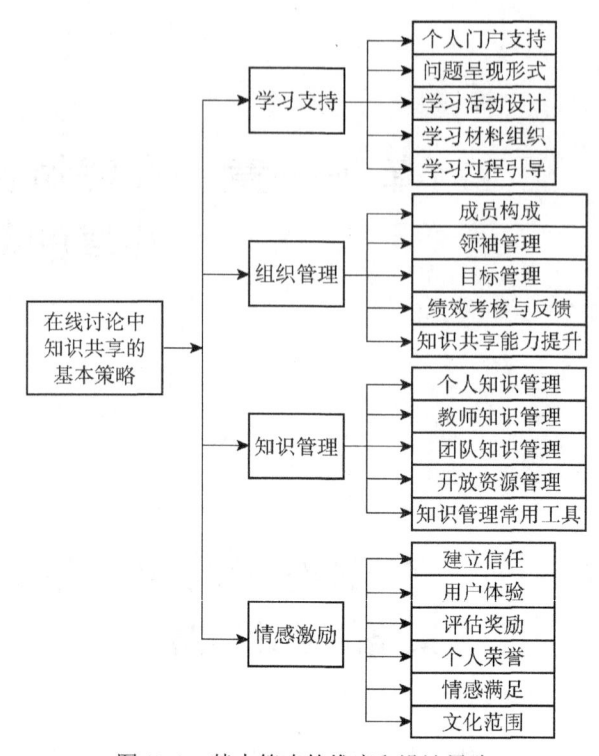

图 11-1　基本策略的维度和设计思路

表 11-1　促进在线知识共享的基本策略要点

项目	学习支持	组织管理	知识管理	情感激励
私下共享	完善用户信息，实行第三方评价标注，加强非正式接触建立信任	对共享双方进行兴趣相关者推荐、领域专家推荐，通过能力匹配和时间匹配，协助学习者找到合适的私下共享对象	掌握知识管理常用工具，引导师生建立个人知识库，有效进行个人知识管理；资源整理、知识归类、知识标注、动态可视化	协助双方建立信任，建立个人付出-知识共享-学习绩效-个人目标之间的关联性评价；知识共享行为与个人绩效挂钩，对知识共享进行评估奖励，增强知识共享意愿需求和初始动机
团队共享	科学管理，建立高效团队；完善制度保障，加强团队间交流，建立起信任；活动设计、竞争激励，任务驱动，混合学习；平台演示	团队规范制定（重视在线讨论的礼仪问题，强调制度规范的作用）；合理的团队组建（考虑团队规模、角色分配，以及团队成员性别、能力、个性、工作偏好等方面的均衡），增加团队内部接触；团队领袖管理（决策、协调、授权、轮流组长制），团队目标设立（共同愿景、目标具有一定的挑战性和复杂性）；兼顾个人绩效和团队绩效考核	团队协作式知识管理，对团队知识进行汇总管理；团队效能、冲突水平、意见管理、作业管理、汇报展示成果管理	打造团队文化，营造知识共享氛围：明确个体责任、风险承担、信息分享、互助；培养利他主义，提供有效反馈机制，满足成员情感需求；评估与奖励：情感态度上的促进，基于团队的绩效考核与评估、收益分享、小组激励、面向过程的评价、奖项设定；社会惰化消除

续表

项目	学习支持	组织管理	知识管理	情感激励
开放共享	建立友好的个人门户环境，帮助个人实现便捷的信息获取、创造、传递；完善信息呈现方式，帮助成员获取信息和回答信息；提供多样的功能和渠道，提高成员的知识共享能力；开放课程设计：内容简短、课长适度；互动引导：用户交互信息呈现，面向互动和共享的课程考评，分论坛设置；课程初期热身、初学者测试；语言支持工具	精心设计讨论话题和创新讨论形式，组织多样的讨论活动；创新学习材料设置，实现材料的多样化呈现；面向知识共享需求对社区成员进行角色设定和群体划分；关注用户需求，科学引导互动，优化知识共享网络节点，建设关键节点，提高网络时效，降低网络风险	建立优秀资源知识库，对用户进行资源推送；设置回复提示，提供响应帮助；信息系统：易用性、稳定性、美观性；论坛平台架构的设计：精华帖管理；专题征文、主题讲座等活动组织	开放环境下知识共享规范的建立（无形规范：平等、自由、包容；有形规范：社区法、发帖须知）；知识共享氛围的营造（口碑效应）；从用户体验、课程收益、个人荣誉和情感满足等方面构建知识共享的激励机制；情感态度上的促进（用户发帖激励；挖掘用户行为、好友推荐；重点发展和维护核心用户；利他主义理念的灌输；竞争制度；积分制度）

在私下共享层次，在学习支持维度，需要帮助每个学习者熟悉在线平台的技术环境，提供平台使用的操作视频、课程或已有资源的说明文档等；在组织管理维度，学习者在遇到问题时，首先需要知道该向谁求助，向领域专家求助可以快速地寻求解决方案或了解权威观点；向兴趣相关者求助有利于展开深层次的讨论，双方进行互动并建立起对问题的持续关注，延长知识共享的生命周期。在推荐讨论对象时还需要注意能力匹配和互动时间匹配的问题，可通过完善用户信息评价、加强接触等建立成员间的信任。在情感激励维度，通过活动加深双方的熟悉程度，逐步建立信任；对于合作过的学习者进行优先重复配对讨论，加强信任关系。通过学习分析技术协助个体建立"知识共享-学习绩效-个人目标"之间的关联性评价，以动态方式呈现给个体学习者，有助于个体根据自身情况调整学习方式；将知识共享与个人绩效挂钩，对个人知识共享贡献进行评估奖励，强化知识共享的行为动机。在知识管理维度，提供用户知识管理常用工具，为个体学习者建立个性化的知识库，通过课程有效地引导其搜索获取相关资源，以标签的形式对知识进行标注、归类和整理，并通过知识的动态可视化加强对知识的记忆和理解，最终通过长时间的指引培养个体学习者形成良好的个人知识管理习惯。

在团队共享层次，在学习支持维度，应注意团队的合理组建，需要考虑到团队规模、角色分配，以及团队成员性别、能力、个性、工作偏好等方面的均衡，多元化且均衡的组队有利于团队知识共享。此外，对团队领袖在决策、协调、授权方面提供参考信息、培训与支持，让团队成员轮流成为组长。基于互惠动机理论，若学习者感知到当自己遇到困难时能够得到他人的帮助或支持，他就愿意先花费一定的时间和精力贡献自己的知识，与他人互动。在组织管理维度，应从管理上建立起一支高效的队伍，通过完善的制度建设，建立起成员间的相互信任感，支撑团队内的知识共享。此外，团队的组成建构值得注意，要发挥互补的作用，领导者须起到协调作用，在考核上兼顾个人绩效与团队绩效。在情感激励维度，团队共享氛围的营造，面向团队绩效的评估与奖励,有效的团队构成和团队管理,将为团队内部的和谐共享奠定基础。面向团队、面向过程的评价可降低社会惰化程度。通过制度或奖励,可以满足成员的情感需求,营造知识共享氛围。在知识管理维度,通过团队的知识管理,可以厘清团队成员的共同目的,解析出具体目标,通过意见管理、作业管理和成果管理对个人和团队知识进行有效梳理,有利于促进知识的协作建构。

在开放共享层次存在两种类型,第一种是大规模开放课程,具有一定的教学组织功能,需要从教学方法和互动引导方式两方面对知识共享行为进行促进;第二种是虚拟社区,扁平化的结构,几乎完全依靠内部规范和共享机制来维系知识共享,因此完善的信息系统、良好的社区规范、持续的社区收益和以发帖人为核心的互动促进,构成了开放共享的主体架构。在学习支持维度,建设友好的个人门户环境与知识呈现环境,以支持知识共享行为;在组织管理维度,对参与者角色进行权限、功能设定,话题与活动形式要有创新性;在情感激励维度,通过制定社区规则,对知识共享者给予更优的体验;在知识管理维度,应当注重对社区用户的知识管理,进行组织再利用,提高知识效能。

第二节 私下共享促进策略

学习者之间一对一的私下共享是在线协作知识共享中一种有具体指向的求助和施助过程。无论是在项目学习还是在碎片化学习中,这种私下共享方式的选择通常建立在对某人信任的基础上,预期对方能够解决相应的问题。此外,私下共享是知识共享行为发生的最低层次,也是最贴近个体行为的层次。从个体层面上,需要同时考虑动机和行为两个方面。据此,我们建立了三个维度(双方信任建立、个体动机强化、个人知识管理)的私下共享促进策略(图11-2)。接下来将分别就每个维度进行阐述。

一、双方信任建立

信任是知识共享双方进行沟通和分享的前提。尤其在一对一讨论中,私下共享的发生依赖于共享双方信任关系的建立。在评估一个人是否值得信任时,诚信、善良等个人品质是尤其重要的特征。现有研究表明,诚信是所有特征中最重要的品质之一(Tan and Tan, 2000)。诚信意味着诚实、真诚、讲信用、言行一致。善良意味着常常考虑对方利益,哪怕是在自身利益与对方利益不一致的情况下。相互关爱和互相扶持是知识共享双方情感纽带的一部分。相互信任的共享双方会具有更高的满意度、忠诚度、合作意愿,并产生更好的合作绩效。一旦信任被破坏,即使它可以重建,但也仅限于特定场合且取决于破坏的类型。如果信任被破坏的原因是某一方缺乏能力,通常最好的解决方式是道歉并承认自己本可以做得更好。沉默应对、拒绝承认或否认责任的行为难以重建信任。但如果破坏信任的原因是欺骗，那么即使是犯错方采用了道歉、承诺或始终可信的行为方式，信任也不能完全恢复。

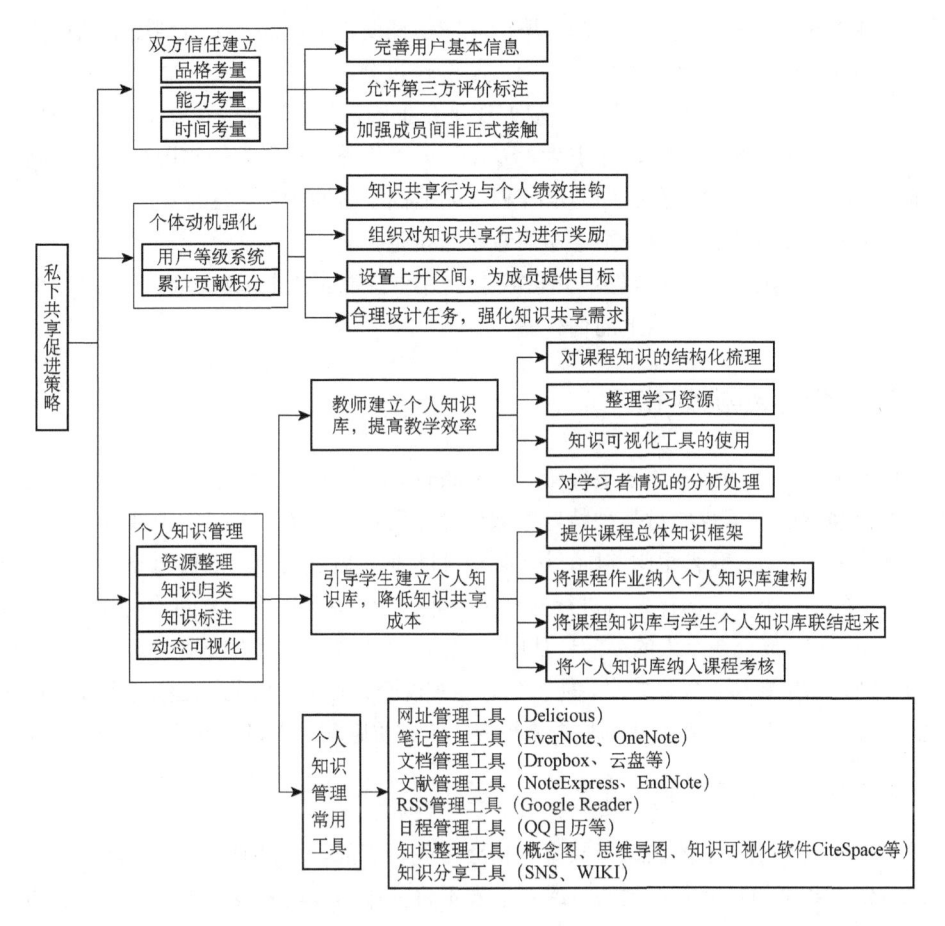

```
私下共享促进策略
├─ 双方信任建立
│   ├─ 品格考量
│   ├─ 能力考量
│   └─ 时间考量
│       ├─ 完善用户基本信息
│       ├─ 允许第三方评价标注
│       └─ 加强成员间非正式接触
├─ 个体动机强化
│   ├─ 用户等级系统
│   └─ 累计贡献积分
│       ├─ 知识共享行为与个人绩效挂钩
│       ├─ 组织对知识共享行为进行奖励
│       ├─ 设置上升区间，为成员提供目标
│       └─ 合理设计任务，强化知识共享需求
└─ 个人知识管理
    ├─ 资源整理
    ├─ 知识归类
    ├─ 知识标注
    └─ 动态可视化
        ├─ 教师建立个人知识库，提高教学效率
        │   ├─ 对课程知识的结构化梳理
        │   ├─ 整理学习资源
        │   ├─ 知识可视化工具的使用
        │   └─ 对学习者情况的分析处理
        ├─ 引导学生建立个人知识库，降低知识共享成本
        │   ├─ 提供课程总体知识框架
        │   ├─ 将课程作业纳入个人知识库建构
        │   ├─ 将课程知识库与学生个人知识库联结起来
        │   └─ 将个人知识库纳入课程考核
        └─ 个人知识管理常用工具
            ├─ 网址管理工具（Delicious）
            ├─ 笔记管理工具（EverNote、OneNote）
            ├─ 文档管理工具（Dropbox、云盘等）
            ├─ 文献管理工具（NoteExpress、EndNote）
            ├─ RSS管理工具（Google Reader）
            ├─ 日程管理工具（QQ日历等）
            ├─ 知识整理工具（概念图、思维导图、知识可视化软件CiteSpace等）
            └─ 知识分享工具（SNS、WIKI）
```

图 11-2　私下共享促进策略图

个体的能力是知识共享中建立信任的另一重要因素。双方的知识在层次和结构上如存在过大的差异性，知识共享的难度会加大（沈惠敏和娄策群，2017）。尤其是在互动初期，个体通常是基于共同解决问题的初衷寻求合作者而产生知识共享行为。如果一方对对方的能力没有信心，那么在最初阶段就不会选择对方作为合作共享的求教对象。如果双方是在讨论和交流过程中发现对方不具备共同完成任务的能力，那么在信任逐步瓦解时，知识共享也会随之停滞。此外，信任的建立还需要时间，我们对他人的信任通常是对其行为进行一段时间的观察后才产生的。事实上，信任是一个逐渐产生和变化的过程。因此，培养良好的品格，提高问题解决的胜任力，才能在相关领域的知识共享活动中建立长期信任。

在在线讨论的具体情境中，可在以下三方面增强私下共享双方的信任。

1）完善用户基本信息：用户基本信息的呈现程度越高，注册信息越完备，则越有助于他人对其的初步了解与判断，所产生的信任度也会越高。实名制注册的用户比非实名制注册的用户，会获得更多的交流与合作机会。

2）第三方评价标注：知识共享双方在平台上的标识会影响学习者对其的信任。例如，在教学型虚拟社区中，标识为"专家"或"优秀回答者"等的用户拥有较高的评价与等级，学习者对其在心理的信任程度明显高于普通用户。这种第三方评价在一定程度上肯定了该用户，也会给予学习者参考价值。

3）加强成员间非正式接触：知识共享双方在日常的线上活动中进行接触，增强互相了解，能带给对方情感上的信任。

二、个体动机强化

根据 Vroom（1964）的期望理论（expectancy theory），人们想以某种特定方式行事的意愿强度取决于我们对某种特定结果的期望程度。当人们相信知识共享有助于产生良好的个人绩效，获得组织奖励，达到个人目标时，就更可能愿意付出高水平的努力进行知识共享。个体在选择是否进行共享时，可能会考虑到以下三方面的问题：如果参与了知识共享，能否在个人的绩效评估中表现出来？如果参与了知识共享，能否得到组织的奖励？如果参与了知识共享，能否更好地实现个人目标？因此，在强化个体知识共享的动机时，需要考虑知识共享与个人绩效、组织奖励和个人目标等元素之间的关系。

（一）知识共享与个人绩效

个人绩效是很多个体在选择共享之初会首先考虑的。如果他们努力共享知识，但组织对知识共享的行为并不关心，或者根本不将其作为考察内容，那么个体共享的积极性就会被削弱，因为每个个体都觉得自己的知识共享行为不被重视或根本没有价值。因此，动机强化的第一步应该是将知识共享行为量化，并计入个体的评价度量中，提高积极共享者成为高绩效者的概率。

（二）知识共享与组织奖励

组织奖励可以激发个体共享知识的意愿。在进行奖励时，根据成员的个人需求进行量体裁衣十分重要。在教学型组织中，总评加分、角色变更（如变化为组长、助教等）、物质奖励、口头表扬等都是有效的嘉奖；在企业中，主要包括获得晋升、加薪等方式。根据成员的个人需求实行差别化、个性化的奖励将有助于加强知识共享动机。

（三）知识共享与个人目标

知识共享也是提升个体价值的方式。如果个体把"共享知识"作为实现个人目标的途径之一,如通过共享知识在在线平台上获得"专家"和"资深用户"等身份标识,则知识共享行为本身的意义和价值更显著,个体动机会更强烈。

(四)知识需求与共享意愿

学习者出于对知识的需求向他人发起询问,他人可选择分享或不分享知识。只有当私下共享双方的"知识需求"与"共享意愿"都达到一定程度时,知识共享行为才会发生并持续。当学习者基于某一任务进行学习探究时,因任务的复杂与挑战性,个人难以独立完成该任务,就会产生"知识需求",向其他学习者进行咨询与探讨,进而促进知识共享的发生。

三、个人知识管理

(一)个人知识管理的理念

Dorsey(2004)将个人知识管理(personal knowledge management,PKM)归纳为:"既有逻辑概念层面又有实际操作层面的一套解决问题的技巧与方法。" 加利福尼亚州立大学洛杉矶分校(California State University,Los Angeles,UCLA)安德逊工商管理学院的 Frand 和 Hixon(1999)则认为个人知识管理是一种概念框架,指个体组织和集中自己认为重要的信息,使之成为其知识基础的一部分。它还提供某种将散乱的信息片段转化为可以进行系统性应用的知识的个体策略,并以此扩展个体知识。Skyrme(1999)从经验方面对个人知识管理战略进行了更为细致的描述,包括明确自己的信息需求、制定知识获取策略;设定信息优先级别,确定信息丢弃和信息留存的法则;确定如何及何时处理手头的信息;为需要归档和保存的知识建立规范;创建个人的文件系统,兼顾(管理)自己的工作、生活和其他知识活动;为不同用途建立信息目录(书签)和索引;经常评估/评价所存储信息和目录的价值。

作为一种新的知识管理的理念和方法,个人知识管理的实质在于帮助个人提升工作效率,整合自己的信息资源,提高个人的竞争力。个人知识管理能将个人拥有的各种资料、随手可得的信息变成更具价值的知识,最终利于自己的工作、学习和生活。合理而有效的个人知识管理可以帮助人们在短时间内处理大量的信息,快速有效地获取所需知识,准确地表达、收集和消化工作、生活等所需的知识,能清晰地反映自己的知识结构,根据情况进行结构调整或内容更新,提高工作效率和自身能力。

知识管理的一个基本问题是对知识的标注和归类,对手头上的资源定期整理,形成有条理的笔记、网页书签、相关的开放课程链接、课件、视频、文献等。从应用的角度,经济发展与合作组织(Organization for Economic Co-operation and Development,OECD)将知识分为四类:事实性知识(know-what)、原理性知识(know-why)、技能性知识(know-how)和人际性知识(know-who)。事实性知识可以用定义库的形式加以储存，能够随时查阅和比照；原理性知识需要依靠例子的呈现辅助学生加以理解，因此教师需要收集相关的实例；技能性知识可通过清晰的操作视频和详细的操作步骤进行传授；人际性知识是对相关人物信息的收集和追踪，如领域专家的个人首页、博客等。除此以外，还可以对个人知识进行重要程度、兴趣程度的标记，便于快速进行查找。

学习者对个人显性知识进行分类储存、组织管理，建立个人的知识库，该知识库包括学习者各类的学习资源，如PPT、笔记、视频等。学习者在对知识建库储存的过程中能够初步分析出自身知识的优势与劣势，知识建库能有效储存学习者的知识资源，提高学习资源的查询提取速度。在知识共享中，学习者可快速调用知识库中的资源，提高资源的利用率，避免产生再次制作或查找资源的重复工作，降低知识共享的成本。

（二）个人知识管理常用工具

为了方便读者加以运用，我们在这里为大家简单介绍一些常见的个人知识管理工具。其中包括网址管理工具（Delicious）、笔记管理工具（EverNote、OneNote 等）、文档管理工具（Dropbox、云盘等）、文献管理工具（NoteExpress、EndNote）、RSS 管理工具（Google Reader）、日程管理工具（QQ 日历等）；知识整理工具（概念图、思维导图、知识可视化软件 CiteSpace 等）、知识分享工具（SNS、WIKI）。

（1）网址管理工具

在信息时代，许多人都会利用空闲时间浏览网页。对于一些有用的网址，如果不及时记录下来，下次再找就不容易了。过去我们会将网址收藏在浏览器的收藏夹，但一旦换了设备，就会看不到保存下来的网址。所以在这里，建议大家使用社会化书签工具管理和保存网址。Delicious 等社会化书签可以将网站随时加入自己的网络书签中，用多个关键词标示和整理书签，并与人共享。社会化书签让互联网用户可以自由地创建自己喜欢的主题，收集和分享自己喜欢或者讨厌的网址。同时，互联网用户还可以对这些网址进行评论，如推荐、打分，推荐度高或者评分高的网站会吸引越来越多的互联网用户点击和评论。

（2）笔记管理工具

基于 Web 的笔记管理工具，不依赖树型大纲，也不需要像书签那样做链接，只是把需要记录的信息像装麻袋一样存入数据库，并用必要的标签 Tag 标示，需要查阅时按标签浏览或者全文搜索即可。例如，目前使用者最多的 EverNote 把所有笔记都排列在一条长长的"纸带"上，并可根据指定的条件只显示用户比较关心的若干条笔记。这样一来，添加新笔记时就不必为放置在哪个树枝上、跟谁互链而苦恼了，只要加个言简意赅的标签即可。网络笔记本的增加、删除、修改、查阅笔记信息都应非常快捷，在笔记查阅方面，EverNote 可以同时查看多页相关笔记，有助于把相关内容联系起来阅览理解。另外，EverNote 还具备基本的加密功能，散乱的笔记中难免混杂一些私人信息，一旦系统遭到入侵，信息就会有泄露的危险。目前许多笔记软件都考虑到安全性问题，有些做到了分支内容加密，有些做到了单篇笔记加密。此外，网络笔记本通常还有导入导出功能，把笔记信息批量地在软件自定的数据库和通用数据格式之间进行快速转换，万一哪天要改用别的软件，也很容易把信息转移到新的数据库中。例如，EverNote 可将笔记导出为 XML。

（3）文档管理工具

在大多数人的电脑中，"桌面"、"我的文档"、"下载"和"IE 收藏夹"等目录都是混乱不堪的，极大地影响了个人的工作效率，如果有多台工作电脑（如公司的台式电脑、家里的台式电脑、笔记本电脑），那么文档管理的混乱程度就会翻倍。而文档管理工具可以很好地帮助我们将文档进行分类整理。例如，Dropbox 软件可以同步多台电脑的文档，将所有文档分类放在不同的文件内进行管理。个人可以通过设计管理方案，自动实现家庭和办公室的个人工作平台的文档管理，提高文档管理的效率（张燕南和宋江，2011）。

（4）文献管理工具

文献管理工具是集参考文献的检索、搜集、整理功能于一体，能帮助用户高效管理和快速生成参考文献的软件。这类软件提供的附件、笔记、查找、分析等功能，可以帮助用户实现包括文献检索、文献阅读、文献引用的全过程管理。例如，目前比较流行的 NoteExpress 能够检索并管理文献摘要、全文；在撰写学术论文、学位论文、专著或报告时，可在正文中的指定位置方便地添加注释，然后根据不同的期刊、学位论文格式要求自动生成参考文献索引。其核心功能包括检索、管理、分析、发现和写作。

（5）RSS 管理工具

知识获取的一个主要来源就是博客、论坛或媒体网站，通常这些网站都会提供 RSS Feed，使用 Google Reader 阅读器可以及时高效地阅读收集相关信息，还能对信息进行标注和收藏等。

（6）日程管理工具

现在上班族事务繁杂，忘记一些重要事情也是见怪不怪，尤其是从事助理类型工作的人群，所以通常我们都需要用到日程管理工具来帮助我们制订详细的计划表。QQ 日历就是一款很好用的日程管理工具。QQ 日历是基于互联网管理个人事务的桌面工具，它具有如下特点：分层次日程管理、多界面设计、多样化事件设置和数据随 QQ 号码迁移。

（7）知识整理工具

概念图是一种用节点代表概念，连线表示概念间关系的图示法，以反映知识的组织为目的，迅速帮助学习者整理思路和归纳相关概念，不断丰富知识网络。这种知识可视化方法最大的优点在于将知识的体系结构（概念及其概念之间的关系）一目了然地表达出来，并且突出表现知识体系的层次结构，常用制作软件有 Inspiration 等。

思维导图又称心智图,是表达发射性思维的图形思维工具。思维导图运用图文并重的技巧,把各级主题相互隶属的关系用相关的层级图表现出来,将主题关键词与图像、颜色等建立记忆链接,以符合人类大脑的自然思考方式——放射性思考,思维导图就是将放射性思考具体化的方法。不论是感觉、记忆或是想法(包括文字、数字、符码、香气、食物、线条、颜色、意象、节奏、音符等)都可以成为一个思考中心,并由此中心向外发散出成千上万的关节点,每一个关节点代表与中心主题的一个连接,而每一个连接又可以成为另一个中心主题,再向外发散出成千上万的关节点,呈现出放射性的立体结构,而这些关节点的连接可以视为一个人的记忆,也就是一个人的个人数据库。常用软件有 MindManager、XMind、MindMapper 等。

(8) 知识分享工具

SNS 专指社交网络服务,包括社交软件和社交网站,也指现有已成熟普及的社交信息载体,如短信 SMS 服务。SNS 的另一种常用解释:全称 social network site,即 "社交网站" 或 "社交网"。SNS 也指 social network software,社交网络软件,是一个采用分布式技术,通俗地说是采用 P2P(peer to peer)技术,构建的下一代基于个人的网络基础软件。

WIKI,名称来源于夏威夷语的 "wee kee wee kee",发音 wiki,原本是 "快点快点" 的意思,被译为 "维基" 或 "维客",是一种多人协作的写作工具。WIKI 站点可以由多人(甚至任何访问者)维护,每个人都可以发表自己的意见或者对共同的主题进行扩展或者探讨。WIKI 也指一种超文本系统,这种超文本系统支持面向社群的协作式写作,同时也支持小组内合作写作。

(三)通过个人知识管理促进知识共享

在教学过程中,对每个参与共享的个体而言,知识共享过程中所需要付出的成本越低,则越有助于促成共享。因此,个人知识管理对于一对一的私下共享具有促进作用。知识如果被 "管理" 得好,则可以更方便共享,发挥更大的作用。Cognitive Edge 公司的创始人和首席科学家 David Snowden 曾说过 "We always know more than we can say, and we will always say more than we can write down."(我们知道的总是比我们说出来的都要多,而我们能说出来的总比我们记录下来的更多。)教师的个人知识管理可以使得课程知识库更富条理和逻辑,从而提高教学效率;学习者的个人知识管理一方面有助于其自身知识的内化,另一方面也有利于在线讨论过程中的知识传递。

(1) 教师的个人知识管理

教师对每门课程相关知识的管理对于师生间的知识共享有着重要作用。教师个人知识管理包括对课程知识的结构化梳理、学习资源的整理、知识可视化工具的使用和对学习者情况的分析处理。虽然目前有许多支持个人知识管理的软件涌现,但对于教师而言,个人知识管理更重要的是习惯养成,而不是工具使用。

教师要按照一定规则存放和归类知识,而形成知识分类体系则需要一定的适应过程。有人会为不知如何分类而烦恼，或者一时看不到效果而放弃。所以，这个过程需要耐心的坚持，持续按自己制定的规则进行资料收集、加工、处理、消化，才能实现知识的标识和定位，使自己的知识结构一目了然，为学生提供更富有条理的课程知识体系，在学生提问时也可以迅速找到需要用的资料。

此外，教师还可以通过微博、微信等对知识进行在线管理和推送，通过与学生的互评互动深化知识的层次。

（2）学习者的个人知识管理

对学习者的个人知识管理行为进行合理的引导，促使每个学习者养成经常整理和归纳个体知识的习惯，也有利于促进学习者之间一对一的知识共享。为了鼓励学习者建立自己的个人知识库并有效地进行知识共享，教师可以尝试以下方式：

1）在课程开始时为学生展示课程的主题脉络，提供课程总体的知识框架。

2）帮助学生建立个人知识库，并将每一次课程作业的布置与个人知识库的构建联系起来，学生在完成作业的同时也可以丰富自己知识库的内容。

3）可以利用 WIKI 等协作式构建工具，将课程知识库与学生个人知识库的版块化联结起来。

4）将个人知识库列为学习者的课程考核之一，并在课程完成时给予展示的机会。

第三节 团队共享促进策略

团队是多个个体为了实现特定目标而组合到一起，并形成互动和相互依赖关系的一个整体。在团队中，成员进行互动主要是为了共享信息、制定决策、完成团队任务，通过成员的共同努力产生积极的协同作用。在团队内部实现有效的知识共享需要考虑到团队领袖、团队氛围、评估与奖励、团队构成、团队管理五个方面的因素。本节从团队环境建设、团队基础设计、团队共享动机激励三方面进行分析，提出团队知识共享的促进策略（图11-3）。

一、团队环境建设

团队环境与成员的行为息息相关，是各类行为活动的依托背景，限制并影响着团队成员进行知识共享的意愿和行为。

（一）知识管理

知识是团队中最为核心的要素，是团队的竞争力所在。对团队中的知识进行整合与管理有利于团队有效地对知识进行再利用。

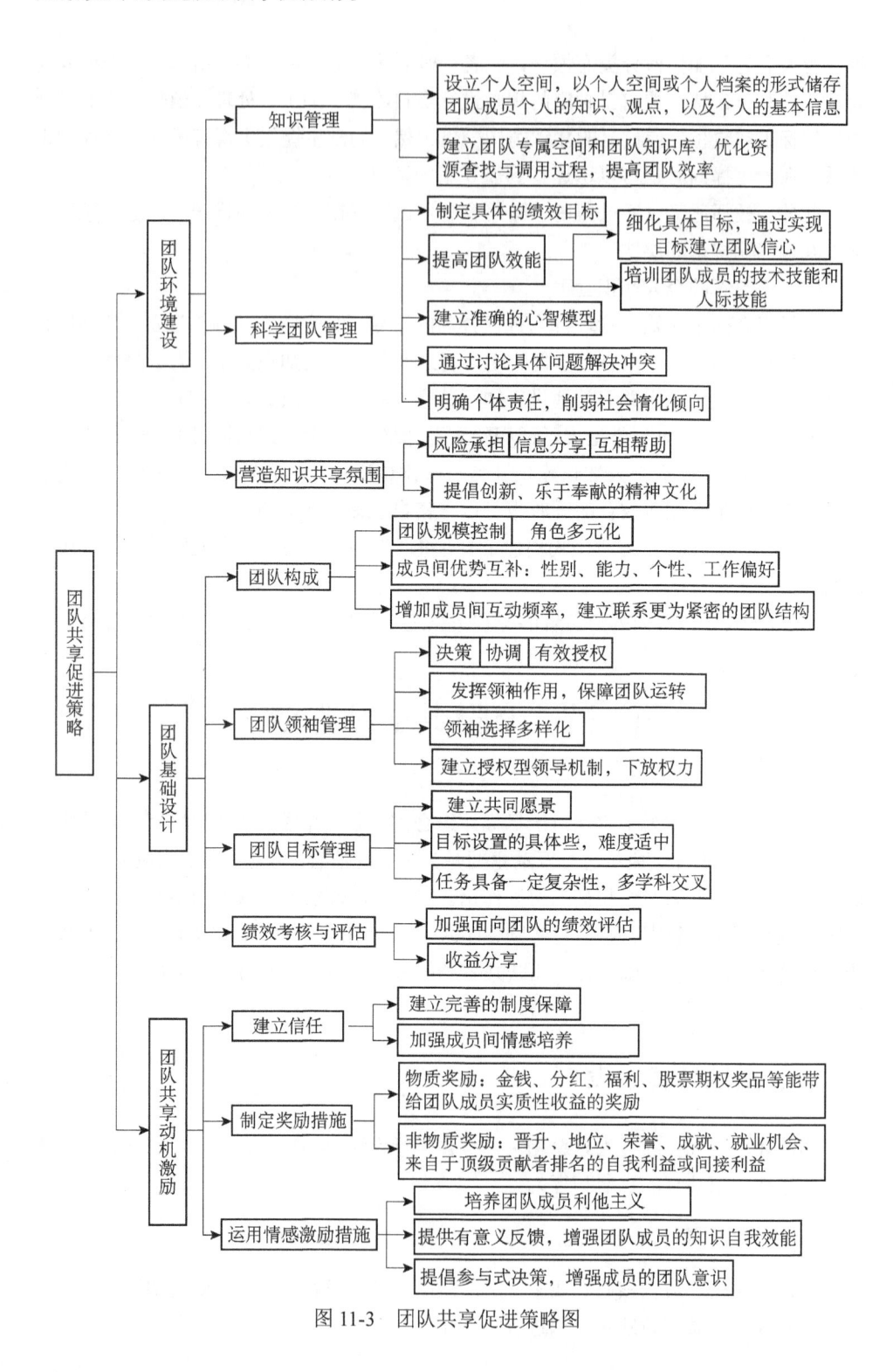

在线讨论中的动态知识共享机制研究

```
团队共享促进策略
├─ 团队环境建设
│   ├─ 知识管理
│   │   ├─ 设立个人空间，以个人空间或个人档案的形式储存团队成员个人的知识、观点，以及个人的基本信息
│   │   └─ 建立团队专属空间和团队知识库，优化资源查找与调用过程，提高团队效率
│   ├─ 科学团队管理
│   │   ├─ 制定具体的绩效目标
│   │   ├─ 提高团队效能
│   │   │   ├─ 细化具体目标，通过实现目标建立团队信心
│   │   │   └─ 培训团队成员的技术技能和人际技能
│   │   ├─ 建立准确的心智模型
│   │   ├─ 通过讨论具体问题解决冲突
│   │   └─ 明确个体责任，削弱社会惰化倾向
│   └─ 营造知识共享氛围
│       ├─ 风险承担 | 信息分享 | 互相帮助
│       └─ 提倡创新、乐于奉献的精神文化
├─ 团队基础设计
│   ├─ 团队构成
│   │   ├─ 团队规模控制 | 角色多元化
│   │   ├─ 成员间优势互补：性别、能力、个性、工作偏好
│   │   └─ 增加成员间互动频率，建立联系更为紧密的团队结构
│   ├─ 团队领袖管理
│   │   ├─ 决策 | 协调 | 有效授权
│   │   ├─ 发挥领袖作用，保障团队运转
│   │   ├─ 领袖选择多样化
│   │   └─ 建立授权型领导机制，下放权力
│   ├─ 团队目标管理
│   │   ├─ 建立共同愿景
│   │   ├─ 目标设置的具体些，难度适中
│   │   └─ 任务具备一定复杂性，多学科交叉
│   └─ 绩效考核与评估
│       ├─ 加强面向团队的绩效评估
│       └─ 收益分享
└─ 团队共享动机激励
    ├─ 建立信任
    │   ├─ 建立完善的制度保障
    │   └─ 加强成员间情感培养
    ├─ 制定奖励措施
    │   ├─ 物质奖励：金钱、分红、福利、股票期权奖品等能带给团队成员实质性收益的奖励
    │   └─ 非物质奖励：晋升、地位、荣誉、成就、就业机会、来自于顶级贡献者排名的自我利益或间接利益
    └─ 运用情感激励措施
        ├─ 培养团队成员利他主义
        ├─ 提供有意义反馈，增强团队成员的知识自我效能
        └─ 提倡参与式决策，增强成员的团队意识
```

图 11-3　团队共享促进策略图

1）个人知识管理：在允许的情况下在团队空间内设置成员的个人空间，以个人空间或个人档案的形式储存团队成员个人的知识、观点，以及个人的基本信息。

2）团队知识管理：建立团队专属空间，将成员的知识内容（方案、策划、制度等）和资源（图片、Word、Excel、PPT、PDF 等）分门别类管理，优化资源查找与调用过程，充分利用已有知识成果，提高团队效率。

（二）科学团队管理

团队管理方式能够影响团队知识共享的实际效果。有效团队首先要分析团队组合的使命，并为之设置目标、制定战略，形成团队组建的共同目标。团队目标的确定能够为后续的知识共享与合作带来方向性的指引，并在必要时为团队成员提供反思和调整计划的基础。李柏洲和董恒敏（2017）指出，团队自省性能够促进团队知识共享能力的提升。此外，团队目标还需要根据具体情况分解为具体的、可测量的绩效目标。具体的绩效目标会促进明确的沟通，保持团队的专注，致力于具体目标的实现。

团队效能与团队知识共享行为也有相互促进作用。团队成功的信念可以激励团队成员更努力地工作，更积极地分享知识。有两种方式可以较好地提高团队效能：①细化具体目标，帮助团队实现每一个小目标来树立团队信心；②通过培训提高团队成员的技术技能和人际技能，团队成员能力的提高可帮助团队树立信心，并在应用的过程中产生更多知识共享的机会。

建立准确的心智模型（mental model）也有助于促进团队内部的知识共享。心智模型是关于如何完成工作的知识和信念，被比喻为"心理地图"。如果团队成员的心智模型缺乏相似性，如团队成员对于如何完成任务具有截然不同的看法，难以达成一致，那么就会影响团队内部的合作和共享。

然而并不是团队内部的所有冲突都是坏事。关系冲突（由于人际关系失调、关系紧张或敌视他人而产生的）很可能是功能失调的和破坏性的，而任务冲突（在任务内容方面的意见不一致）则可以激发成员之间的讨论，促进对问题和备选方案的评判性评估，带来更好的团队知识共享和共同决策。有效团队可以通过直截了当地讨论具体问题来解决冲突，而不是停留在成员个性和表达方式的争论中。

社会惰化现象会妨碍团队知识共享。大多数时候，每个成员在团队中的具体贡献是无法精确识别的，因此个体可能会出现社会惰化，顺势搭上群体努力的便车，在其中滥竽充数。有效的团队可以让成员在团队和个体这两个层面上对团队的目的、目标和行动方式承担责任，明确个体责任，从而削弱社会惰化倾向，促进团队共享。

（三）营造知识共享氛围

团队氛围对于团队成员的工作方式与工作态度有着重大影响，凝聚力强、追求创新的团队氛围有利于知识共享。

团队文化可以分为表层的物质文化、中层的制度文化和深层的精神文化三大方面，要在团队中打造创新、奉献的精神文化需要通过实际的物质奖励与具体的规章制度来实现，如对团队成员的行为规范做出限制，对知识贡献做出奖赏，等等。营造和谐、平等、信任、创新、奉献的团队文化有助于成员大胆地表达自己的观点，促进交流与知识分享。

二、团队基础设计

（一）团队构成

团队构成包括对团队成员配置相关的变量（如成员的能力、性别、个性、角色、团队规模、工作偏好等）的综合考虑。团队层面上是否能开展有效的知识共享，在部分程度上取决于团队成员的知识、技能和能力的配置。一个团队中需要具备不同技能的成员，有的具备技术专长；有的具备组织专长，能够发现问题，提出解决方案，权衡各种备选方案，做出有效选择；有的具备良好的人际关系专长，如善于聆听意见、提供反馈和解决冲突（Stevens and Campion，1994）。这三类技能的正确组合至关重要，但并不需要在团队建立的初期就完全到位。在团队合作的过程中可以不断调整个体角色，激发个体的优势，使团队充分发挥潜能。

联系紧密的、便于成员间接触与交流的结构才有利于知识共享的发生。规模较小、人员较少的团队在成员接触频率和深度上较有优势。在工作上或生活上增加成员间的互动频率与深度，能够提升团队的紧凑度，在互动中促进隐性知识的显性化。在虚拟团队中，互联网络为成员提供了随时随地进行交流互动的可能性，成员间能方便快捷的联系与沟通。此外，线下活动也有助于增加成员之间的亲密感和临场感，促进团队间的知识共享。

（二）团队领袖管理

团队领袖的作用在于协调讨论，做出决策，组织活动，激活团队热情，保障团队的合理构建和正常运转。团队领袖有可能是选举产生的组长，也可能是在某方面资历较深的专家，或者讨论较活跃的意见领袖。团队领袖需要向团队个体授权，将职责下放，而自己则扮演"协调人"的角色，确保团队成员相互协调、共同努力，以实现满意的结果。在平均能力水平较低的团队中，高能力的领导者需要承担更多的知识传授工作，为苦苦挣扎完成任务的组员提供帮助；反之，在平均能力水平较高的团队中，低能力的领导者则会削弱团队的知识共享氛围。对于团队领袖，组织上应该给予一定的资源支持和适当培训，使其更好地做出决策、协调和有效授权，确保胜任领导者的角色。

虚拟团队的特点决定了在虚拟团队中不能进行集权管理，而要更多的进行授权，建立授权型领导机制（龚立群和方洁，2013）。授权型领导机制下团队领袖应做好以下工作：分配角色，明确地定义所有成员的责任；明晰虚拟团队的任务，监督进程；激励和支持团队成员，重视团队成员的意见和建议；解决团队冲突，保障良好的团队氛围。

（三）团队目标管理

虚拟团队成员拥有共同的总体方向与目标，需要协作完成团队任务。共同的目标意味着虚拟团队成员具有共同的利益和愿景，是团队成员知识共享的主要动力来源。只有当团队的目标被团队成员共同认可和接受时，才能有效地沟通与合作（王学东，2011）。因此，在设立目标与任务时应当注意以下两点。

1）目标具有一定难度：当目标具有一定的难度时，分配给团队成员的任务就具备一定的挑战性，成员不具备独立解决所有问题的能力，在客观上就有了向其他成员寻求知识帮助的需求，团队内的知识共享活动也会相对频繁。

2）任务具有复杂性：若任务复杂，则每个成员得到的任务也会复杂，需要多学科知识来解决问题，而每个成员所需的知识也就越多、越广，团队就更需要成员间频繁的交流，知识共享的动力就会越大。

（四）绩效考核与评估

由于个体利益和团队利益并不一定一致，面向个体的绩效评估和激励可能会与高绩效团队的开发产生抵触。因此，除了评估和奖励个体贡献之外，还应该对传统的、以个体为导向的评估和奖励体系进行修正，以反映团队绩效，强化成员在团队和个体两个层次上的责任心。面向团队的绩效评估、收益分享和小组激励可以促进团队协作和构建团队承诺，从而带动团队层面的知识共享。

在团队绩效考核评价体系的搭建上，需同时考虑团队绩效与个人绩效，通过两种考核方式来检验团队成员的贡献度。团队绩效考核团队共同努力形成的成果，可间接起到促进知识共享的作用。个人绩效考核对成员个人的知识共享度进行考量，在一定程度上遏制了"搭便车"的行为。在实际操作中，可根据情况对两种绩效考核进行权重分配。

三、团队共享动机激励

在团队中所进行的知识转移和共享活动往往不是一次性的，而是多次的重复博弈，成员可以选择的策略是共享或不共享（张玲玲等，2009）。我们将首先进行知识共享的成员称为知识共享率先者，促使知识共享率先者的出现是团队知识转移和共享活动有效进行的重点。

（一）建立信任

团队成员之间的相互信任可以促进合作，减少监督彼此行为的需要。在团队组建初期，就应该让每个成员了解自己所需要承担的责任，以及责任没有完成所产生的风险，这是后续团队信任氛围产生的基础，还可以通过自我介绍和团队热身活动让成员相互熟悉，交换通信方式，为后续团队内部信息分享和互助打下基础。信任和互助的团队氛围有助于促进知识共享。

信任是成员间沟通与合作的基础，其主要作用是：形成良好的心理契约，有效降低交易成本，防范投机行为，而且也能降低对未来的不确定性，促使组织内部资源更合理的运用，从而提高组织效能；信任可以促进组织成员间的互助合作，使人际间沟通更加顺畅、部属与上司配合决策、成员能够认同组织目标等，不但能够提升团体与组织的凝聚力，而且有助于组织生存的维系；信任能够确保组织成员以共同的且都能接受的行为对现在和未来的环境做出积极的反应。从经济学的角度来看，信任可以大大降低组织运作过程中各个环节的交易成本。因此，要在团队中建立信任需做好以下两点。

1）建立完善的制度保障信任：建立团队沟通规则，确立奖惩制度，在制度上保障信任条件的初步形成。

2）加强成员间情感培养：促进成员间的了解，通过个人档案等基本信息进行初步了解，开展一些线上或线下的团队培养活动，培养相互间的情谊以获得情感信任。

（二）制定奖励措施

在奖励方式上，个体奖励与团队奖励各有所长。个体奖励的方式可以吸引高能力员工积极参与，但容易引发"自私"行为，使个体强调个人利益而忽视集体协作，难以避免"搭便车"现象。团队奖励的方式可以鼓励团队成员相互协作，但容易引发社会惰化和"搭便车"现象，难以激发个体积极性，团队内部对奖励的二次分配也常存在争议。因此，需要在个体奖励与团队奖励中找到平衡点。

运用奖励作为激励措施来激发组织、团队和个体成员的知识共享动机通常分为物质奖励与非物质奖励两类。

（1）物质奖励

物质奖励包括金钱、分红、福利、股票期权奖品等能带给团队成员实质性收益的奖励。例如，在论坛中创设虚拟货币，由一定数量的虚拟货币可兑换相应的权利，或现实货币。（例如，50个虚拟货币可以获得自主创建一个主题论坛的权力，1000个虚拟货币可以兑换现实货币5元等。）

毫无疑问，物质奖励能显著地促进成员显性知识共享，得到直观的效果。但值得注意的是，团队中过分强调外在物质的激励会使内在激励效果削弱甚至失效，因而在物质奖励上要把握好度。如果在物质奖励的挑选与设置上合理得当，则可以促进内在激励的效果，如设置团队文化T-shirt等带有团队标志的实物作为知识贡献的奖品，成员在得到奖励的同时也会增强对团队的认同感。

（2）非物质奖励

非物质奖励有晋升、地位、荣誉、成就、就业机会、来自于顶级贡献者排名的自我利益或间接利益（这种排名特征对于那些认为贡献能够带来较好声誉的个体非常重要）（龚立群和方洁，2013）。通过对团队中的权力和资源做出一定限制，对知识共享积极者和知识贡献实效较大者给予一定的权力与资源及间接的利益。例如，根据论坛发帖人的帖子获得回复数量、浏览数量、是否置顶及帖子本身质量进行帖子的选拔，质量优且参与者基数大的帖子可被列入精华帖，或给予发帖者相应的徽章标记，为发帖者赢得一定的社会资本。

（三）运用情感激励措施

除了在团队中建立信任和制定奖励措施外，还可以从情感层面，激励团队成员进行知识共享。当团队成员在团队中的情感得到满足时，他们会更乐意帮助他人，进行知识共享。具体情感激励措施可分为三类。

（1）利他主义

具有利他主义的团队成员会积极地帮助其他成员，无条件地分享自己的知识，他们通过帮助他人能够获得心理上的满足感。因而在团队中可以提倡利他主义并通过一定的措施培养团队成员的利他主义精神，鼓励成员主动地站在他人的角度为其他成员提供信息和建议。

（2）反馈机制

虚拟团队管理者提供有效的反馈机制能增强团队成员的知识自我效能。一方面可以通过招聘和选择具有高度认知能力和自尊感的成员建立起具有高度自我效能感的团队；另一方面，虚拟团队管理者通过向团队成员展示其知识共享对于团队的重大贡献，从而增强团队成员的知识自我效能感（龚立群和方洁，2013）。

（3）参与式决策

团队提倡参与式决策制定，团队成员就会有更多的机会发表他们的意见并提供建议，在这种机制下，团队成员更容易将自己看作是决策过程的一个重要组成部分并更加有动力共享知识。

第四节 开放共享促进策略

开放共享层次的知识共享主要涉及教学型虚拟社区和综合型虚拟社区两种类型。本书将依据两类虚拟社区的特点，从开放共享环境构建、开放共享活动组织和参与者开放共享动机激励三个方面提出促进策略，激励学习者进行持续而有意义的知识共享。开放共享促进策略如图11-4所示。

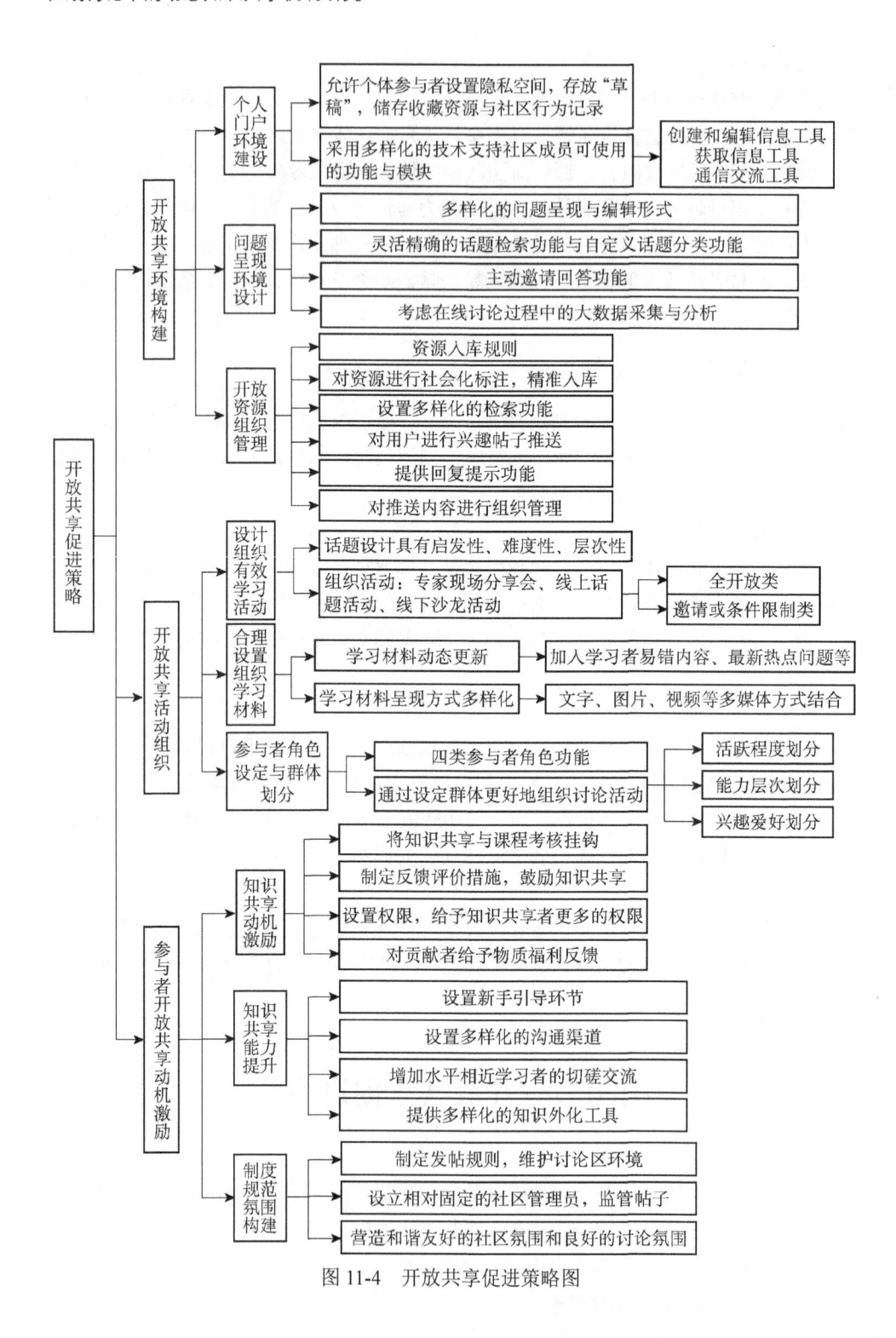

在线讨论中的动态知识共享机制研究

```
开放共享促进策略
├── 开放共享环境构建
│   ├── 个人门户环境建设
│   │   ├── 允许个体参与者设置隐私空间，存放"草稿"，储存收藏资源与社区行为记录
│   │   └── 采用多样化的技术支持社区成员可使用的功能与模块
│   │       ├── 创建和编辑信息工具
│   │       ├── 获取信息工具
│   │       └── 通信交流工具
│   ├── 问题呈现环境设计
│   │   ├── 多样化的问题呈现与编辑形式
│   │   ├── 灵活精确的话题检索功能与自定义话题分类功能
│   │   ├── 主动邀请回答功能
│   │   └── 考虑在线讨论过程中的大数据采集与分析
│   └── 开放资源组织管理
│       ├── 资源入库规则
│       ├── 对资源进行社会化标注，精准入库
│       ├── 设置多样化的检索功能
│       ├── 对用户进行兴趣帖子推送
│       ├── 提供回复提示功能
│       └── 对推送内容进行组织管理
├── 开放共享活动组织
│   ├── 设计组织有效学习活动
│   │   ├── 话题设计具有启发性、难度性、层次性
│   │   └── 组织活动：专家现场分享会、线上话题活动、线下沙龙活动
│   │       ├── 全开放类
│   │       └── 邀请或条件限制类
│   ├── 合理设置组织学习材料
│   │   ├── 学习材料动态更新 → 加入学习者易错内容、最新热点问题等
│   │   └── 学习材料呈现方式多样化 → 文字、图片、视频等多媒体方式结合
│   └── 参与者角色设定与群体划分
│       ├── 四类参与者角色功能
│       └── 通过设定群体更好地组织讨论活动
│           ├── 活跃程度划分
│           ├── 能力层次划分
│           └── 兴趣爱好划分
└── 参与者开放共享动机激励
    ├── 知识共享动机激励
    │   ├── 将知识共享与课程考核挂钩
    │   ├── 制定反馈评价措施，鼓励知识共享
    │   ├── 设置权限，给予知识共享者更多的权限
    │   └── 对贡献者给予物质福利反馈
    ├── 知识共享能力提升
    │   ├── 设置新手引导环节
    │   ├── 设置多样化的沟通渠道
    │   ├── 增加水平相近学习者的切磋交流
    │   └── 提供多样化的知识外化工具
    └── 制度规范氛围构建
        ├── 制定发帖规则，维护讨论区环境
        ├── 设立相对固定的社区管理员，监管帖子
        └── 营造和谐友好的社区氛围和良好的讨论氛围
```

图 11-4 开放共享促进策略图

一、开放共享环境构建

开放共享环境构建与虚拟社区的底层设计密切相关,是学习者参与讨论活动的背景,限制并影响着虚拟社区成员进行知识共享的意愿和行为。

（一）个人门户环境建设

个人门户环境是一个由人、工具、服务和资源组成的分布式环境。其中,工具和服务是个人学习环境设计的核心,也就是技术支持与运用的具体体现,技术支持决定了社区成员可使用的功能与模块。支持知识共享的工具可分为三类:创建和编辑信息工具、获取信息工具、通信交流工具。

在个人门户环境中,除了面向大众的公用空间以外,还应该为个体参与者设置保密安全的私用空间,为参与者准备一个尚未成熟的过程性知识的存放地,有助于将私用空间的内容在适当的时候转化为各个层次的共享内容。在这一空间,允许设立成员的个人主页,可以让成员收藏经典帖子或经典回答,显示个人发帖记录,建立起个人的知识库;允许设立团队的共享空间,有助于团队间合作交流,共享知识。

从社会维度看,基于个人学习环境的学习本质是一种社会活动,它凸显了学习者之间在网络上的社会连接行为,包括获取、表达和互通知识。依据学习者建立连接的亲密度及对知识的共同关注度,其可形成不同的知识群体。将社会维度的学习者互动在个人空间中呈现有助于学习者更便捷地了解自身和与兴趣相仿者互动。

（二）问题呈现环境设计

社区成员进行知识共享可分为四个阶段:产生问题-呈现问题-解决问题-总结、知识内化。在这四个阶段中起基础性作用的是"呈现问题",即提出问题者的疑惑如何呈现,回答问题者如何发现与回答问题。所以,友好便捷的问题呈现与应答模式是在讨论区建构中首先需要考虑的。

1）多样化的问题呈现与编辑形式:在当前课程的讨论区中,绝大多数都是以文字形式来提出问题,在问题的呈现上缺乏多样性。加入添加图片、视频、文档等编辑形式,使问题以多种形式呈现,无疑有利于提高话题的可阅读性,吸引更多的分享者,并且有助于提出者与解答者更直观便利地表达自己的观点。

2）灵活精确的话题检索功能与自定义话题分类功能:话题检索工具能够帮助寻求知识者快速地检索相关话题并促使社区成员检索感兴趣的话题进行回答。当前许多虚拟社区的讨论区话题分类仅仅是大类笼统的分类,且各大社区中课程的讨论区话题分类区多为定式,缺乏灵活性。自定义话题分类区功能,可让授课教师根据课程的特点设计话题类型分区,更加有针对性。

3）主动邀请回答功能：在许多讨论区设计中，成员在提出话题后就处于被动的状态，被动等待着其他成员的回答或者老师的答疑，缺乏灵活性与主动性。在讨论区的设计上可以加入@功能或者邀请回答等功能，使被动变为主动，促进成员间的互动与知识分享。

4）考虑在线讨论过程中的大数据采集与分析：通过对每一位成员过去发布和浏览的帖子、文档及课程完成度与得分进行收集和分析，掌握每一位成员的知识结构，然后针对每一位知识寻求者的提问需要，根据知识关系为其寻找相应的知识源（包括知识库资源和社区成员）。接下来，进一步根据以往的互动关系选择最合适的知识提供者，并给相关的社区成员以提示，最后实现邀请回答功能。这一设计是在普通邀请回答上的进一步设计，通过系统的分析给予成员建议，实现人工智能的帮助。

（三）开放资源组织管理

开放资源组织管理将为在线讨论知识库的建立奠定基础。知识库的形成依赖于开放社区对优质资源的筛选、分类与合理组织。资源入库体现了社区对于成员所分享知识的重视与有效积累转化，将资源分类入库，建立起以成员分享的知识与教师分享的知识为双核心的资源库，有助于促进成员进行高质量的知识分享。

1）资源入库规则：优质资源（如精华帖）的挑选可根据讨论主题回复量、回复时间段、参与人群、推荐指数等因素进行分析与判断，选取优秀的帖子入库。可给予授课教师、助教推荐帖子入库的权利，给予社区成员点赞或推荐帖子等权利，对这两种推荐进行适量的权重分配，选取经典帖子入库。

2）对资源进行社会化标注，精准入库：在资源入库时可通过社会化标注，对话题进行细致的分类。资源精准入库便于资源的管理及学习者的检索，降低使用成本。

3）设置多样化的检索功能：例如，全区检索与课程局域检索功能。全区检索是成员对虚拟社区内整个资源库进行某一类型的检索，范围面更广；课程局域检索是成员对该课程的资源库信息进行检索，信息更加贴近该课程，与课程的联系度更高。

4）对用户进行兴趣帖子推送：在用户注册引导时可设置兴趣方面选择环节，允许用户设置个人兴趣方面并添加相应的用户标签。同时，系统根据用户的浏览、回复行为和自设定的兴趣标签，在后台为用户贴上相应的兴趣标签，定期向用户推送其兴趣方面的精选内容。通过精选推送可扩大优秀帖子的传播范围，也就扩大了知识的分享受益人群。值得注意的是，在兴趣推送中难以做到准确高效，所以在推送频率上要适当，避免适得其反对用户产生干扰，同时应设有取消推送或减小推送频率的设置。

5）提供回复提示功能：当用户发表的内容被回复后，系统检测到后给予用户内容回复提示，便于用户及时查阅与回复。回复提示功能在用户交流上起到协助的作用，帮助用户检测帖子的回复情况，即时地给予提示，提高用户间交流响应的效率，从交流的响应速度上促进知识共享。

6）对推送内容进行组织管理：对资源库的精选帖子进行筛选与组建，生成用户的兴趣推送内容。推送帖子以新入库的精选帖子为主，增强时效性。同时，往期的推送也进行目录收录，方便用户进行查找与回访。

二、开放共享活动组织

（一）设计组织有效学习活动

在教学型虚拟社区中，课程与讨论区是两大核心，在课程结束后，更多的是对话题进行思考与讨论，课后必要的作业与话题讨论是进行知识共享的主要渠道。在平台上巧妙地设置论坛活动，既能激发学习者的学习兴趣，还能在社区中获得成就感和自我实现的心理需求。

1）话题讨论（题目、内容）：授课教师在设计组织话题讨论时应当把握好以下要点，一是讨论的话题应当具有启发性，启发性的话题能引起学习者的兴趣，促进其进行思考，在回答中将其内化的知识融汇其中，以达到知识共享的效果；二是要把握任务话题的难度、深度等，既要有一定的难度让学习者进行思考，从中获得成就感，但也不适宜太难，否则会挫败学习者的积极性；三是任务话题应该具有层次性，能够满足不同层次学习者的需求，不会让水平较低的学习者产生太大落差，同时也给予水平较高的学习者一定的挑战性。

2）课程作业：设置课程作业时，应当对课程作业做出一定的要求与限制，对作业的评价标准做出阐述，保证课程作业的质量。同时，可以让学习者根据评价标准进行互评，提高学习者知识共享的水平。

在综合型虚拟社区中，除了常规的讨论帖以外，社区管理者还可以举行一些线上线下特定的活动。组织各类的大小活动不仅能够增进社区用户的归属感，还能以具体活动作为依托，在活动的过程中实现用户的交流与即时的知识分享。

1）专家现场分享会：定期邀请一些专家举办现场分享会，在有限的时间内集中地分享某一领域的知识，不仅能增加专家的荣誉感，还能吸引一定的新用户。

2）线上话题活动：管理者可以指定一个话题，在一段时间内让用户对这一话题进行讨论或分享经验。在话题设计中应当注意以下两点：一是话题范围要适当，不能太大、太空，要具体到某一领域的问题当中，同时也要保证有一定的适用人群；二是话题设计具有启发性和可探讨性，设计话题的初衷是让更多的用户在虚拟社区中进行交流、讨论、发表自己的观点。启发性的话题更能引起用户的思考，吸引用户对话题进行深入的了解，设置的话题尽量避免是已成定论的，可探讨性不高的，否则难以激发用户进行交流探讨。

3）线下沙龙活动：当社区发展到一定规模时，社区管理者可组织一些线下沙龙活动，提供用户面对面与专家及其他用户交流的机会。组织的线下活动可分为两种类型，一是全开放式活动，社区用户通过报名均可参与到现场活动中，没有条件的限制，能够增强普通用户的社区归属感；二是邀请制或条件限制的活动，对专家或知名用户发起邀请，用户达到一定的等级或达到一定的贡献值、成就值方可参与，为资深用户提供一个认识的平台，通过这一平台可以将人脉关系转化为实际或隐性收益，增强用户知识共享的动力。

（二）合理设置组织学习材料

多样的、新奇的、能引起学习者认知共鸣的课程内容能够唤起学习者的兴趣与好奇心，激发学习者的求知欲和共享动机。在虚拟社区中，课程材料如果仅仅是照搬课本上的内容，没有创新的亮点，那么这样的课程很难激发学习者的兴趣。要吸引学习者，激发学习者进行知识共享的动机，在课程材料的设置与学习材料的组织呈现方式上要有所不同。

1）学习材料动态更新：可以根据学习者的前期测试或反馈，添加一些学习者感兴趣的资源，可以是学习者容易犯的错误，也可以是对当前热点问题的讨论与观点。

2）学习材料呈现方式多样化：文字、图片、视频等多媒体形式结合使用，满足不同学习者的需求，使学习材料更加灵活、有趣，调动学习者的知识共享兴趣和积极性。

（三）参与者角色设定与群体划分

在开放型虚拟社区中通常有四类人：浏览者、问答者、专家、管理人员。

浏览者：浏览者是社区的基础，他们进入社区的主要目的是获取知识，较少进行提问或回答，对社区的访问频率不高，这类用户主要是由新注册的用户转化而来。浏览者对于虚拟社区的知识共享较少，但是该类型用户基数庞大，是社区发展的基础。随着经验和知识的积累，浏览者会逐步转化成其他类型的用户主体或退出社区，如何将浏览者向其他角色转化是虚拟社区发展的一大重点。

问答者：问答者是支撑着虚拟社区知识共享的主体，该类型较低水平用户根据个人的需求提出问题，较高水平用户对问题发表意见并解答问题，虚拟社区的内容大部分由问答者的交流构成。该类型用户的知识水平差异较大，带来交流的需求和解答的应求，但同时也存在帖子内容质量参差不齐，当较低水平用户过多时，容易产生信息低质量问题。

专家：专家指的是在社区中具有专家头衔的用户，该类型用户作为社区中的领袖人物，数量较少，具有高质量的知识储备。作为各行各业中的精英人物，他们的存在能够吸引浏览者和问答者进入社区并与之进行交流。该类型用户来源一般分为两类：一类是在社区平台中成长起来的，在问答中积累了一定的经验，获得了其他用户的认可，帖子能够经常入选资源库，该用户可以向平台申请专家头衔或平台给予其专家头衔；另一类则是虚拟社区为促进知识共享，营造良好的社区氛围，邀请各行各业的专家进驻社区，度过社区发展前期的缓慢期。在教学型虚拟社区中，专家的角色将由授课教师与助教承担，解答学习者的疑惑，组织作业与考核，引导话题的讨论，促进学习者之间知识共享。在核心人物周边往往存在有相近知识储备的沉默者，他们不常在公众场合发言，但在更为私密的场合会留下记录，是社群中的潜在专家（李凯和祝智庭，2017）。

管理人员：社区管理人员主要负责管理社区的正常运转，对一些违规的、低俗的帖子进行删除并警告该成员，以维护讨论区环境的和谐、平等，以及良好的知识讨论分享氛围。社区管理人员前期往往是由社区指定的用户，在取得初步发展后一般是由用户推荐选出并由上一任管理人员赋予权利。

为了让合适的人在一起讨论，更好地碰撞出思维的火花，在社区中可设定一定的群体划分规则。

（1）活跃程度

学习者大致可分为三种类型：外向型、平衡型、内向型。外向型学习者会积极地表达自己的观点，分享自己的看法；平衡型学习者的发帖和回复与教师的发帖行为相关联，根据教师的任务、教授情况进行回复与分享；内向型学习者较少发布回复帖子，表达自己的观点。通过前面对成员知识结构的分析，可以较容易地获得信息以判断该学习者的类型。在任何一个虚拟社区及课程中，必定会有这三类学习者，在设置团队中，可以将三种学习者混合搭配在一起，通过外向型学习者活跃整个社群的氛围，促进知识共享。

（2）能力层次

按照各主题类别将在线讨论的参与者划分为高、中、低等能力层次。通过对成员的知识结构进行分析，可大致了解学习者的能力层次，在系统后台可将三个层次的学习者归到不同的组别中。在教师设计话题时给予参考，根据不同能力层次的学习者设计不同水平的问题，保障学习者对于问题的参与度。在人工智能推荐用户功能上也可用来参考，向学习者推荐上一等级的成员进行回答。

（3）兴趣爱好

在虚拟社区中，成员可设置个人的兴趣爱好方面，加入该方面的讨论区，也可根据成员参与的课程与浏览的帖子，预测该成员的兴趣爱好向其推荐该方面的讨论区。兴趣爱好讨论区中，基本上每一位成员对于该方面都较为感兴趣，在讨论意愿上会更加强烈，更加乐于分享知识。

三、参与者开放共享动机激励

（一）知识共享动机激励

动机是人进行某一活动的原因与基础。在知识分享的双方中，知识提供者尤为重要，是知识的分享方。通过对内在与外在动机的分析，总结并提出各种激励措施，能够有效地促进社区成员进行知识共享，成为知识提供者。内在动机的分析认为参与内容的开发满足了参与者内心的精神需求,如个人创造性、利他主义精神、兴趣等(Yang and Lai,2011)。外在动机的分析则认为参与者可以从参与内容开发中获取实际利益,如名声、用户需求、学习技术、职业前景等(Park et al.,2012)。可考虑从用户体验、课程收益、个人荣誉等方面构建知识共享的激励机制。

1)成员贡献值积累:社区成员在讨论区中分享知识后,如获得教师的推荐和其他成员的点赞或转发,可获得一定的贡献值;根据帖子的标注程度获得贡献值,如优秀、精华、置顶等层次。该贡献值可用于资源库的检索与下载。

2)课程加分:教师可对学习者平常的知识共享活动进行要求,纳入绩效评价体系,作为成绩考核的一部分,如表现突出者可进行额外加分。

3)成员等级成长:设置成员等级制度,社区成员在发帖和回复帖子中可获得一定的经验值,帖子获得收藏、推荐或被选入库后也可得到相应的经验值,积累一定的经验值后成员等级可以提升一级。可设置不同级别的成员名称,如普通用户、分享达人、专家等,对不同级别的成员开放不同的权利,达到一定的等级或相应的条件后方可拥有这类权限,这会带给用户一定的成就感,促进社区成员进行知识共享。

4)星级评价制度:社区成员可对帖子的质量进行星级评价,星级评价在一定程度上反映了帖子的质量,可作为评判标准的一项依据。

5)设置虚拟社区用户浏览与下载权限:在社区中可开设高级用户版块,提供给高级用户进行讨论,对于普通用户限制浏览,但普通用户可通过贡献值或经验值的积累达成高级用户。对于社区的资源库进行权利限制,分为普通用户、高级用户、管理员三个权限,对于部分核心资料予以条件限制下载。

6)福利反馈:社区可以联合其他商家或自己投放一定的资金或优惠券,用户可以用一定额度的贡献值换取一些商家的优惠券或抽奖的机会,社区以此作为福利反馈给积极共享知识的用户。

7)贡献排行榜:设置用户贡献排行榜,对于贡献高的用户予以上榜,可设社区总榜与版块分榜,激励用户进行知识的分享与交流。

此外,值得注意的是,合理的结果预期会提升用户继续分享的动力(刘岩芳和贾菲菲,2017)。对于初级知识分享者可以给予一定的资源支持和积分鼓励,满足其社会认同感。虚拟社区危感知越高,社区成员人际互动的倾向越低,知识共享的概率越低(杨陈等,2017)。因此,平台需要通过技术手段完善私人信息保护功能,提高社区的安全性,以降低社区成员的危险感知。

(二)知识共享能力提升

虚拟社区中社区成员知识共享能力主要是社区成员对于技术的使用能力,体现为社区成员的沟通表达能力及社区成员吸收知识的能力。若降低以上因素的负面影响,能够有效地促进社区成员的知识共享。

1）设置新手引导环节：在用户刚注册成功后，可设置一个新手引导环节，让新成员简单地熟悉社区的功能版块，避免出现不会使用或遗漏功能的情况。在社区引进新技术或功能后，教师应该在社区中做一个技术、功能的介绍，通过图片或视频的方式，直观地展现给其他成员，减少社区成员探索时间，提高学习效率。

2）设置多样化的沟通渠道：虚拟社区中包含了外向型、平衡型、内向型学习者，展示的倾向程度不同，所以交互工具应当多样化，既要有支持多人协助的交互工具，也要有支持私下聊天的交互工具，满足不同类型学习者的需求。

3）增加水平相近学习者的切磋交流：知识共享的过程本质上就是获取知识与巩固知识的过程。在水平相近的成员中，对于知识共享互惠的期望越高，在知识共享中获得的利益也最大，兴趣相投、能力相仿的学习者之间最容易碰撞出思维的火花。因此，为水平相近的学习者提供更多的交流机会，激发其共享意愿与求知欲，有助于持续地产生知识需求，促进知识共享。

4）提供多样化的知识外化工具：在社区中共享知识，首先需要知识拥有者将头脑中的知识外化表达出来，变成相应的文字、图片等信息载体。有些社区成员的知识外化能力较薄弱，不能明确地表达自己的观点，所以社区平台应该提供更多样化的知识表达工具（思维导图、作图工具等），帮助社区成员进行知识的外化。

（三）制度规范氛围构建

通过制定明确的规章制度，减少随意性、低价值的发帖频率，清除垃圾和水分信息，提高在线讨论的质量，营造和谐共享的讨论氛围。

1）制定发帖规则，维护讨论区环境：在帖子质量上予以一定的要求，在内容上确保和谐友好，对违例帖子进行删除并对成员进行提醒警告。

2）设置相对固定的社区管理员，监管帖子：社区成员可通过投票选取的形式选择讨论区的管理员，对讨论区的帖子进行监管，授课教师授权于助教或某一学习者成为管理员。

3）营造和谐友好的社区氛围和良好的讨论氛围：社区文化需要通过具体的社区行为规范制度和奖惩制度来实现，如对成员发言权、非礼貌用语行为等做出具体规定。营造和谐友好的社区氛围和良好的讨论氛围有助于成员间大胆地表达观点，进行知识的碰撞，提高知识共享水平。

第五节 本章小结

本章从学习支持、组织管理、知识管理和情感激励四个维度提出了私下共享、团队共享、开放共享三个层次的知识共享促进策略，以形成在线讨论中的动态知识共享机制。从平台功能来说，要满足多样化的功能需求，打造以用户为核心的服务体验；在制度建设上，设立规则，营造和谐友好的社区氛围；在用户心理上，通过建立信任、奖励措施、任务组织等方式强化用户知识共享动机；从个人、团队到社区，强化对已有知识的组织管理，通过减少对知识寻找、调用的过程，提高知识的利用率，降低知识共享的成本。在各类措施中，应当注意实施的时间与方式，不必在建设初期运用所有策略，在运营中应当以用户体验为第一位，根据用户需求进行调整。

第十二章 在线讨论活动的设计与组织

在线讨论是远程教育的重要活动形式,其讨论质量直接关系到远程培训的成效(闫寒冰等,2018)。在线讨论质量与在线讨论活动的设计与组织紧密相关,本章将立足于在线网络教育课程的论坛讨论区,对在线讨论活动的设计进行讨论,主要分为在线讨论的话题设计、系统设计、流程设计和过程调整预案这四个方面。在线讨论前期,教师需要准备相应的主题和问题供学生讨论,为此,我们对在线讨论中经常出现的主题和问题做了归纳和概括,并提出了相应话题设计的注意事项,教师可根据提出的这些策略设计出具体问题和引导过程。在线讨论中期,涉及相关讨论活动的组织与主持,我们对在线讨论的目标、参与人员结构、话题内容、过程制度和技术支持这五个方面进行相应的设计,同时归纳并设计了五种在线讨论活动的经典流程。最后对讨论过程中可能出现的突发情况进行了相应的调整预案设计。

第一节 在线讨论活动的话题设计

一、主题的设计

在线讨论活动的话题由主题和问题两部分组成。主题是一系列问题的前缀性信息呈现和情境创设。

主题的设计应该具有真实性和现实性,与我们的实际生活相联系。用真实的情景呈现主题,有利于为学习者营造出一种身临其境的氛围,激发学习者在已有认知经验的基础上进一步主动探究的兴趣。

主题的设计应该避免封闭式情景,多采用开放式情景,让学习者真正经历探索、归纳、猜想、论证等有意义的过程，真正体验到解决问题的过程。

主题的设计应该具有时代性，可考虑与社会热点问题结合，培养学习者与时俱进的观念，用发展的眼光看待问题，促进学习者立足于时代进行多元化思考。

主题的设计应该具有典型性，避免出现偏离教学目标与内容的主题，这种典型性主题应首先易于理解，其次能够引导学习者对其进行举一反三，激发学习者的拓展思维。

二、问题的类型

在线讨论的展开需要在同一主题下设计各类问题。"5W1H"是一种理解问题、分析与解决问题的流程和工具（管建祥等，2017），是一种改善工作的有效手法，起源于1932年美国政治家拉斯维尔提出的"5W"传播模式，后"5W1H"广泛运用于企业管理、日常工作生活和学习中。根据"5W1H"框架，我们把提问分为以下六种类型。

1）"是什么"类型（what）：讨论主题中核心概念的定义。

例如：光合作用是什么？

注意事项：概念与教学内容的知识点紧密联系。

2）"为什么"类型（why）：对客观事实或现象本质的解释。

例如：植物为什么要进行光合作用？

注意事项：根据不同学习者已有的知识基础进行不同层次的提问设计，不宜设计超出学习者学习能力范围的问题。

3）"怎么样"类型（how）：对客观现象或事件的产生过程进行解释。

例如：植物如何进行光合作用？

注意事项：可在引出该类问题前设计类似的过程引导，便于学习者进行推理与归纳。例如，可将光合作用的一系列经典实验作为引导。

4）"什么人"类型（who）：明确客观现象、事件的主体。

例如：哪类植物会进行光合作用？

注意事项：注意问题前后关联的科学性和严谨性。

5）"在哪里"类型（where）：明确客观现象、事件发生的场合。

例如：植物利用哪个细胞器进行光合作用？

注意事项：注意问题前后关联的科学性和严谨性。

6）"在何时"类型（when）：明确客观现象、事件发生的时间。

例如：植物在什么时候进行光合作用？

注意事项：注意问题前后关联的科学性和严谨性。

三、问题的层次

在线讨论活动问题的设计一般是由该课程的教学目标与教学内容决定的，以达到

第十二章 在线讨论活动的设计与组织

促进教师了解学习者对于知识的掌握程度，根据学习者相应的知识反馈进一步推进教学内容的目的。因此，我们以布卢姆的教学目标分类理论中认知领域目标的分类为依据（Bloom，1964），将在线讨论活动问题的设计由低级到高级分为识记、理解、应用、分析、综合和评价六个层次。在线讨论问题按各级别划分举例如表 12-1 所示。

表 12-1　在线讨论问题类型与问题举例的层次

问题类型	层次说明	问题举例
识记型问题：对知识的回忆和确认	认识并记忆。这一层次所涉及的是对具体知识或抽象知识的辨认，用一种非常接近于学生当初遇到的某种观念和现象时的形式，回想起这种观念或现象。 提示：回忆，记忆，识别，列表，定义，陈述，呈现	体积是什么？ 近代历史中的典型事件有什么？ 现代艺术是什么？
理解型问题：考察学生对概念、规律的理解，让学生进行知识的总结、比较和证明某个观点	对事物的领会，但不要求深刻的领会，而是初步的，可能是肤浅的。其包括"转化"、解释、推断等。 提示：说明，识别，描述，解释，区别，重述，归纳，比较	给出平行四边形和菱形等，哪个形状的面积在周长相等的情况下更大？ 中国近代史的发展历程呈现何种趋势？ 现代艺术是怎样发展而来的？
应用型问题：对所学知识的概念、法则、原理的运用	对所学知识的概念、法则、原理的运用。它要求在没有说明问题解决模式的情况下，学会正确地把抽象概念运用于适当的情况。这里所说的应用是初步的直接应用，而不是全面地、通过分析、综合地运用知识。 提示：应用，论证，操作，实践，分类，举例说明，解决	怎样计算三角形的面积？ 中国近代史对我国现阶段改革开放有什么借鉴及深远意义？ 如何定义作品是否属于现代艺术类型？
分析型问题：让学生透彻地分析和理解知识，并能利用这些知识对自己的观点进行辩护	将材料分解成它的组成要素部分，从而使各概念间的相互关系更加明确，材料的组织结构更为清晰，详细地阐明基础理论和基本原理。 提示：分析，检查，实验，组织，对比，比较，辨别，区别	给出不同边长的三角形、四边形、五边形等，分析边长对图形面积的影响。 近代史的产生原因及历史影响是什么？ 现代艺术和古典艺术比较的优缺点（优弊端）在哪里？
综合型问题：使学生系统地分析和解决某些有联系的知识点集合	以分析为基础，全面加工分解的各要素，并再次将它们按要求重新组合成整体，以便综合地、创造性地解决问题。它涉及具有特色的表达，制订合理的计划和可实施的步骤，根据基本材料推出某种规律等活动。它强调特性与首创性，是高层次的要求。 提示：组成，建立，设计，开发，计划，支持，系统化	给出一个特殊图形，如何分解成几块来计算面积并且累加？ 根据现代艺术的理念，创造出一幅属于现代艺术型的作品
评价型问题：理性地、深刻地对事物本质的价值做出有说服力的判断	认知领域中教育目标的最高层次。该层次的要求不是凭借直观的感受或观察的现象做出评判，而是理性地、深刻地对事物本质的价值做出有说服力的判断，它综合内在与外在的资料和信息，做出符合客观事实的推断。 提示：评价，估计，评论，鉴定，辩明，辩护，证明，预测，预言，支持	会不会出现负面积？ 对近代中国的外交政策谈谈自己的看法。 若要你从所有现代主义的艺术家中选出一位最代表该主义风格与特点的艺术家，你会选哪一位？并阐述原因

207

四、问题的功能

我们依据在问题提出后学习者能够对知识进行不同维度思考的程度,将问题分为六大功能,使学习者掌握不同知识点的核心要领,激发学习者不同程度的思考。在线讨论中问题的类型如表 12-2 所示。

表 12-2　在线讨论中问题的类型

问题的功能类型	功能说明	问题举例
巩固型	巩固型问题使学习者对先前学习过的知识材料进行回忆与归纳,加强学习者对知识的记忆	经典的美术配色有哪些? 虚拟语气的不同态应该如何表达? 古代词语"行李""左右""师徒"的古今异义有哪些?
启发型	启发型问题引导学习者逐步进行思考,能把学到的知识运用于新的情境	根据植物进行光合作用的原理,思考植物是否也会在晚上进行光合作用? 如何由三角形的面积计公式推算平行四边形的面积计算公式? 根据实数的定义,思考复数应该满足什么样的条件
操作型	操作型问题在于提升学习者的综合水平,将所学知识的各个部分重新组合,形成一个新的知识整体。它所强调的是创造能力,即形成新的模式或结构的能力	请大家尝试不建立新的 Turtle 对象 pen,优化代码完成 DrawPath。 如何快速组装一台性能良好的计算机? 如何进行铜的焰色反应实验?
发散型	发散型问题在于提高学习者分析问题的能力,以及使学习者将复杂的知识整体分解为各个组成部分并理解各部分之间联系的能力。例如,区分因果关系,识别史料中作者的观点或倾向等	你认为自由意志存在吗?为什么? 为什么现在在学习"领导力"的企业家越来越多? 请根据你对于同伴教学的理解谈一谈,如果你实施同伴教学法,你需要注意哪些方面来保障同伴教学法取得预期的效果?
模型解决型	模型解决型问题在于提高学习者对知识的理解程度,并将其运用到新的领域中	数学模型在经济学中的应用有哪些? 时间序列模型如何进行农产品产量的预测? 如何利用"开放最短路径"模型进行贪吃蛇游戏的核心代码设计?
学生自主创作型	学生自主创作型问题在于提高学习者的自主创新能力,有利于学习者的自由表达	开展关于"各类 turtle 库优秀案例征集"的讨论活动,鼓励学习者上传自己研究的学习代码和运行结果。 设计一个 Flash 多媒体课件。 设计一套产品促销的方案

五、问题的描述方式

问题的描述方式是影响学习者参与讨论程度的重要因素,同一问题采用不同的描述方式会得到学生不同程度的响应。Andrews 研究发现具有较高认知水平的、发散的、结构化的、简单化的问题更倾向于吸引学习者响应,将是其他问题响应率的 2~3 倍。

从视觉角度来看,问题的描述可分为文字类与图画类。艺术类问题中经常会出现图画类的问题表述。例如,摄影学习时会要求学习者根据摄影作品描述这幅作品运用了哪些摄影手法；美术学习时，教师会展示两幅不同的绘画作品，需要学生根据画作的表现力分别评价两幅作品的优劣，或者重新绘制一幅画。

从认知能力来看，问题的描述可分为高级认知类与低级认知类。较低认知水平的问题是仅仅需要记忆、搜索记忆中的材料并进行简单加工的问题，这样的问题唤起了学习者的记忆。相对较高水平的问题则是需要一定的分析、综合和评价过程的问题，这些较高认知水平问题将会吸引学习者的好奇心和兴趣，更能促进学习者展开积极生动的讨论。

从语言描述方面来看，分为简单性描述与复杂性描述。一个复杂的问题可能包含多个问题或者具有一定的背景信息。这增加了学习者回答问题的难度，而简单的问题只需要学习者关注一个焦点，提高了学习者回答问题的可能性。Andrews 研究表明，相对简单化、关注焦点比较少的问题更易受到学习者的关注和响应。

参考李银玲（2010）的研究，我们归纳出以下问题描述原则，如表 12-3 所示。

表 12-3　问题描述原则

问题描述原则	正确例子	错误示范
启发思考	动物在什么时候才会进行无氧呼吸？	请描述无氧呼吸的产生时段
开放性高	你为什么喜欢使用 PowerPoint 制作课件呢？	你在教学中经常使用 PowerPoint 制作课件吗？
可回答性强	教育技术与信息技术有什么区别和联系？	什么是探究型学习？
从学习者角度思考	根据您的经验，谈谈您在运行 Linux 操作系统时出现的问题有哪些？	Linux 操作系统存在的漏洞有哪些？
融合多种认知水平	在教学中你常用的媒体有哪些？	什么是教学媒体？
促进学习者探索	授导型教学有哪些特点，它适合于何种教学情景呢？	什么是授导型教学？
具有时代性	如何基于君主立宪制设计一套适用于现代国家的制度？	如何基于古代奴隶制设计一套适用于现代国家的制度？
具有典型性	绿色植物进行光合作用的具体过程是什么？	细菌进行光合作用的具体过程是什么？

第二节　在线讨论活动的系统设计

一、在线讨论的目标设计

在线讨论的目标可以分为两种类型：一种是面向问题解决的，一种是面向知识建构的，二者都需要学习者通过知识共享达到知识流动、学习和创新的目标。面向问题解决的在线讨论中，教师以问题带动思考和实践，引导学习者一步步解决问题；面向知识建构的在线讨论中，教师将通过问题启动头脑风暴，引导学习者对知识的积累和建构。

在线讨论的目标设计须以教学目标为出发点,参考教学设计的思路,主要通过三个步骤完成:分析教学内容,确定讨论目标—分解目标层次—表述讨论目标(李克东和谢幼如,1994)。

(一)分析教学内容,确定讨论目标

通过分析所学章节的内容和教学目标,归纳出相关的知识点,然后根据加涅对学习内容的分类,确定每个知识点内容的属性,分析这些知识点内容究竟是属于事实、概念、技能、原理、问题解决等哪一个类别。

(二)分解目标层次

在分析教学内容的知识点属性后,利用讨论目标-教学内容二维层次分析模型,分析它们的对应关系,进行讨论目标层次的分解,将各知识点内容的讨论目标确定为识记、理解、应用、分析、综合和评价六个层次,如表12-4所示。

表12-4 讨论目标-教学内容二维层次分析模型

				问题解决-综合、评价
			原理-分析	问题-分析
		技能-应用	原理-应用	问题-应用
	概念-理解	技能-理解	原理-理解	问题-理解
事实-识记	概念-识记	技能-识记	原理-识记	问题-识记

(三)表述讨论目标

我们采用行为目标的 ABCD 表述法对目标进行设计,这其中包括明确此次在线讨论活动的对象、行为、条件及标准(谢幼如和尹睿,2010)。

(1)A 对象的表述

表述的对象可具体分为组长、组员、单个小组、全体小组、全体讨论区学习者等。

(2)B 行为的表述

说明学习者在讨论结束后,应该获得什么样的能力。表述的基本方法是使用一个动宾短语,其中行为动词说明操作的行为,宾语说明学习的内容。例如,"区分地球自转与公转的特点""操作雨量器"等。其中,行为动词的可观察性和可测量性很重要,应避免出现"知道""理解""掌握"等含义不易确切把握的词语。

(3)C 条件的表述

条件表示学习者完成规定行为时所处的情境。例如,要求学习者"地震时能安全逃生",条件则可能指"在什么场地下?在什么情境下?在什么时间下"等因素。其中,因素又包括环境因素(天气、光线)、人的因素(个人单独完成或小组集体完成)、设备因素（工具、计算机）、时间因素（速度、时间限制）等。

（4）D 标准的表述

标准是行为完成质量可被接受的最低程度的衡量依据。标准一般根据行为的速度、准确性和质量三方面确定。例如，"测量三角形的角度误差在 0.5 度以内"等。

依据以上原则，可对讨论目标进行设计与表述，如表 12-5 所示。

表 12-5　讨论目标进行设计与表述范例

正确表述	错误表述
在线讨论区学习者阅读所布置的五篇材料后，能进行小组讨论并撰文对中外教育的差异进行比较，能在论坛上至少列举中外教育的五种不同之处	提高学生的英语交流能力

二、参与人员结构设计

（一）参与人员的角色及职责

参与人员主要分为以下三大类：一是教师；二是学习者；三是网站讨论区管理技术人员。

教师负责讨论区主题方向的引导，主要职责包括：帮助学习者高效快速地投入讨论中；提供学术性支持，有效引导学习者进行深度讨论；搜集整理学习者的不同观点，使讨论得到升华；等等（黄庆玲等，2016）。

学习者作为参与主体对教师所提出的问题做出相关的讨论与答复。学习者应尽可能将个人观点与其他成员的观点进行互相比较和协商后形成新的知识结构，促进知识的协同构建。

网站讨论区管理技术人员利用行为数据挖掘工具及有关算法负责对讨论过程中学习者的讨论参与情况、讨论深度情况进行统计，了解该主题下在线讨论的话题质量，同时对优秀学习者进行相应的奖励。

（二）讨论形式的设计

因学习者个体学习风格的差异，不同风格的学习者组成的团队风格也会有所差异。因此，我们可以在决定在线讨论形式之前，根据所罗门学习风格量表对学习者进行风格初测，从而决定在线讨论的形式。

通过对学习者风格进行分析，在设计话题的过程中可以根据学习者风格的不同设计尽量满足学习者整体风格倾向的讨论形式（刘婉君，2009）。

如果学习者整体风格倾向于活泼型，活泼型学习者更偏好通过积极地参与讨论来掌握信息，如示范性的应用、解释或与他人讨论。我们可以设计基于问题的学习和协作的学习讨论形式，加强学习者之间的讨论。

如果学习者整体风格倾向于沉思型，沉思型学习者更偏好首先对问题进行安静地思考。我们可以设定学习者应在讨论区开启 20 分钟后再发表自己的看法，并且学习者的发言应有一定的逻辑，有总结性话语更佳。

如果学习者整体风格倾向于直觉型，直觉型学习者更偏好发现事物的某种可能性和事物间的关系。我们可以设计一些对知识内容进行关联和灵活运用方面的话题。

（三）群体组合的设计

根据在线讨论活动的主题或问题的性质进行异质性分组或同质性分组。

在进行综合型主题、学生自主创作型问题讨论时，如讨论问题为"利用教学设计的原理设计出一个 Flash 多媒体课件作品"，应该首先进行同质性分组，以学生的兴趣爱好为前提进行组队，再进行不同学科背景的搭配，如美术专业可负责界面设计，计算机专业负责 Flash 脚本的编写，等等。

在进行综合型主题、操作型问题讨论时，如"如何组装一台优良的计算机"，应该进行异质性分组，不需要考虑学生的兴趣爱好，但需要对组内成员的性别进行搭配，尽量避免组内只有同性的情况出现。

（四）角色置换的设计

角色置换包括学生与教师的角色互换、学生与学生的角色互换。

学生与教师的角色互换是指在讨论活动中表现出色的团队队长可由管理员分配获得一次做教师的权利，该学生可以自主创建一个讨论问题并且对该讨论区进行管理，使学生享有充分的自主权与管理权。

学生与学生的角色互换是指队长轮流制，主要是讨论周期较长的问题，如综合型主题的学生自主创作型问题，历时可能要达到一个月，在这一个月的每个星期选择不同的队长，使每个队员在项目的实施中都能感受到做队长的责任，进一步增强团队建设，避免出现总是队长在做工作的现象。

三、话题内容设计

（一）最近发展区原则

教师应根据大多数学生的实际情况出发进行内容设计，考虑他们整体的现有水平和潜在水平，使讨论内容符合学生整体的最近发展区，为学生提供带有难度的内容，而不仅仅是局限于基础知识，从而调动学生的积极性，发挥潜能并超越其最近发展区而达到下一发展阶段的水平。根据最近发展区原则，可对讨论内容进行设计，如表 12-6 所示。

表 12-6　根据最近发展区原则设计的讨论内容范例

教学内容	讨论内容正确设计	讨论内容错误设计
已经学习了平行四边形的判定条件	请同学们尝试写出菱形的判定条件并证明	请同学们画出平行四边形

（二）相关知识点原则

在线讨论的目标之一是在一定程度上巩固学习者的所学知识。学习者能够在老师的指引下不断探索，获取预定的教学内容并且围绕学过的知识点进行讨论。因此，在线讨论的内容与知识点之间的搭配有着密切的关系。对一个知识点的讨论可以引申或者迭代对另一个相关知识点的讨论。根据相关知识点原则，可对讨论内容进行设计，如表 12-7 所示。

表 12-7　根据相关知识点原则设计的讨论内容范例

教学内容	讨论内容设计
同位角定律	请同学们尝试写出内错角定律

（三）举一反三原则

学习者在经过对一个知识点充分讨论后，可以从一个实例迁移到其他的例子，拓宽学习者的思维能力，提高学习效率。例如，可以从自然界动物的优秀特征迁移到交通工具制作等方面。根据举一反三原则，可对讨论内容进行设计，如表 12-8 所示。

表 12-8　根据举一反三原则设计的讨论内容范例

教学内容	讨论内容设计
蜻蜓的翅痣在飞翔时起到了良好的抗颤效果	如何减弱飞机机翼的颤振现象？

四、过程制度设计

在线讨论过程中对学习者的讨论深度进行质量指标评级，包括灌水、浅度、中度、深度四个指标。通过制度规范禁止或减少随意打断、无礼的言语、偏离主题、闲谈瞎扯或抵制决议等妨碍和降低讨论效率的行为，鼓励互助与知识共享。评分标准的设计可作如下考虑。

（一）加分的情况

1）学习者提出核心观点或创新型观点，对个人进行加分。若其观点具有较深远的意义，可由管理员经本人同意后，发布给其他经验度高的用户或相关企业，从而获得反馈和认可。

2）学习者经常回复他人的疑问，与其他学习者沟通密切，对个人进行加分。

3）学习者发表的观点能够促使网络中其他人改变态度和行为，对影响力大的学习者进行个人加分。

4）学习者善于归纳分析讨论区中他人的观点，并在他人观点的基础上提出新的见解，对个人进行加分。

5）学习者能够识别意见分歧，相互咨询并且澄清分歧，对个人进行加分。

6）由网站讨论区管理技术人员对整个讨论过程进行编码与统计后，根据相应团队的发言质量与数量进行得分统计并评定出优秀团队与优秀个人，实施相关的奖励制度。

7）在结束讨论之前，各团队进行讨论总结，由队长发表团队总体见解，各团队之间进行互评，教师也对各团队进行评分，综合各团队评分与教师评价的结果为各团队进行不同程度的加分。团队成员进行互评，得分高者可获得个人加分。

（二）扣分的情况

1）学习者因与他人观点不合而对他人进行人身攻击，对个人进行扣分。

2）学习者随意打断他人发言或煽动他人拒绝对话题进行讨论，对个人和团队进行扣分。

3）学习者不参与讨论，经常带偏话题导向或发表与讨论无关的话语，对个人进行扣分。

4）学习者讨论时迟到，对个人进行扣分。组长讨论时迟到对团队进行扣分。

5）当主题为辩论型时，若学习者陈述观点超过时限，对个人和团队进行扣分。

五、技术支持设计

在线讨论中的知识构建、学生交流、师生互动等都离不开各种学习工具的支持。因此，必须设计和提供一些支持学生学习讨论及管理者后期分析的工具，如认知工具、会话与协作工具、知识管理工具、行为数据挖掘工具、社交注释工具等。认知工具应该具备帮助、引导和评价等功能，如术语表、概念图、评价量表、站点地图及各种应用软件等；会话与协作工具应保证通信顺畅，使学生能够及时得到同伴和教师的帮助、指导和评价，如聊天室、BBS、留言板等；知识管理工具应便于教师对学习者在线讨论的管理，如云课堂、XMind 等；行为数据挖掘工具应可提供在线讨论的质量分析，如可视化分析工具 MTRDS（mapping temporal relations of discussions software，讨论时序关系映射软件）等；社交注释工具应能够允许学习者对在线材料进行标记并制作现场笔记，同时与小组成员分享并评论彼此的笔记，支持学习者之间的知识共享行为，如 Diigo 等（Sun and Gao, 2016）。

例如，如果我们的在线讨论是以小组为单位展开交流，需要设计一个协作交流及促进后期改进的空间。一般包括以下几方面的工具。

1）交流工具：可以划分为小组内讨论区、小组间讨论区及教师讨论区。通过同步和异步的交流方式，小组成员对于问题的解决建议和方法及时进行交流，能够共享分布的资源和认知。

2）上传工具：用于上传学生的观测数据、研究报告表单、小组间的互相评价及制定的解决方案等，多以 E-mail 和 FTP 的形式传送。

3）视频工具：能够使在线讨论平台学生讨论时达到较高的社会临场感，而不仅仅局限于文字的交流，以便加强小组成员内部的情感。

4）专家咨询：针对每个学习活动和学习任务，聘请该领域专家担任咨询顾问，学生可以直接向专家询问相关的问题，同时也可以将定期整理的问题与解答情况放置于网页供使用者浏览及学习。

5）分析软件及算法：可视化分析工具 MTRDS 能够以时间序列的形式实时记录学生的发帖行为，诊断学生的在线讨论参与情况。文本挖掘技术中的语义分析算法可以对大学科学课程中师生交互行为进行挖掘。人工智能技术可以分析学生在线讨论贡献程度（闫寒冰等，2018）。

第三节　在线讨论活动的流程设计

一、提问型

提问型在线讨论的流程是由教师先进行话题的预热，创设相应的情境和条件，使学习者充分了解相关的背景信息。然后再发起讨论的话题，随后学习者进行自由探讨，教师和助教根据学习者的讨论情况进行话题的引导与回复。随着学习者思考的深入，会引发出新的相关话题的探讨，教师和助教根据话题层次的深浅决定是否可以引导。最后，学习者先总结讨论，教师后总结讨论。提问型在线讨论流程仅停留在理论层次，不进行实践。提问型在线讨论流程如图 12-1 所示。

二、任务驱动型

任务驱动型在线讨论的流程是由教师先布置任务、划分小组、确认组长，组长再分配相应的任务至组员，团队内部进行任务的探讨，形成小组内部的合作竞争关系，以及小组之间的竞争关系。小组探讨结束后，进行在线展示。展示结束后，进行小组间的展示互评和个人自评，最终由教师的助教发布小组得分和个人得分。任务驱动型在线讨论是理论与实践的结合，需要策划出一套具体的实施方案，必要时可于讨论结束后的课余时段进行方案的实践，并且在下次进行讨论时于讨论区给出相应的实践成果。任务驱动型在线讨论流程如图 12-2 所示。

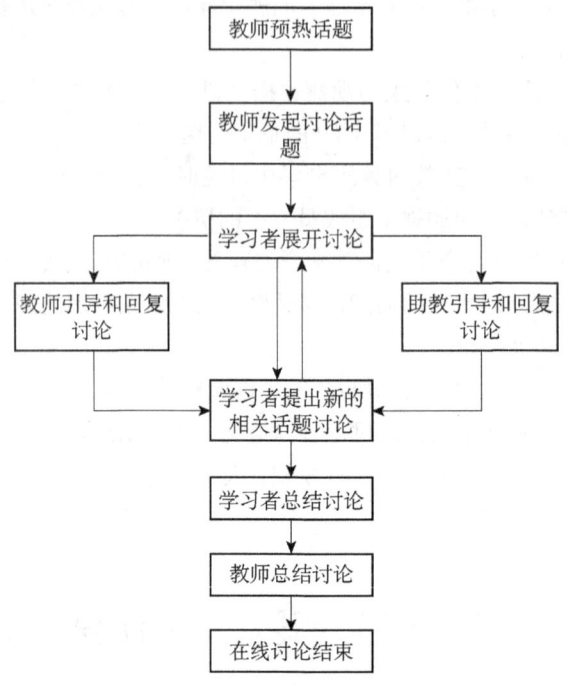

```
            ┌─────────────┐
            │ 教师预热话题 │
            └──────┬──────┘
                   ↓
            ┌─────────────┐
            │教师发起讨论话│
            │     题      │
            └──────┬──────┘
                   ↓
      ┌────→ ┌─────────────┐ ←────┐
      │      │学习者展开讨论│      │
      │      └──────┬──────┘      │
┌─────┴──────┐      │      ┌──────┴─────┐
│教师引导和回复│      │      │助教引导和回复│
│    讨论    │      │      │    讨论    │
└─────┬──────┘      │      └──────┬─────┘
      │             ↓             │
      └────→┌──────────────┐←─────┘
            │学习者提出新的│
            │ 相关话题讨论 │
            └──────┬───────┘
                   ↓
            ┌─────────────┐
            │学习者总结讨论│
            └──────┬──────┘
                   ↓
            ┌─────────────┐
            │ 教师总结讨论 │
            └──────┬──────┘
                   ↓
            ┌─────────────┐
            │ 在线讨论结束 │
            └─────────────┘
```

图 12-1　提问型在线讨论流程图

三、辩论型

辩论型在线讨论的流程是首先由教师提出具有可辩性知识点的辩题，由学生自行选择正反方进行辩论分组，分组完成后正反方分别进行在线讨论，讨论期间决定成员发言顺序。辩论前的准备工作做好后，进入辩论环节。学习者可选择语音发言或文字发言，规定语音发言每个人不能超过 2 分钟，文字发言每个人不能超过 300 字。由正方先发言，反方后发言，如此循环，直到最后一人发言完毕。在一方发言的过程中，另一方可以在组内自行讨论。辩论结束由教师做整体总结。辩论型在线讨论流程如图 12-3 所示。

四、情境模拟型

情境模拟型在线讨论的流程是教师首先创设一个真实的情景，对讨论区的所有学习者进行分组，分组完成后学习者选择情景角色，选择好角色后，学习者应该充分考虑角色的特征，从而充分利用人物特征解决问题。不同角色在同一情景下会有不同的场景问题，学习者需首先专注于解决自己的场景问题，并在讨论区与他人共同讨论解决办法。最终每个角色的学习者提出自己场景问题的解决方案，情景模拟结束。例如，

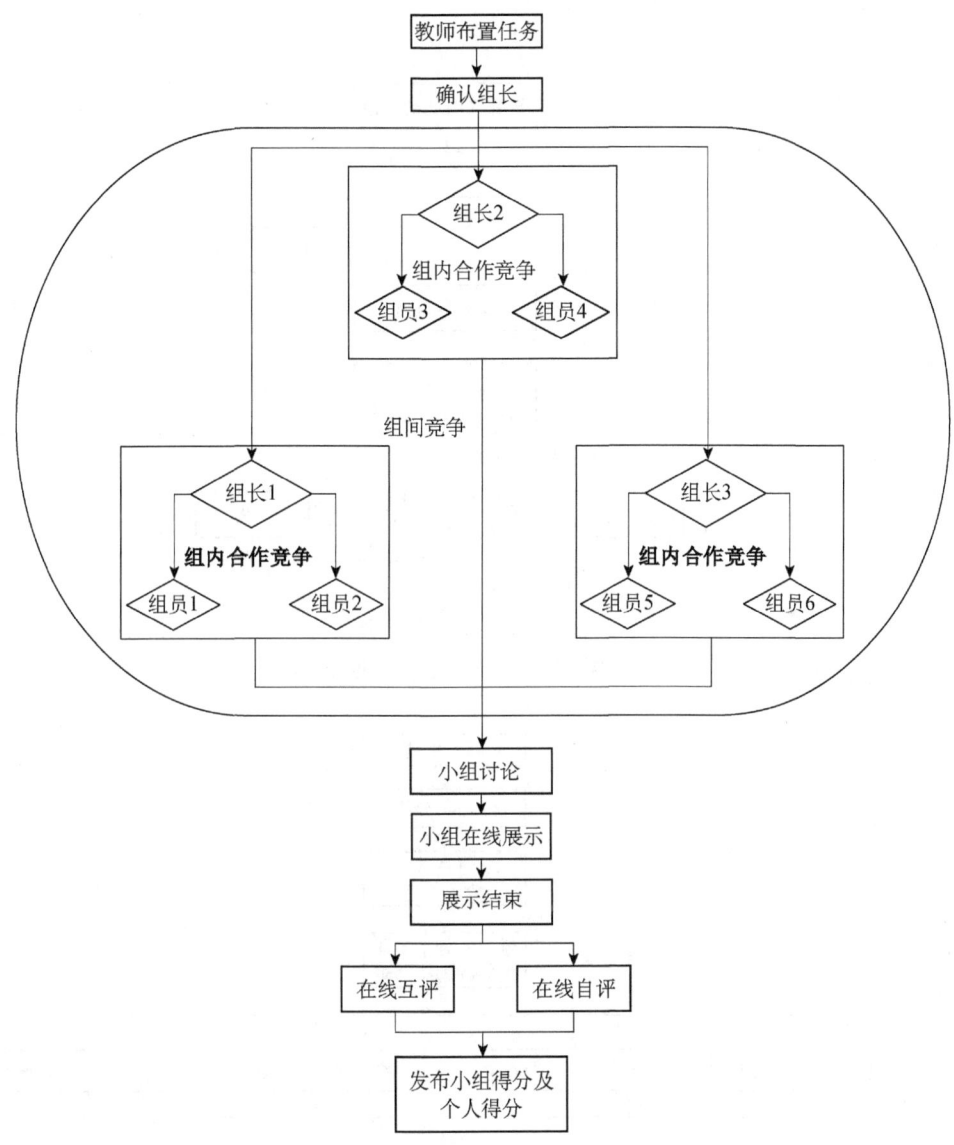

图 12-2 任务驱动型在线讨论流程图

教师可模拟一个火灾逃生的情景，人物设置为爸爸、妈妈、孩子、宠物、消防员等。情景地点为高楼的家中，家中突然着火，这时每个角色的人物都遇到了自己需要解决的问题。情景模拟型在线讨论流程如图 12-4 所示。

五、角色扮演型

角色扮演型在线讨论的流程是教师首先选择一个引人入胜的情境，可包括一个与

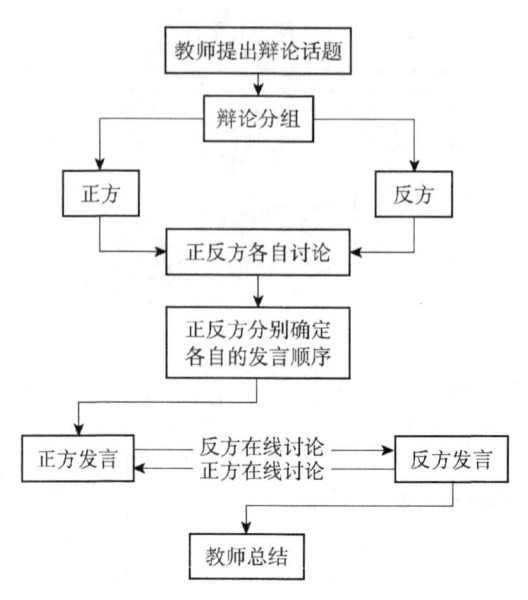

在线讨论中的动态知识共享机制研究

图 12-3 辩论型在线讨论流程图

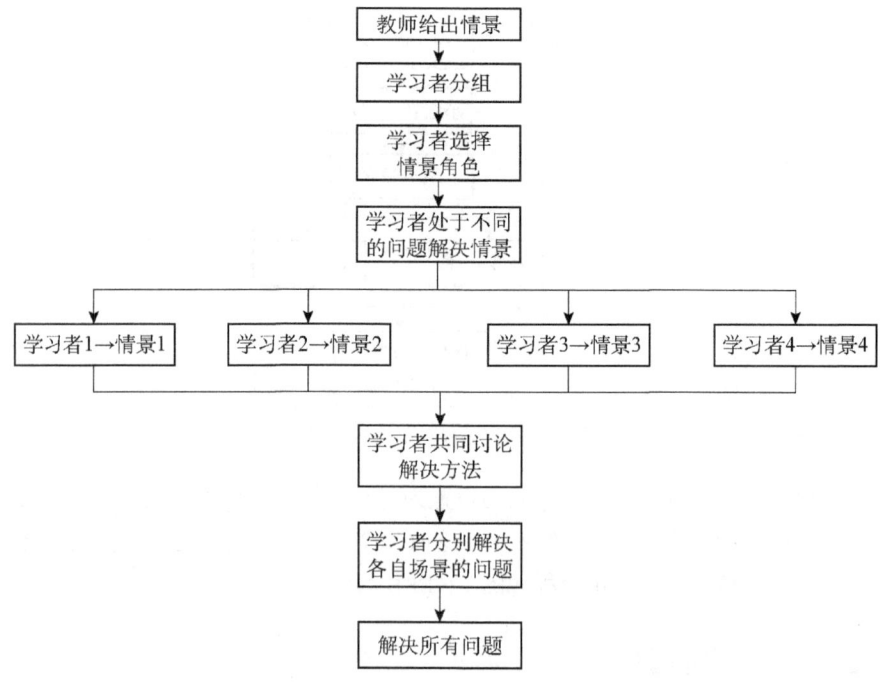

图 12-4 情景模拟型在线讨论流程图

教学内容相关的事件或问题，其次选择一名适合该情景的学者或名人作为角色，并指定一名学习者作为该角色的扮演者。

学习者通过模仿该学者或名人，利用角色扮演的方式与其他同学进行学术性的对话，也可以对其他学习者进行相关的提问，引发讨论。学习者需要在角色扮演的过程中充分体现出人物的特征、人物所处的时代特征等。角色扮演型在线讨论流程如图12-5所示。

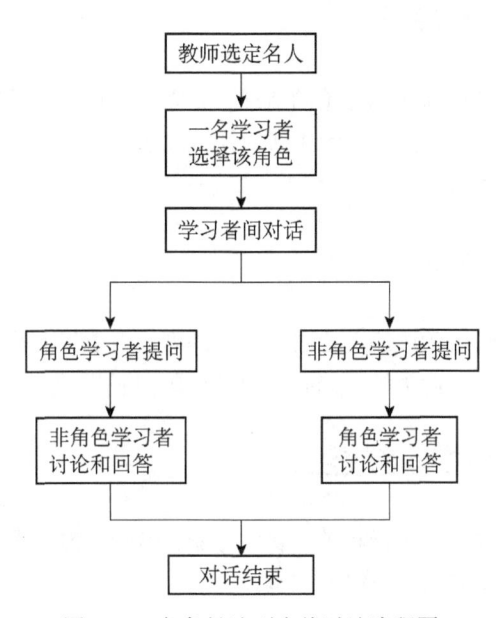

图12-5　角色扮演型在线讨论流程图

第四节　在线讨论活动的过程调整预案

调整预案的准备是为了在讨论区出现突发情况时，教师和助教有相应的应对策略来维持讨论区原有的秩序，使学习者不因突发情况而打断正在思考的思维过程，从而营造良好的讨论氛围。

一、学习者讨论跑题

教师或管理员在发现学习者讨论偏离主题时，应该给学习者提供一定的帮助和指导，尽量让学习者自己探索和解决问题。若教师和管理员不在场，则应该由各组组长承担起纠正主题的责任。

二、学习者开始闲聊

教师或管理员应该及时制止闲聊现象，并且对第一个开始闲聊的学习者所在团队进行扣分，其他参与闲聊的学习者进行个人扣分。

三、学习者讨论冷场

教师根据学习者冷场前在线讨论的情况，介入讨论过程并发表指导性帖子，改善学习者在线讨论的状况，鼓励学习者将新旧知识联系起来，或者从主题出发引导学习者进行逆向思维，从而再次开启讨论。

四、团队组长缺席

提前制定好组长轮流的顺序，若这次组长缺席，则由下次轮到的组长提前做这次的组长，若仍缺席，则以此类推。同时，对缺席的组长进行个人扣分。

五、学习者讨论程度较浅

教师引导学习者在网上进行相关资料的搜索，鼓励学习者借鉴他人深刻的经验看法，并从他人的看法中发散出自己的观点。

六、学习者对团队评分有异议

学习者针对有异议的分数给出充分理由，如果教师和助教认为理由合理，可要求各团队发表针对有异议分数的评价依据和解释。

七、学习者频繁向教师提问

教师应首先引导学习者进行相关资料的查阅和独立思考，在学习者给出自己的见解后，再针对学习者的问题进行答疑解惑。

第五节 本章小结

在线讨论是远程教育学习中的重要组成环节，关系到学习者是否掌握和理解各章节的教学知识点，能否进行有效的团队合作等，从而影响在线学习的成效。在本章对在线讨论活动的设计与讨论中，我们不仅对讨论中可能出现的主题、问题进行了归纳，还对整体的讨论进行了系统性设计与流程设计的初步探索，最后设计了在线讨论活动的过程调整预案，形成了一套较为完整的体系。

第十三章 在线讨论中面向知识共享的智能推送与引导

智慧学习环境是将新一代信息技术全面融入学习环境中的高级形态，是普通数字化学习环境的高端形态，是教育技术发展的必然结果（黄荣怀等，2012）。伴随着Web2.0技术为支撑的社交网站的发展，人们的学习范围不断延伸，由课堂走向人们存在的社会化空间。社会化空间与学习空间深度融合，社会化学习方式也日益得到重视，如英国MOOC平台FutureLearn已将社交互动作为其平台学习体验中最核心的内容（包正委和洪明，2014），而国内著名的知乎、豆瓣等网站也积极地进行着社会化学习的尝试。社会化学习以集体智慧为核心特征，通过社会关联技术，将众多的资源、观点与人、社会关系融合在一起，共同构建智慧学习环境（郑娅峰等，2016）。但是社会化学习中的资源具有"碎片化"的特点，传统的学习支持的服务很难根据学习者的兴趣有效地将资源聚集到一起。目前，针对社会化学习支持服务的研究主要集中在资源推送和人际关系的组织管理上，忽视了对学习者在社会化学习过程中情感因素的调控及对学习场面的控制，如忽视对学习者在在线讨论过程中的灌水、跑题、冷场的情况的调度。本章将探讨在线讨论中面向知识共享的智能引导模型具体包括的功能及模型如何构建，这将有助于解决基于用户兴趣的资源推送问题及加强学习者人际关系的问题，以及学习过程中学习者的情绪与学习场面的调控问题。

第一节 相关研究综述

一、在线学习平台现状综述

在线学习平台又被称为网络学习平台，或是在线教育平台。百度百科对在线学习平台的定义是：为学员提供课程讲授、作业练习、考试评估、互动交流、学习档案管理等诸多线上教学业务的综合性服务系统。可汗学院的创始人萨尔曼·可汗最早创立了网络教学授课形式。可汗学院涵盖了人文、历史、金融、理工等多个学科，以教学视频的形式向全世界的人们提供免费在线学习的机会。受可汗学院启发，美国高校纷纷创办在线课程项目，其中最著名的就是在线学习平台 Coursea、edX、Udaticy 等，这些平台已拥有大量注册用户。在国内，2010 年以来，在线学习平台数量与注册用户数量快速增长。目前，中国大学 MOOC 平台、网易公开课、爱课程、腾讯课堂、国家教育资源公共服务平台、果壳 MOOC 学院和各大高校网络课程越发受到关注。

在以"个性化服务、借助网络利用集体智慧"为特征的 Web2.0 时代，网络教学资源共享平台也应该朝着"提供个性化的资源服务，不断提升共建共享价值"的方向进行深化建设。但是现在大多数的在线学习平台只注重资源的收集与浏览，忽略了按照知识的建构规律去组织和管理其中的资源：①平台"千人一面"，对具有不同认知水平和资源需求的用户却呈现相同的内容，无法为用户提供个性化的资源服务与知识拓展功能；②平台积累了大量的信息（如用户的访问日志、上传下载记录及社区交流信息等），这些信息对于补充、更新资源库及提供个性化的资源服务具有重要的作用，而平台却无法对这些资源进行有效的分析与提取；③共享功能仅仅提供对资源库的搜索、上传和下载等操作，不能进一步帮助用户对所获得的资源进行深层次的属性处理和关系分析以建构新的知识体系（王庆和赵颜，2010）。

二、智能推送在在线学习平台中的应用综述

信息推送（push）技术亦称为"网播"，是由美国 Point Cast Network 公司于 1996 年首先推出的一种网络信息服务新技术，它与有关媒体公司合作，利用其信息推送软件，向因特网的广大用户主动传送发布各种新闻、经贸、文教等信息（石岩，2006）。智能推送技术主要是在传统推送技术的基础上加入人工智能、数据挖掘等技术，可以对资源进行分类处理，并分析用户的需求，使推送的资源更具针对性。在国外，个性化学习已受到各国普遍重视。2014 年，Facebook 与美国一家特许学校集团 Submit Public Schools 合作建立个性化学习平台（submit learning platform，SLP），学生根据教师发布的学习计划，自主选择学习项目，教师则根据大数据收集学习资源的推送和应用情况，有针对性地指导学生（陈晓慧，2012）。加拿大安大略省的高校为学生提供了个性化在线学习课程表，固定学分，学生可自由选择课程资源（孙剑坪等，2010）。在国内，为了解决在线学习平台中学习者个性化需求的问题，平台中的智能推送机制成为研究热点。钱研（2017）认为在线教育资源推送强调人本、开放、创新等，以更为个性化的视野为用户提供资源。张琪（2015）关注大学生的个性化在线资源推送问题，认为推送方式应以用户的个性化为中心，采用动态推送方式，并注意吸纳电子商务领域的信息推送模式。目前，大部分学习平台中的智能推送研究主要集中在学习资源的个性化推送，

如刘海涛（2015）设计与实现了基于知识推送的在线学习辅导系统，冯勇（2007）研究了网络环境下知识推送平台构建的若干问题与在线学习平台中知识推送的若干问题。

但是，对于学习资源的共享、学习者关系网络的研究、对学习者情绪的引导及学习场面调度的研究甚少，所以本章将针对在线讨论中面向知识共享的智能推送与引导模型做进一步的研究。

第二节　在线讨论中学习者行为数据的收集

对学习者行为的研究是研究知识共享引导策略的基础。学习者的行为特征可透视出他们的学习需求与学习兴趣。学习者与教育信息资源的交互行为间接体现了其对资源选取的偏好（马佳佳，2016）。

在线讨论中学习者行为的数据主要来源于支持在线讨论功能的学习平台。现有的网络学习行为可分为个体学习行为和社会化学习行为两类（Hrastinski, 2009）。其中，个体学习行为按照由浅到深的程度，可以分为登录、查找资源、浏览资源、上传下载资源、提交作业等（Han et al., 2013；马婧等，2014）。社会化学习行为反映学习者与学习共同体（其他学习者、专家）之间的交互（王丽娜，2009），如相互提问、解答问题、共享信息和资源等（孙海民，2012），在在线讨论中主要通过论坛发帖、回帖、收藏、转发、点赞/踩、关注、私信等行为来表征与测量（李爽等，2016）。本章研究的智能引导系统根据学习者的个体学习行为将在线学习平台中的学习资源进行标签化，根据社会化学习行为分析学习者的兴趣与能力。网络学习行为结构如图 13-1 所示。

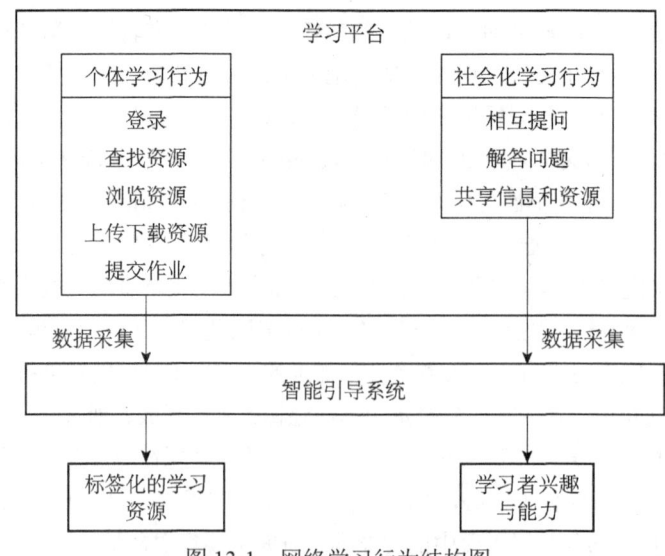

图 13-1　网络学习行为结构图

然而将大量的学习者行为数据从平台中提取出来，需要通过数据挖掘技术来实现。数据挖掘（data mining）是指从大量的、不完全的、有噪声的、模糊的、随机的实际应用数据中，提取隐含在其中的、人们事先却不知道的有用信息和知识的过程（Zhang et al.，2009）。其实数据挖掘也是数据库知识发现（knowledge discovery from database）的一个过程，狭义地理解为从数据库中获取有用的知识，其最终的目的就是通过数据挖掘这一过程解决某些特定的问题（孟强和李海晨，2017）。

第三节　在线讨论中的社会化标签

社会化标签是Web2.0思想中的一种重要应用，它使用户可以自由地对互联网信息进行标注，从而反映用户的兴趣和认知偏好（田莹颖，2010）。标签由学习者定义，学习者在学习过程中对学习资源用关键字词进行标注，这种由学习者主动进行标注的标签为有意识标签。学习资源可以根据学习主题进行分类，可以分为若干个知识单元，每个知识单元又可分为若干个知识点。每个资源都必须要用两个以上的标签进行标注，这样每个学习资源都用标签来代替，标签的引入有助于对资源内容进行分类，实现资源的统一管理和高度共享（李宁等，2014）。某一类知识主题的学习资源最终是以一个树状的层级结构呈现的。树的最顶端是知识学习的最基本知识点，每一类知识点都有自己的知识点标记（李宝和张文兰，2015）。学习者和后台管理者都有权上传学习资源。在上传学习资源时，学习者或后台管理者可以对学习资源的知识点主题及难度进行标注，有利于与学习者的行为特征标签进行匹配。而在在线讨论中，系统对学习者发表的评论或观点进行语义性的提取，提取出的关键字词，以及对学习者的网络学习行为进行分析归纳出的学习者的关注点或者兴趣点，这些都属于无意识标签。

在"互联网+"时代，网络平台提供了各种各样的教学资源，但是数量巨大，学习者很难快速、准确地查找到自己想要的学习资源，导致大量的学习资源被闲置，难以共享。社会化标注可以利用标签将学习者与学习资源建立起联系，打破网络教学中学习者与学习资源分离的状态，从而促进学习资源的共享（刘明，2009）。智能引导系统会根据在线讨论中学习者发表的文本内容（讨论帖）或上传的文本类学习资源中提取出的语义关键字词，快速、准确地匹配到具有相同或相似标注的学习资源，从而实现学习资源的共享，打破学习资源"孤岛"的状态。

第四节　面向知识共享的智能推送

本节重点针对三类智能推送模型进行研究，包括学习资源推送、兴趣相关者推送和专家识别推送。

一、学习资源推送

学习者在在线讨论过程中对自己和其他学习者的讨论内容及浏览的或自主上传的学习资源进行标注，与后台管理员上传学习资源时对其的标注（固有标签）汇总后，形成有意识标签，并将这部分标签存入有意识标签库。在在线讨论过程中，智能引导系统会分析学习者发表的文本内容（讨论帖），并从中提取出语义性关键词。同时，系统会挖掘学习平台的 Web 日志，采集学习者的访问频次、页面停留时间等，得出学习者的关注点，形成语义性词汇，即学习者兴趣标签，并与之前的语义性关键词汇总，形成无意识标签，系统会将其存入无意识标签库。

表 13-1 为有意识标签与无意识标签内容列表。学习者和后台管理员在上传学习资源及学习者在浏览在线讨论历史记录时，会对这些资源进行标注，包括标题和关键字的标注，这些属于固有标签，系统会根据这些固有标签生成学习资源的知识领域和难度等级，即生成性标签。学习者在注册登录平台时登记的个人信息属于自我标注，系统通过数据挖掘并分析学习者的社会化行为（发帖、回帖、收藏、转发、点赞/踩、关注、私信）数据，对学习者进行标注，即社会化标注，然后系统会根据学习者的自我标注和社会化标注生成学习者的兴趣标签和能力标签。在在线讨论过程中，系统会分析学习者发表的文本或语音转化的文本，提取出关键词，从而判断学习者需要的资源，并结合学习者的兴趣标签和能力标签从学习资源库中筛选、实时匹配相应知识领域和难度级别的资源推送给学习者。学习资源推送模型如图 13-2 所示。

表 13-1　有意识标签与无意识标签内容列表

标签类型	内容
有意识标签（学习者标注）	固有标签（后台上传的学习资源）
	讨论内容标签（发帖内容）
	学习资源标签（自主上传的或查阅浏览的资源）
无意识标签（系统标注）	学习者兴趣标签（系统分析学习者社会化行为）
	讨论内容标签（系统提取讨论内容文本关键词）
	学习资源标签（系统提取资源标题与关键字）

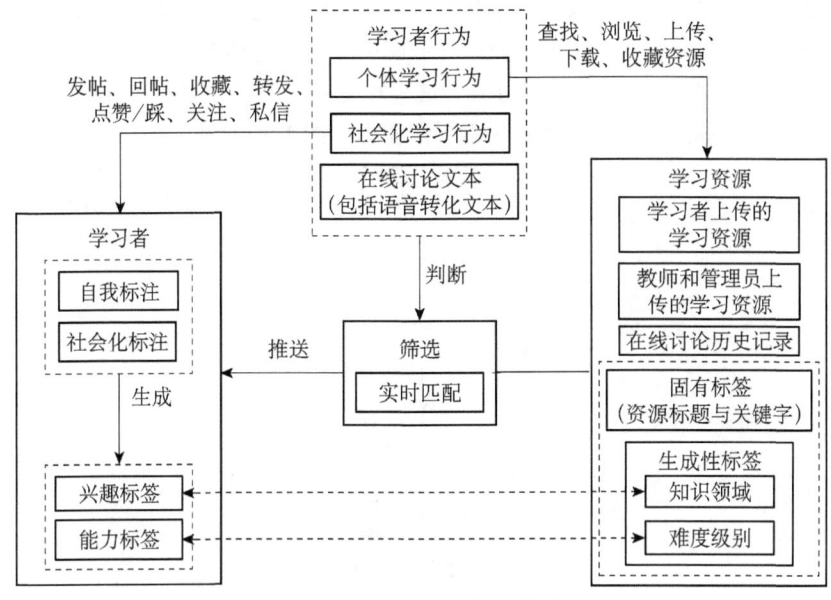

图 13-2　学习资源推送模型

二、兴趣相关者推送

智能引导系统主要通过三种方式确定学习者的兴趣相关者：通过个体学习行为判断、通过在线讨论中的行为判断、通过社会关系网络判断。

（1）通过个体学习行为判断

如图 13-3 所示，智能引导系统会记录学习者 A 的个体学习行为，如上传、下载、浏览和收藏等，并挖掘采集这些行为相关的数据，如浏览某网页的时长、浏览收藏某类资源等，可以得到学习者 A 的关注点。如果学习者 B 的关注点和学习者 A 的关注点相同或相似，那么智能引导系统就判定学习者 B 是学习者 A 的兴趣相关者，并将学习者 B 推荐给学习者 A。

（2）通过在线讨论中的行为判断

如图 13-4 所示，学习者 A 发布帖子后，学习者 B 与其进行互动，包括回帖、转发、点赞/踩等行为，那么智能引导系统判定学习者 B 为学习者 A 的兴趣相关者，并将其推荐给学习者 A。

（3）通过社会关系网络判断

如图 13-5 所示，学习者 B 关注或者私信了学习者 A，智能引导系统就会对学习者 A 与学习者 B 的兴趣标签和能力标签进行比对，如果两者的标签相同或相似，那么系统判定学习者 B 为学习者 A 的兴趣相关者，并将其推荐给学习者 A。

当然，学习者还能够通过主动搜索，如在搜索框输入熟悉或感兴趣的关键词，也能搜索到有相似兴趣的学习者，并选择性地对其进行关注。学习者可以通过主动搜索和接受推荐的方法，促进学习者在整个互联网中与已有的相关人际节点发生关系，建立连接，形成网络（方海光等，2016）。这种社交网络的建立有利于促进学习者之间的交流及学习资源的共享。兴趣相关者推送模型如图 13-6 所示。

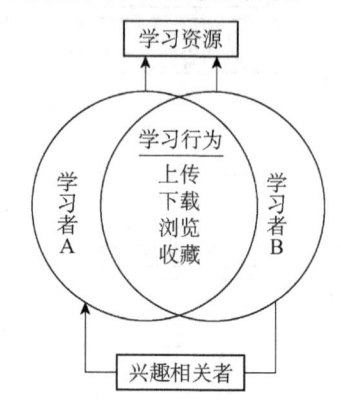

图 13-3　通过个体学习行为判断

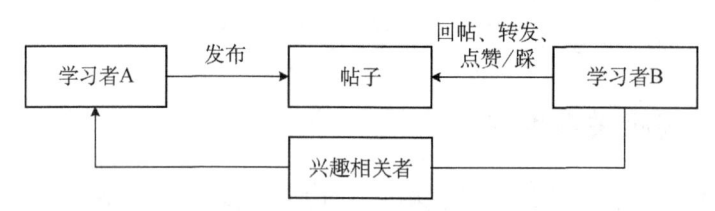

图 13-4　通过在线讨论中的行为判断

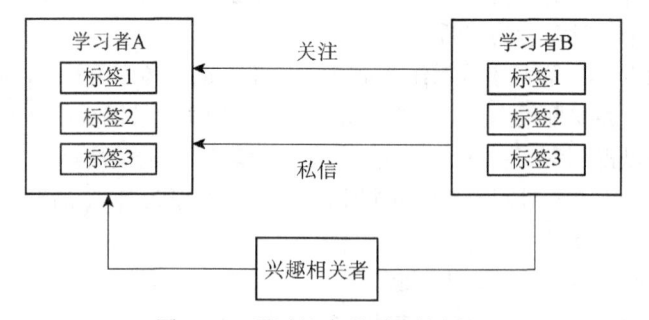

图 13-5　通过社会关系网络判断

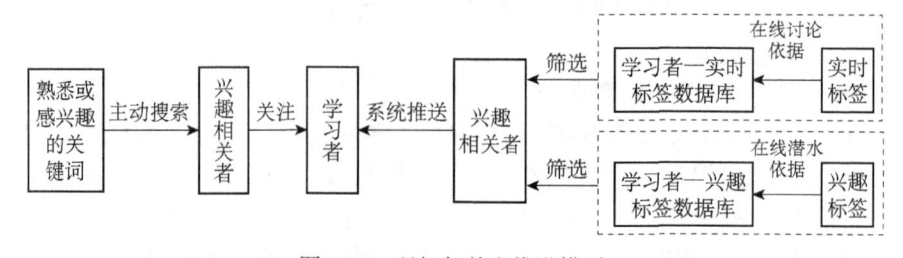

图 13-6　兴趣相关者推送模型

三、专家识别推送

专家是指在学术或者技能上有较高造诣的专业人士,学术是指特定学科或者行业的学问,技能是指使用自身具备的知识及相关经验进行某一项活动的形式。因此,可以称某领域精通的人为专家。已有学者通过实证研究验证,信任对问答型虚拟社区知识共享行为有显著的正向影响(戴雅楠,2009)。基于对专家专业水平的信任,专家参与能提升学习者对虚拟社区的认同感与信任感,同时专家参与也能够促进虚拟社区用户知识共享行为(郑梦欣,2017)。因此,识别与推送在线学习平台中的专家十分必要。在线平台中专家推送模型的主要功能是对学习者能力进行分层,从而识别出专家并进行推送。专家是从兴趣相关者或学习者中产生的。当兴趣相关者某主题标签下讨论帖的被浏览数、被评论数、被收藏数、被转发数和被点赞数达到一定标准,系统就判定此兴趣相关者为该主题领域的专家,并放入专家库。系统会根据学习者生成的实时标签库或者兴趣标签库,向学习者推送相应标签领域的专家,学习者可以与其进行在线讨论,并对其观点进行评论、收藏、点赞、转发等。当学习者关于某主题标签的讨论帖被浏览数、被评论数、被收藏数、被转发数和被点赞数达到一定标准,自身将被系统判定为该主题领域的专家,从而推送给其他兴趣相关者。当然,学习者也可以直接搜索自己感兴趣领域的专家进行关注。专家识别推送模型如图 13-7 所示。

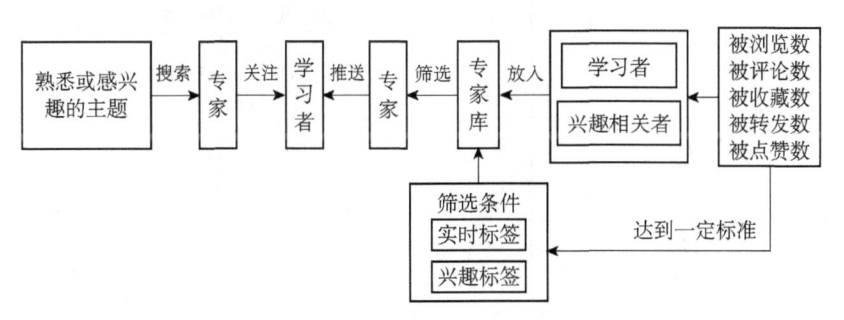

图 13-7　专家识别推送模型

第五节　对在线讨论过程的智能引导

学习者在与兴趣相关者建立联系以后,智能引导系统仍然会跟踪学习者与兴趣相关者的个体学习行为、社会化学习行为及社会文本(发表的言论),并根据学习者与兴趣相关者的积极行为或消极行为做出相应反馈,以提升在线讨论的效果。积极行为包括登录次数多、在线时间长、上传下载学习资源的次数多、浏览量大、发帖回帖次数多、转发次数多、收藏次数多、点赞/踩次数多、关注对象多、私信数量多。相反地，消极行为包括登录次数少、在线时间短、上传下载学习资源的次数少、浏览量小、发帖回帖次数少、转发次数少、收藏次数少、点赞/踩次数少、关注对象少、私信数量少、帖中出现敏感词汇、潜水、灌水、跑题。积极行为与消极行为列表如表13-2所示。系统对学习者行为做出的反馈将从个体学习行为、社会化学习行为和社会文本三个方面来说明。个体学习行为、社会化学习行为及社会文本的积极与否将影响两个评价指标：学习者共享意愿值、学习者共享综合评分。

表13-2 积极行为与消极行为列表

行为属性	具体行为
积极行为	登录次数多 在线时间长 上传下载学习资源的次数多 浏览量大 发帖回帖次数多 转发次数多 收藏次数多 点赞/踩次数多 关注对象多 私信数量多
消极行为	登录次数少 在线时间短 上传下载学习资源的次数少 浏览量小 发帖回帖次数少 转发次数少 收藏次数少 点赞/踩次数少 关注对象少 私信数量少 帖中出现敏感词汇 潜水 灌水 跑题

一、对个体学习行为的反馈

学习者的登录次数越多、浏览量越大、上传下载学习资源的次数越多，学习者共享综合评分会越高，评分越高，表明对在线讨论知识共享的过程影响越大，贡献越大。反之，登录次数越少、浏览量越小、上传下载学习资源的次数越少，则学习者共享综合评分会越低，评分越低，表明对在线讨论知识共享的过程影响越小，贡献越小。

二、对社会化学习行为的反馈

学习者共享意愿值主要受发帖回帖次数、转发次数、收藏次数、点赞/踩次数、关注对象量、私信数量影响，发帖回帖次数越多、转发次数越多、收藏次数越多、点赞/踩次数越多、关注对象越多、私信数量越多，学习者共享意愿值就越大，同时学习者共享综合评分也会更高。反之，发帖回帖次数越少、转发次数越少、收藏次数越少、点赞/踩次数越少、关注对象越少、私信数量越少，学习者共享意愿值就越小，同时学习者共享综合评分也会更低。

三、对社会文本的反馈

（1）处理学习者潜水的情况

如果系统未检测到学习者的帖子，系统发送提醒信息"您好，您还未发帖，请及时发帖"，督促学习者发帖。如果学习者不发帖，系统会根据学习者的兴趣标签推送相关主题的学习资源并要求学习者学习，如果学习者仍然不进行学习浏览，系统会扣除相应的共享意愿值与共享综合评分。

（2）处理发帖内容中出现敏感词汇的情况

系统会将敏感字词汇总成敏感词例表，如果在发帖文字中提取到敏感词汇，系统会出现文字提示"您的言论中涉及敏感词汇，请避免使用"，然后用"*"代替敏感词汇。如果被提醒的次数达到上限，系统会将该学习者禁言，一段时间后再解禁，而且其共享综合评分也会扣除相应分数，以此达到警告的目的。

（3）处理学习者发帖的内容与主题无关的情况

发帖内容与主题无关的情况包括两种：灌水和跑题。系统首先分析学习者的社会文本，如果没有提取到相关的主题词，学习者会被标记为有灌水或跑题嫌疑，然后系统会在组内发起对该文本的在线投票，并询问组内学习者"如果您觉得此帖有灌水或跑题嫌疑，请投票"，票数若达到或超过组内在线投票人数的半数，该帖将被自动撤回，系统发送提示消息给学习者，告知"您刚才发送的文本已被撤回，请发送与主题相关的内容"。

（4）处理学习者发帖后冷场的情况

如果学习者在发帖后无人回应，则被系统判定为冷场，此时系统会向学习者发送提醒消息，告知学习者冷场状况，并推送给学习者与主题相关的学习资源，学习者可以选择再次发送文本或者分享系统推送的资源。同时，系统也会向其他学习者发送提醒消息，告知冷场状况，提醒他们回帖，以此达到暖场的效果。

（5）处理学习者情绪波动的情况

智能引导系统会将所有涉及情绪的字词汇总成情绪词例库，然后分析社交文本，如果从中提取到关于情绪的字词，系统会推送相应的调整策略，如系统提取到学习者发表的言论中有表达"疲倦"意思的字词，出现文字提示"您已在线×小时，请注意休息"，并推送一些轻松的音乐。智能引导系统中对学习者的情绪感知和情感交互有助于保持学习者在学习过程中的注意力与参与兴趣。我们可以通过捕捉学习者情感的变化来辅助当前的学习状态诊断，并及时预警，当发现有退出学习预兆或者学习出现困难时，给予正向的学习激励策略和指导策略，尽量保证学生能够顺利完成学习活动（马相春等，2017）。在此将列出常见的学习者情绪及智能处理方式，如表13-3所示。

表13-3 情绪引导常见案例及智能处理方式

社会文本举例	对应的情绪	智能处理方式
"好难啊！""不太懂""还是没弄明白"	疑惑	推送相关资源，对知识点进行重新解释
"好困啊""眼睛好酸""有点累"	疲惫	出现文字提示"您已在线×小时，请注意休息"，并推送一些轻松的音乐
"好有意思啊""看不够""很带劲儿"	兴奋	推送同类的资源
"看不懂啊""好费脑细胞啊""跟看天书一样"	吃力	重新推送难度级别低一级的资源给学习者
"怎么又是这个，好无聊""已经视觉疲劳啦"	厌倦	出现询问框"请问您对什么新的内容感兴趣"，系统根据学习者输入的内容进行新内容的推送

第六节 本章小结

本章分析了社会化学习和智能推送的研究现状，提出了在线讨论中面向知识共享的智能推送和引导模型，对学习资源、兴趣相关者和专家三方面进行智能识别和推送，针对个体学习行为、社会化学习行为、社会文本三方面进行智能反馈和引导，分别建立模型并阐述其机制与工作流程，提出了应用该模型支持社会化学习的新思路。本研究有效解决了基于学习者兴趣的资源推送和如何加强在线学习平台中人际关系的问题，也加入了学习者情感因素和场面调度的考虑，使学习者在社会化学习中获得更好的体验。

参 考 文 献

包正委，洪明. 2014. 英国 MOOC 平台：Future Learn 创建原因与主要特点探析[J]. 中国远程教育，（6）：65-68.
宝贡敏，徐碧祥. 2007. 国外知识共享理论研究述评[J]. 重庆大学学报（社会科学版），13（2）：43-49.
柴晋颖. 2006. 虚拟社区知识共享研究[D]. 杭州：浙江工业大学.
陈传梓. 2011. 基于复杂网络理论的社区结构挖掘与人类行为模式特征分析[D]. 杭州：浙江大学.
陈国松，李雪松. 2013. 旅游虚拟社区对旅游者行为决策的影响模型及营销策略[J]. 经营管理者，04：298.
陈丽. 2004. 网络异步交互环境中学生间社会性交互的质量——远程教师培训在线讨论的案例研究[J]. 中国远程教育，（7）：19-22.
陈萌，汤志伟. 2011. 社会网络分析法在 QQ 群虚拟学习社区中的应用分析[J]. 电子科技大学学报（社科版），13（3）：74-77.
陈晓慧. 2012. 现代教育技术（第二版）[M]. 北京：北京邮电大学出版社.
戴雅楠. 2009. 虚拟社区的传播特征浅析[J]. 东南传媒，（6）：106-108.
邓丹，李南，田慧敏. 2006. 加权小世界网络模型在知识共享中的应用研究[J]. 研究与发展管理，18（4）：62-66.
丁超，王运武. 2017. 智慧学习空间：从知识共享到知识创造[J]. 现代教育技术，（8）：38-44.
段金菊，余胜泉. 2016. 基于社会性知识网络的学习模型构建[J]. 现代远程教育研究，（4）：91-102.
段金菊，余胜泉，吴鹏飞. 2016. 社会化学习的研究视角及其演化趋势——基于开放知识社区的分析[J]. 远程教育杂志，35（3）：51-62.
段宇锋. 2005. 网络信息资源老化规律研究[J]. 图书情报知识，（4）：28-31.
樊治平，孙永洪. 2006. 知识共享研究综述[J]. 管理学报，（03）：371-378.
方海光，常志，罗金萍，等. 2016. 一种社会化学习网络平衡构建的新方法[J]. 现代远程教育研究，（02）：67-74.
方云端. 2011. 网络学习共同体内隐性知识共享障碍及对策分析[J]. 中国远程教育，（3）：42-45.
房春波. 2017. 网络信息的生命周期实证研究[J]. 教育现代化，4（38）：340-341.
冯勇. 2007. 网络环境下知识推送平台构建的若干问题研究[D]. 沈阳：东北大学.
付晨晨. 2017. 论探究式学习的价值[J]. 中学政治教学参考旬刊，（9）：76-78.
付丽丽，吕本富，吴盈廷，等. 2009. 关系型虚拟社区的社会网络特征研究[J]. 数学的实践与认识，39（2）：119-129.

高文，裴新宁. 2002. 试论知识的社会建构性——心理学与社会学的视角[J]. 全球教育展望，31（11）：11-14.
高志军，陶玉凤. 2009. 基于项目的学习（PBL）模式在教学中的应用[J]. 电化教育研究，（12）：94-97.
葛彦菲. 2012. 基于社会网络分析的涉农微博交流特性研究[D]. 南京：南京农业大学.
龚立群，方洁. 2013. 虚拟团队中知识提供者的知识共享动机及其激励机制研究[J]. 图书情报工作，57（12）：129-135.
龚主杰，赵文军，熊曙初. 2013. 基于感知价值的虚拟社区成员持续知识共享意愿研究[J]. 图书与情报，（5）：89-94.
谷斌，徐菁，黄家良. 2014. 专业虚拟社区用户分类模型研究[J]. 情报杂志，33（05）：203-207.
管海波，黄敬前. 2004. 项目生命周期对于项目管理的重要性[J]. 海峡科学，（11）：45-47.
管建祥，蒋大坚，裴曙光. 2017. 学前儿童科学教育的5W1H分析[J]. 成都师范学院学报，33（10）：25-33.
何向阳，熊才平. 2014. 网络论坛中信息资源再生的统计分析与归因[J]. 现代远程教育研究，05：79-85.
胡刃锋，刘国亮. 2015. 移动互联网环境下产学研协同创新隐性知识共享影响因素实证研究[J]. 图书情报工作，59（7）：48-54，90.
胡雪娇. 2014. BBS用户行为分析[D]. 北京：首都师范大学.
胡勇，王陆. 2006. 异步网络协作学习中知识构建的内容分析和社会网络分析[J]. 电化教育研究，（11）：30-35.
黄梦梅. 2014. 基于演化博弈论的学术社区中用户知识共享行为研究[D]. 武汉：华中师范大学.
黄萍，张许杰，刘刚. 2007. 小世界网络的研究现状与展望[J]. 情报杂志，（4）：65-68.
黄庆玲，李宝敏，任友群. 2016. 教师工作坊在线讨论深度实证研究——以信息技术应用能力提升工程教师工作坊为例[J]. 电化教育研究，37（12）：121-128.
黄荣怀，杨俊锋，胡永斌. 2012. 从数字学习环境到智慧学习环境——学习环境的变革与趋势[J]. 开放教育研究，18（01）：75-84.
黄婷婷. 2017. 问答型在线学习社区互动行为对比研究——以果壳网为对象[J]. 教育信息技术，（09）：21-24，46.
惠震. 2017. 高校教育生态转型之社会化学习[J]. 陕西学前师范学院学报，33（2）：110-114.
江可申，田颖杰. 2002. 动态企业联盟的小世界网络模型[J]. 世界经济研究，（5）：84-89.
金岳晴. 2011. 高校Living library虚拟社区知识共享机制研究[J]. 农业图书情报学刊，23（10）：56-60.
靳玮钰. 2017. 社会网络分析法在虚拟社区隐性知识共享的应用[J]. 科技资讯，15（11）：28-30.
康永征，武杰. 2006. 论新世纪虚拟社区与现实社区关系[J]. 理论观察，39（3）：50-51.
孔德超. 2009. 虚拟社区的知识共享模式研究[J]. 图书馆学研究，（10）：95-97.
雷静. 2012. 基于社会网络的虚拟社区知识共享研究[D]. 上海：东华大学.
雷婷. 2017. 虚拟社区用户生存时间的影响因素研究[D]. 哈尔滨：哈尔滨工业大学.
李柏洲，董恒敏. 2017. 团队自省性对团队知识共享能力影响机理研究——交互记忆系统的中介效应与社会资本的调节效应[J]. 科技进步与对策，34（15）：120-126.
李宝，张文兰. 2015. 智慧教育环境下学习资源推送服务模型的构建[J]. 远程教育杂志，33（03）：

41-48.

李长玲, 纪雪梅, 支岭. 2011. 基于E-I指数的学科交叉程度分析——以情报学等5个学科为例[J]. 图书情报工作, 55（16）: 33-36.

李京杰, 马德俊. 2010. 博弈论与协作学习的组内合作及组间竞争问题探讨[J]. 电化教育研究, （2）: 18-21.

李凯, 祝智庭. 2017. 企业内知识关系与知识转移——知识共享动机的双因素理论调节效应分析[J]. 求是学刊, 44（03）: 53-59.

李克东, 谢幼如. 1994. 多媒体组合教学设计[M]. 北京: 科学出版社.

李莉, 杨亚晶. 2005. 国内知识管理研究综述[J]. 现代情报, （10）: 11-13.

李宁, 刘志勤, 王耀彬. 2014. 学习资源个性化推荐平台的研究与设计[J]. 中国教育信息化, （19）: 44-47.

李青, 侯忠霞, 王涛. 2013. 大规模开放在线课程网站的商业模式分析[J]. 开放教育研究, 19（05）: 71-78.

李爽, 王增贤, 喻忱, 等. 2016. 在线学习行为投入分析框架与测量指标研究——基于LMS数据的学习分析[J]. 开放教育研究, 22（02）: 77-88.

李顺才, 邹珊刚. 2003. 知识流动机理的三维分析模式[J]. 研究与发展管理, （2）: 39-43.

李希, 张华. 2017. 虚拟企业内隐性知识共享的困境与对策[J]. 长江大学学报（社科版）, 40（04）: 73-77.

李亚婷. 2017. 社会化媒体中用户行为的博弈分析[J]. 情报杂志, 36（01）: 160-166.

李银玲. 2010. 远程学习中在线讨论的设计与主持[J]. 中国电化教育, （1）: 59-64.

李治平. 2007. 话元-话对-话位及相关问题[J]. 语言教学与研究, （04）: 18-25.

梁玉娟, 袁克定. 2005. 从对话理论探悉国内远程教育中的在线讨论[J]. 现代教育技术, （03）: 33-36.

梁芷铭. 2014. 基于新浪微博的网络信息生命周期实证研究[J]. 新闻界, （3）: 60-64, 69.

林东清. 2005. 知识管理理论与实务[M]. 北京: 电子工业出版社.

林枫. 2012. 蜘蛛: 社会网络分析技术（第二版）[M]. 北京: 世界图书出版社.

刘海涛. 2015. 基于知识推送的在线学习辅导系统的设计与实现[D]. 成都: 电子科技大学.

刘黄玲子, 黄荣怀. 2005. CSCL的交互研究[J]. 电化教育研究, （5）: 9-13.

刘娟娟. 2009. 复杂网络仿真平台的研究[D]. 武汉: 华中科技大学.

刘军. 2009. 整体网分析讲义: UCINET软件实用指南[M]. 上海: 格致出版社, 上海人民出版社.

刘明. 2009. 社会化标注及其网络教学应用研究[J]. 软件导刊（教育技术）, 8（10）: 46-48.

刘蕤. 2012. 虚拟社区知识共享影响因素及激励机制探析[J]. 情报理论与实践, 35（8）: 23-27.

刘涛, 陈忠, 陈晓荣. 2005. 复杂网络理论及其应用研究概述[J]. 系统工程, 23（6）: 1-7.

刘婉君. 2009. 在线讨论话题的设计与实施——《信息技术课程与教学》网络课程的在线讨论设计研究[D]. 保定: 河北大学.

刘小平, 田晓颖. 2018. 媒体微博的社会网络结构及其影响力分析[J]. 情报科学, 36（01）: 96-101, 123.

刘晓娟, 王昊贤, 张爱芸. 2014. 微博信息生命周期研究[J]. 图书情报工作, 58（01）: 72-78, 100.

刘岩芳, 贾菲菲. 2017. 基于SNS的用户知识共享行为研究[J]. 情报科学, 35（1）: 41-46.

刘臻晖. 2016. 教育虚拟社区知识共享机制研究[D]. 南昌: 江西财经大学.

刘子恒. 2012. 非正式学习共同体知识共享机制研究[D]. 武汉：华中师范大学.
罗贤春. 2004. 网络信息生命周期[J]. 图书馆学研究,（2）：51-53.
罗智丹. 2017. 话轮转换理论框架概述[J]. 文教资料,（2）：23-24.
马费成, 苏小敏. 2012. 网络信息生命阶段的模糊识别研究[J]. 情报科学, 30（09）：1277-1283.
马费成, 苏小敏, 望俊成. 2011. Pareto/NBD 模型在网络信息失效判别分析中的探索性研究[J]. 情报理论与实践, 34（11）：50-55.
马费成, 望俊成. 2010. 信息生命周期研究述评——（Ⅰ）价值视角[J]. 情报学报,（5）：939-947.
马佳佳. 2016. 教育信息资源个性化推送服务中的学习者模型分析研究[D]. 武汉：华中师范大学.
马婧, 韩锡斌, 周潜, 等. 2014. 基于学习分析的高校师生在线教学群体行为的实证研究[J]. 电化教育研究, 35（02）：13-18, 32.
马丽华. 2006. 基于生命周期理论的项目团队成员的激励模型研究[D]. 南京：南京航空航天大学.
马丽华, 蔡启明. 2006. 基于生命周期理论的项目团队成员的沟通策略研究[J]. 技术经济与管理研究,（1）：65-66.
马相春, 钟绍春, 徐妲. 2017. 大数据视角下个性化自适应学习系统支撑模型及实现机制研究[J]. 中国电化教育,（4）：97-102.
毛波, 尤雯雯. 2006. 虚拟社区成员分类模型[J]. 清华大学学报：自然科学版,（S1）：1069-1073.
毛群安, 李长宁, 宋军. 2017. 现代互联网与健康类资讯传播[J]. 中国健康教育, 33（7）：579-580.
孟强, 李海晨. 2017. Web 数据挖掘技术及应用研究[J]. 电脑与信息技术, 25（1）：59-62.
孟韬, 王维. 2017. 社会网络视角下的虚拟社区研究综述[J]. 情报科学, 35（03）：171-176.
孟微. 2008. 复杂网络分析方法在情报学科研合著网络分析中的应用[M]. 北京：中国科学技术信息研究所.
倪萍. 2016. "S"型项目生命周期四象阶段模型研究[D]. 昆明：云南大学.
聂莉. 2011. 基于涉入理论的旅游虚拟社区成员购买行为研究[D]. 广州：暨南大学.
彭小川, 毛晓丹. 2004. BBS 群体特征的社会网络分析[J]. 青年研究,（04）：39-44.
钱研. 2017. 基于 BCLRHK 模型的大学生个性化在线学习资源推送研究[D]. 长春：东北师范大学.
秦丹. 2016. 社会认知理论视角下网络学习空间知识共享影响因素的实证研究[J]. 现代远程教育研究,（06）：74-81.
邱均平, 段宇锋. 2000. 论知识管理与竞争情报[J]. 图书情报工作,（04）：11-14.
邱均平, 熊尊妍. 2008. 基于学术 BBS 的信息交流研究——以北大中文论坛的汉语言文学版为例[J]. 图书馆工作与研究,（8）：3-8.
邱雪莲, 齐振国. 2018. 我国 MOOC 研究现状分析——基于期刊文献研究[J]. 中国教育信息化,（01）：22-25.
荣波, 夏正友, 朱永真, 等. 2009. BBS 在线复杂网络及其成员交互特性研究[J]. 复杂系统与复杂性科学, 6（4）：57-65.
尚永辉, 艾时钟, 王凤艳. 2012. 基于社会认知理论的虚拟社区成员知识共享行为实证研究[J]. 科技进步与对策, 29（7）：127-132.
沈冯娟. 2008. 虚拟社群中的社会网络[D]. 兰州：兰州大学.
沈惠敏, 娄策群. 2017. 虚拟学术社区知识共享中的共生互利框架分析[J]. 情报科学, 35（07）：16-19, 38.
沈泽强. 2013. 虚拟学习社区知识共享机制研究[D]. 曲阜：曲阜师范大学.

参 考 文 献

盛振中. 2011. 网商虚拟社区知识共享机制研究[J]. 经营管理者，（04）：353-354.
石岩. 2006. 基于智能推送技术的个性化服务系统研究[J]. 现代情报，（10）：146-148.
水虎远. 2011. 小学作文虚拟社区成员参与性特征的社会网络分析[D]. 南京：南京师范大学.
司夏萌, 刘云. 2011. 虚拟社区中人际交互行为的统计分析研究[J]. 物理学报, 60（07）：866-873.
斯琴图亚. 2017. 基于原则的 CSCL 知识建构活动的设计与探讨[J]. 赤峰学院学报（自然版），33（24）：203-205.
宋莉莉. 2009. 旅游虚拟社区的互动关系及其影响研究——以"磨房"论坛为例[D]. 上海：华东师范大学.
孙海民. 2012. 个性特征对网络学习行为影响研究的关键问题探究[J]. 电化教育研究, 33（10）：50-55，63.
孙剑坪, 祁琳, 常永才. 2010. 如何帮助学生实现从学校到工作的过渡——基于加拿大安大略省中学经验学习类课程的分析[J]. 呼伦贝尔学院学报, 18（4）：76-79.
孙康, 杜荣. 2010. 实名制虚拟社区知识共享影响因素的实证研究[J]. 情报杂志, 29（4）：83-87.
孙晓阳, 冯缨, 周婷惠. 2015. 基于多主体博弈的社会化媒体信息质量控制研究[J]. 情报杂志，34（10）：156-164.
谭大鹏, 霍国庆. 2006. 知识转移一般过程研究[J]. 当代经济管理, 28（3）：11-14.
汤跃明, 刘峰. 2008. 博弈论在学习共同体中的应用研究[J]. 现代教育技术, 18（8）：21-24.
唐厚兴. 2017. 社会网络结构对企业间知识共享影响研究综述[J]. 情报科学, 35（06）：164-170.
唐晓波, 涂海丽. 2014. 社会化媒体信息生命周期实证研究[J]. 图书馆学研究，（18）：37-43.
田莹颖. 2010. 基于社会化标签系统的个性化信息推荐探讨[J]. 图书情报工作, 54（01）：50-53，120.
汪建基, 马永强, 陈仕涛, 等. 2017. 碎片化知识处理与网络化人工智能[J]. 中国科学：信息科学, 47（02）：171-192.
王东. 2010. 虚拟学术社区知识共享实现机制研究[D]. 长春：吉林大学.
王飞绒, 龚建立, 柴晋颖. 2007. 虚拟社区知识共享运作机制研究[J]. 浙江学刊,（05）：201-205.
王丽娜. 2009. 网络学习行为分析及评价[D]. 西安：陕西师范大学.
王榴卉, 侯悦, 杨现民. 2016. 大数据支持下的网络学习行为采集模型设计[J]. 江苏开放大学学报, 27（04）：56-63.
王陆. 2009. 典型的社会网络分析软件工具及分析方法[J]. 中国电化教育,（04）：95-100.
王开明, 万君康. 2000. 论知识的转移与扩散[J]. 外国经济与管理,（10）：2-7.
王倩. 2017. 学术虚拟社区中网络学术信息可信度影响因素分析[D]. 合肥：安徽大学.
王庆, 赵颜. 2010. 基于知识管理的网络教学资源共享平台的设计与实现[J]. 中国教育信息化，（21）：39-42.
王嵩, 田军, 王刊良. 2010. 创新团队内的隐性知识共享——社会网络分析视角[J]. 科技管理研究, 30（01）：208-210.
王文娇. 2015. 在线讨论质量分析工具的开发和应用效果评测[D]. 上海：华东师范大学.
王先甲, 全吉, 刘伟兵. 2011. 有限理性下的演化博弈与合作机制研究[J]. 系统工程理论与实践, 31（1）：82-93.
王薪谣. 2011. 影响网络转帖意愿的因素分析[J]. 新闻世界,（09）：191-193.
王馨晨. 2017. 面向教育信息资源建设的知识管理平台构建方案研究[J]. 电脑与电信,（3）：75-77.

王学东. 2011. 虚拟团队知识共享机理与实证研究[D]. 武汉：武汉大学.
王玉晶. 2008. 完善知识管理理论构建知识共享系统[J]. 图书馆学研究，（05）：27-29.
王竹立. 2011. 新建构主义：网络时代的学习理论[J]. 远程教育杂志，29（2）：11-18.
望俊成. 2010. 信息生命周期的影响因素分析[J]. 图书情报知识，（04）：65-70.
威索基 L K. 2015. 有效的项目管理[M]. 费琳译. 北京：电子工业出版社.
吴忭. 2016. 图示支持的非良构问题解决学习环境设计与测评[M]. 上海：华东师范大学出版社.
吴峰，李杰. 2015. "互联网+"时代中国成人学习变革[J]. 开放教育研究，21（05）：112-120.
吴刚. 2013. 工作场所中基于项目行动学习的理论模型研究[D]. 上海：华东师范大学.
吴萍. 2017. 生物课堂上的"唇枪舌剑"——"转基因生物的安全性"辩论式教学及反思[J]. 中学生物学，33（12）：17-18.
武慧娟. 2014. 社会化标注系统中个性化信息推荐模型研究[D]. 长春：吉林大学.
武秋和. 1998. 对"知识管理"的各种理解[J]. 信息科技动态，（8）：3-4.
夏立新，郑路，翟姗姗，等. 2017. 基于结构洞理论的虚拟社区边缘用户信息资源推荐模型构建研究[J]. 情报理论与实践，40（02）：1-6.
夏晞翔，肖炯恩. 2013. BBS 帖子点击数和回复数的影响因子分析——以华南师范大学新陶园 BBS 为例[J]. 科技情报开发与经济，23（02）：126-129.
谢幼如，尹睿. 2010. 网络教学设计与评价[M]. 北京：北京师范大学出版社.
邢彩霞. 2017. 虚拟社区创客知识共享影响因素研究[D]. 太原：中北大学.
熊云艳. 2016. 复杂网络的某些性质研究及其应用[D]. 广州：华南理工大学.
徐美凤，叶继元. 2011. 学术虚拟社区知识共享主体特征分析[J]. 图书情报工作，54（22）：111-114，148.
徐小龙，黄丹. 2010. 消费者在虚拟社区中的互动行为分析——以天涯社区的"手机数码"论坛为例[J]. 营销科学学报，6（2）：42-56.
徐小龙，王方华. 2007. 虚拟社区的知识共享机制研究[J]. 自然辩证法研究，（08）：83-86.
闫寒冰，段春雨，王文娇. 2018. 在线讨论质量分析工具的研发与实效验证[J]. 现代远程教育研究，（01）：88-97，112.
严亚利，黎加厚. 2010. 教师在线交流与深度互动的能力评估研究——以海盐教师博客群体的互动深度分析为例[J]. 远程教育杂志，28（02）：68-71.
阳震青，彭润华. 2015. 移动 UGC 环境下旅游者知识分享行为研究[J]. 旅游科学，29（2）：46-59.
杨斌. 2012. 基于 SNA 的虚拟社区群组结构分析系统及其实证研究[D]. 杭州：浙江工业大学.
杨陈，唐明凤，花冰倩. 2017. 关系型虚拟社区知识共享行为的影响机制——自我建构视角[J]. 图书馆论坛，37（04）：68-76.
杨炯照，何莉辉. 2007. 发掘下一代网络——Web2.0 的教育价值[J]. 中国现代教育装备，（11）：165-167.
杨嵘，张国清，韦卫，等. 2005. 基于 NetFlow 流量分析的网络攻击行为发现[J]. 计算机工程，31（13）：137-139.
杨小丽，田慧芳，黄晓春，等. 2018. 头脑风暴法在学科馆员服务创新中的应用研究[J]. 科教文汇（上旬刊），（01）：162-164.
姚抒予，张雯，罗媛慧，等. 2017. 医患共同决策的研究进展[J]. 中国护理管理，17（3）：428-431.
野中郁次郎，竹内弘高. 2006. 知识创造的螺旋：知识管理理论与案例研究[M]. 北京：知识产权出版社.

尹文武. 2017. 信息生命周期理论下的移动图书馆信息服务质量控制[J]. 图书馆理论与实践,（4）：91-93.

于静, 李君轶. 2013. 微博营销信息的时空扩散模式研究——以曲江文旅为例[J]. 经济地理, 33（09）：6-12.

于伟, 张彦. 2010. 旅游虚拟社区参与者行为倾向形成机理实证分析[J]. 旅游科学, 24（4）：77-83.

余意峰. 2012. 旅游虚拟社区：概念、内涵与互动机理[J]. 湖北大学学报（哲学社会科学版）, 39（01）：111-114.

袁海波, 袁海燕. 2003. 网络虚拟社区的营销价值[J]. 江苏商论,（11）：82-83.

袁莉, 斯蒂芬·鲍威尔, 马红亮. 2013. 大规模开放在线课程的国际现状分析[J]. 开放教育研究, 19（03）：56-62, 84.

詹泽慧. 2014. 面授与远程学习者社会存在感之作用差异研究——以美国高校学生为样本[J]. 中国电化教育,（2）：35-39.

詹泽慧, 梅虎. 2013. 学业自我概念对面授与远程学习之作用差异[J]. 电化教育研究, 34（3）：43-46.

詹泽慧, 梅虎, 詹涵舒, 等. 2010. 中英美开放课程资源质量现状比较研究[J]. 比较教育研究, 32（01）：44-48, 53.

张波. 2017. MOOC 与信息素养教育[J]. 智库时代,（15）：212-213.

张春水, 李卫东. 2017. 浅谈任务分解再组法在 maya 课程中的应用[J]. 数码设计, 6（04）：148-150.

张高军, 李君轶, 毕丽芳, 等. 2013. 旅游同步虚拟社区信息交互特征探析——以 QQ 群为例[J]. 旅游学刊, 28（02）：119-126.

张豪锋, 李瑞萍, 李名. 2009. QQ 虚拟学习社群的社会网络分析[J]. 现代教育技术, 19（12）：80-83, 125.

张岌秋. 2009a. 虚拟社区知识共享的影响因素研究综述[J]. 现代情报, 29（7）：222-225.

张岌秋. 2009b. 虚拟社区中的信息交流探[J]. 图书馆学刊, 31（10）：78-80.

张晋朝, 李云云, 谢佳琳. 2014. 网络信息质量感知的信号博弈分析[J]. 情报理论与实践, 37（10）：72-76.

张克永. 2017. 开放式创新社区知识共享研究[D]. 长春：吉林大学.

张玲玲, 郑秀榆, 马俊, 等. 2009. 团队知识转移与共享"搭便车"行为的激励机制研究[J]. 科学学研究, 27（10）：1543-1550.

张鼐, 周年喜. 2010. 虚拟社区知识共享行为影响因素的实证研究[J]. 图书馆学研究,（11）：44-48.

张鼐, 周年喜. 2012. 社会资本和个人动机对虚拟社区知识共享影响的研究[J]. 情报理论与实践, 35（7）：56-60.

张琪. 2015. e-Learning 环境中大学生自我效能感与深度学习的相关性研究[J]. 电化教育研究, 36（04）：55-61.

张思. 2017. 社会交换理论视角下网络学习空间知识共享行为研究[J]. 中国远程教育：综合版,（7）：26-33, 47.

张伟. 2006. Web2.0 及其教育应用展望[J]. 中国电化教育,（1）：99-101.

张亚妮. 2002. 基于 Web 的知识建构体系研究[J]. 现代教育技术,（4）：20-72.

张燕南, 宋江. 2011. Dropbox 工具在个人知识管理中的应用[J]. 中国科技纵横,（13）：118.

赵呈领, 刘丽丽, 梁云真, 等. 2016. 网络学习空间学生知识共享影响因素探析[J]. 开放教育研究, 22（03）：82-88.

赵美荣. 2017. "产婆术"引导学生独立发现[J]. 教育文摘,（4）：45-46.

郑冬冬. 2017. 小学信息技术课堂分组策略与优化研究[J]. 基础教育研究,（3）：68-70.

郑梦欣. 2017. 问答型虚拟社区用户知识共享行为影响因素研究[D]. 哈尔滨：黑龙江大学.

郑娅峰, 包昊罡, 李艳燕. 2016. 智慧学习环境下的社会化学习支持服务[J]. 现代教育技术, 26（9）：25-31.

中国互联网络信息中心. 2018. 中国互联网络发展状况统计报告[EB/OL]. http://www. cac. gov. cn/2018-01/31/c_1122346138. htm[2018-05-31].

钟志贤. 2005. 知识建构、学习共同体与互动概念的理解[J]. 电化教育研究,（11）：20-24, 29.

周涛, 柏文洁, 汪秉宏, 等. 2005. 复杂网络研究概述[J]. 物理, 34（1）：31-36.

朱晓峰. 2004. 生命周期方法论[J]. 科学学研究, 22（6）：7-12.

祝琳琳, 李贺, 洪闯, 等. 2018. 开放式创新模式下知识共享研究综述[J]. 现代情报, 38（01）：169-177.

邹景平. 2012. "小规模"社会化学习的启示[J]. 中国远程教育,（3）：11-12.

Abbiss J. 2008. Rethinking the "problem" of gender and IT schooling: Discourses in literature[J]. Gender and Education, 20（2）：153-165.

Agnew M, Mertzman T, Longwell-Grice H, et al. 2008. Who's in, who's out: Examining race, gender and the cohort community[J]. Journal of Diversity in Higher Education, 1（1）：20-32.

Alavi M, Leidner D E. 2001. Knowledge management and knowledge management systems: Conceptual foundations and research issues[J]. MIS quarterly, 25（1）：107-136.

Albert R, Barabási A L. 2002. Statistical mechanics of complex networks[J]. Reviews of Modern Physics, 74（1）：47-97.

Andrews J D W. 1980. The verbal structure of teacher questions: Its impact on class discussion[J]. POD Quarterly, 2（3-4）：129-163.

Appleyard M M, Kalsow G A. 1999. Knowledge diffusion in the semiconductor industry[J]. Journal of Knowledge Management, 3（4）：288-295.

Asterhan C S C, Schwarz B B, Gil J. 2012. Small-group, computer-mediated argumentation in middle-school classrooms: The effects of gender and different types of online teacher guidance[J]. British Journal of Educational Psychology, 82（3）：375-397.

Bandura A. 1977. Social Learning Theories[M]// Social Learning Theory. New Jersey：Prentice Hall：459-467.

Baron R S. 1986. Distraction-conflict theory: Progress and problems[C]. In Advances in experimental social psychology（Vol. 19, pp. 1-40）. New York：Academic Press.

Barrows H S, Tamblyn R M. 1980. Problem-based Learning: An Approach to Medical Education[M]. New York：Springer Publishing Company.

Bartol K M, Srivastava A. 2002. Encouraging knowledge sharing: The role of organizational reward systems[J]. Journal of Leadership & Organizational Studies, 9（1）：64-76.

参 考 文 献

Bar-Yossef Z, Broder A Z, Kumar R, et al. 2004. Sic transit gloria telae: Towards an understanding of the webs decay[C]. New York: Proceedings of the 13th International Conference on World Wide Web: 328-337.

Bennett J, Hogarth S, Lubben F, et al. 2010. Talking science: The research evidence on the use of small group discussions in science teaching[J]. International Journal of Science Education, 32 (1): 69-95.

Bernal J D. 1959. The transmission of scientific information: A user's analysis[C]. Washington D C: Proceedings of the International Conference on Scientific Information: 77-95.

Bishop J. 2007. Increasing participation in online communities: A framework for human-computer interaction [J]. Computers in Human Behavior, 23 (4): 1881-1893.

Blackmore C. 2010. Managing systemic change: Future roles for social learning systems and communities of practice[M]// Blackmore C. Social Learning Systems and Communities of Practice. London: Springer, 4 (4): 201-218.

Bloom B S. 1964. Committee of College and University Examiners. Taxonomy of educational objectives (Vol. 2) [M]. New York: Longmans, Green.

Bock G W, Zmud R W, Kim Y G, et al. 2005. Behavioral intention formation in knowledge sharing: Examining the roles of extrinsic motivators, social-psychological forces, and organizational climate[J]. Mis Quarterly, 29 (1): 87-111.

Bonk C J, Graham C R. 2006. The handbook of blended learning[M]. San Francisco: Pfeiffer.

Bonk C J, Lee M M, Reeves T C, et al. 2015. MOOCs and open education around the world[M]. New York: Routledge.

Bridges E M. 1992. Problem Based Learning for Administrators[D]. ERIC Clearinghouse on Educational Management, University of Oregon.

Brookes B C. 1970. The growth, utility and obsolescence of scientific periodical literature[J]. Journal of Documentation, 26 (4): 283-294.

Burton R E, Kebler R W. 1960. The "Half-Life" of some scientific and technical literatures[J]. American Documentation, 11 (1): 18-22.

Busch T. 1996. Gender, group composition, cooperation, and self-efficacy in computer studies[J]. Journal of Educational Computing Research, 15 (2): 125-135.

Cai G, Kock N. 2009. An evolutionary game theoretic perspective on e-collaboration: The collaboration effort and media relativeness[J]. European Journal of Operational Research, 194 (3): 821-833.

Casaló L V, Flavián C, Guinalíu M. 2013. New members' integration: Key factor of success in online travel communities[J]. Journal of Business Research, 66 (6): 706-710.

Chan N L, Guillet B D. 2011. Investigation of social media marketing: How does the hotel industry in Hong Kong perform in marketing on social media websites?[J]. Journal of Travel & Tourism Marketing, 28 (4): 345-368.

Chase W G, Simon H A. 1973. Perception in chess[J]. Cognitive Psychology, 1: 33-81.

Cheng R W Y, Lam S F, Chan J C Y. 2008. When high achievers and low achievers work in the same group: The roles of group heterogeneity and processes in project-based learning[J]. British Journal of Educational Psychology, 78: 205-221.

Chi M T H, Feltovich P J, Glaser R. 1981. Categorization and representation of physics problems by experts and novices[J]. Cognitive Science, 5: 121-152.

Chiu C M, Hsu M H, Wang E T G. 2006. Understanding knowledge sharing in virtual communities: An integration of social capital and social cognitive theories[J]. Decision Support Systems, 42: 1872-1888.

Chu R J C. 2010. How family support and Internet self-efficacy influence the effects of e-learning among higher aged adults—Analyses of gender and age differences[J]. Computers & Education, 55（1）: 255-264.

Chung J Y, Buhalis D. 2008. Web 2. 0: A study of online travel community[M]//O'Connor P, Höpken W, Gretzel U. Information and Communication Technologies in Tourism. Wien: Springer: 70-81.

Comellas F, Ozon J, Peters J G. 2000. Deterministic small-world communication networks[J]. Information Processing Letters, 76（1-2）: 83-90.

Connelly C E, Kelloway K E. 2003. Predictors of employees' perceptions of knowledge sharing cultures[J]. Leadership & Organization Development Journal, 24（5）: 294-301.

Cross R, Parker A, Prusak L, et al. 2001. Knowing what we know: Supporting knowledge creation and sharing in social networks[J]. Organizational Dynamics, 30（2）: 100-120.

Cross R, Parker A, Sasson L. 2003. Networks in the Knowledge Economy[M]. Oxford: Oxford University Press.

Dalton D. 1990. The effects of co-operative learning strategies on achievement and attitudes during interactive video[J]. Journal of Computer-Based Instruction, 17（1）: 8-16.

Davenport T H, Prusak L. 1998. Working Knowledge: Managing What Your Organization Knows[M]. Boston: Harvard Business School Press.

de Long D W, Fahey L. 2000. Diagnosing cultural barriers to knowledge management[J]. Academy of Management Perspectives, 14（4）: 113-127.

de Nooy W, Mrvar A, Batagelj V. 2018. Exploratory social network analysis with Pajek[M]. Cambridge: Cambridge University Press.

de Valck K, van Bruggen G H, Wierenga B. 2009. Virtual communities: A marketing perspective[J]. Decision Support Systems, 47（3）: 185-203.

Delphi. 1999. Delphi Group Research Identifies Leading Business Applications of Knowledge Management[M]. Boston: Press Release, Delphi Group.

Dholakia U M, Bagozzi R P, Pearo L K. 2004. A social influence model of consumer participation in network- and small-group-based virtual communities[J]. International Journal of Research in Marketing, 21（3）: 241-263.

Ding N, Bosker R J, Harskamp E G. 2011. Exploring gender and gender pairing in the knowledge elaboration processes of students using computer-supported collaborative learning[J]. Computers & Education, 56（2）: 325-336.

Dixit A K, Skeath S, Reiley D H. 2015. Games of Strategy（Fourth Edition）[M]. New York: W. W. Norton & Company.

Dixon N M. 2000. Common Knowledge: How Companies Thrive By Sharing What They Know[M].

Cambridge: Harvard Business Press.

Dorsey P A. 2004. What is PKM? [DB/OL]. http://www.sacw.cn/What%20is%20PKM.html [2004-09-09].

Draper S R P. 2004. The effects of gender grouping and learning style on student curiosity in modular technology education laboratories[D]. Virginia: Virginia Tech.

Ferguson R, Shum S B. 2012. Social Learning Analytics: Five Approaches[M]//Shum S B, Gasevic D, Ferguson R. LAK'12 Proceedings of the 2nd International Conference on Learning Analytics and Knowledge. New York: ACM Press: 23-33.

Fini A. 2009. The technological dimension of a massive open online course: The case of the CCK08 course tools[J]. Int. Rev. Res. Open Distance Learn, 10: 1-26.

Fogarty R. 1997. Problem-based Learning and Other Curriculum Models for the Multiple Intelligences Classroom[M]. IRI/Skylight Training and Publishing, Inc.

Frand J, Hixon C. 1999. Personal knowledge management: Who, what, why, when, where, how?[R]. Los Angeles: UCLA.

Gallagher A M, Kaufman J C. 2005. Gender differences in Mathematics: An Integrative Psychological Approach[M]. Cambridge: Cambridge University Press.

Geary D C. 2005. Gender differences in mathematics: An integrative psychological approach[J]. British Journal of Educational Studies, 54 (2): 245-246.

González-Gómez F, Guardiola J, Rodríguez Ó M, et al. 2012. Gender differences in e-learning satisfaction[J]. Computers & Education, 58 (1): 283-290.

Gore W G. 2002. Navigating Change: A Field Guide to Personal Growth[M]. New York: Team Trek.

Gosnell C F. 1941. Values and dangers of standard book and periodical lists for college libraries[J]. College and Research Libraries, (2): 216-220.

Granovetter M S. 1973. The strength of weak ties[J]. American Journal of Sociology, 6: 1360-1380.

Gratton-Lavoie C, Stanley D. 2009. Teaching and learning principles of microeconomics online: An empirical assessment[J]. Journal of Economic Education, 40 (1): 3-25.

Gray E, Seigneur J M, Chen Y, et al. 2003. Trust Propagation in Small Worlds[M]//Trust Management. New York: Springer Berlin Heidelberg: 239-254.

Green V A, Cillessen A H N. 2008. Achievement versus maintenance of control in six-year-old children's interactions with peers: An observational study[J]. Educational Psychology, 28 (2): 161-180.

Gross P L K, Gross E M. 1927. College libraries and chemical education[J]. Science, (66): 385-389.

Guare J. 1990. Six Degrees of Separation: A Play[M]. New York: Vintagee Books.

Gubanov D A, Kalashnikov A O, Novikov D A. 2011. Game-theoretic models of informational confrontation in social networks[J]. Automation & Remote Control, 72 (9): 2001-2008.

Guiller J, Durndell A. 2007. Students' linguistic behaviour in online discussion groups: Does gender matter[J]. Computers in Human Behavior, 23: 2240-2255.

Guntermann E, Tovar M. 1987. Collaborative problem-solving with logo: Effects of group size and group composition[J]. Journal of Educational Computing Research, 3 (3): 313-334.

Haeussler C, Lin J, Thursby J, et al. 2014. Specific and general information, sharing among competing academic researchers[J]. Research Policy, 43（3）: 465-475.

Hagel J, Armstrong A. 1998. Network Interest-Expanding the Market Through Virtual Society[M]. Beijing: Xinhua Publishing House.

Han F, Veeramachaneni K, O'Reilly U M. 2013. Analyzing millions of submissions to help MOOC instructors understand problem solving. In NIPS Workshop on Data Driven Education.

Hansen M T. 1999. The search-transfer problem: The role of weak ties in sharing knowledge across organization subunits[J]. Administrative Science Quarterly, 44（1）: 82-111.

Harskamp E, Ding N, Suhre C. 2008. Group composition and its effect on female and male problem-solving in science education[J]. Educational Research, 50（4）: 307-318.

Hendriks P. 1999. Why share knowledge? The influence of ICT on the motivation for knowledge sharing[J]. Knowledge and Process Management, 6（2）: 91-100.

Hossain A, Tarmizi R A, Aziz Z, et al. 2013. Group learning effects and gender differences in mathematical performance[J]. Croatian Journal of Education, 15（2）, 41-67.

Hou H T, Wu S Y. 2011. Analyzing the social knowledge construction behavioral patterns of an online synchronous collaborative discussion instructional activity using an instant messaging tool: A case study[J]. Computers & Education, 57（2）: 1459-1468.

Howe C. 1997. Gender and Classroom Interaction. A Research Review. SCRE Publication 138. Using Research Series 19[M]. Scotland: Scottish Council for Research in Education.

Hrastinski S. 2009. A theory of online learning as online participation[J]. Computers & Education, （1）: 78-82.

Hsu M H, Ju T L, Yen C H, et al. 2007. Knowledge sharing behavior in virtual communities: The relationship between trust, self-efficacy, and outcome expectations[J]. International Journal of Human-Computer Studies, 65（2）: 153-169.

Ipe M. 2003. Knowledge sharing in organizations: A conceptual framework[J]. Human Resource Development Review, 2（4）: 337-359.

Janssen J, Erkens G, Kirschner P A, et al. 2009. Influence of group member familiarity on online collaborative learning[J]. Computers in Human Behavior, 25（1）: 161-170.

Kankanhalli A, Tan B C Y, Wei K K. 2009. Contributing knowledge to electronic repositories: An empirical investigation[J]. MIS Quarterly, 29（1）: 113-143.

Kirschner P A, Beers P J, Boshuizen H P A, et al. 2008. Coercing shared knowledge in collaborative learning environments[J]. Computers in Human Behavior, 24（2）: 403-420.

Koehler W. 2004. A longitudinal study of web pages continued: A report after six years[J]. Information Research, 9（2）: 174.

Koh J, Kim Y G. 2007. Encouraging participation in virtual communities[J]. Communication of the ACM, 50（2）: 69-73.

Kreijns K, Kirschner P A, Jochems W. 2003. Identifying the pitfalls for social interaction in computer-supported collaborative learning environments: A review of the research[J]. Computers in Human Behavior, 19（3）: 335-353.

Ku E C S. 2011. Recommendations from a virtual community as a catalytic agent of travel decisions[J]. Internet Research, 21（3）: 282-303.

参 考 文 献

Lee M. 1993. Gender and computer-mediated communication: An exploration of elementary students' mathematics and science learning[J]. Journal of Educational Computing Research, 9 (4): 549-577.

Leenders R Th A J, van Engelen J M L, Kratzer J. 2003. Virtuality, communication, and new product team creativity: A social network perspective[J]. Journal of Engineering and Technology Management, 20 (1-2): 69-92.

Li Q. 2002. Gender and computer-mediated communication: An exploration of elementary students' mathematics and science learning[J]. Journal of Computers in Mathematics and Science Teaching, 21 (4): 341-359.

Li Y M, Jhang-Li J H. 2010. Knowledge sharing in communities of practice: A game theoretic analysis[J]. European Journal of Operational Research, 207 (2): 1052-1064.

Lin H F, Lee H S, Wang D W. 2009. Evaluation of factors influencing knowledge sharing based on a fuzzy AHP approach[J]. Journal of Information Science, 35 (1): 25-44.

Liu N, Lim J, Zhong Y Q. 2007. Joint effects of gender composition, anonymity in communication and task type on collaborative learning[C]. Pacific Asia Conference on Information Systems, PACIS, Auckland.

Long D W D, Fahey L. 2000. Diagnose cultural barriers to knowledge management[J]. Academy of Management Executive, 14 (4): 113-127.

Ma Z, Huang Y, Wu J, et al. 2014. What matters for knowledge sharing in collectivistic cultures? Empirical evidence from China[J]. Journal of Knowledge Management, 18 (5): 1004-1019.

Mark G. 1973. The Strength of Weak Ties[J]. American Journal of Sociology, (3): 1360-1380.

Maskit D, Hertz-Lazarowitz R. 1986. Adults in Cooperative Learning: Effects of Group Size and Group Gender Composition on Group Learning[C]. Paper Presented at the Annual Meeting of the American Educational Research Association. San Francisco, California.

Mccaslin M, Tuck D. 1994. Gender composition and small-group learning in fourth-grade mathematics[J]. Elementary School Journal, 94 (5): 467-482.

Miles M, Huberman A. 1994. Qualitative Data Analysis: An Expanded Source Book (2rd ed) [M]. Thousand Oaks: Sage Publication.

Milgram S. 1967. The small world problem[J]. Psychology, (2): 60-67.

Monereo C, Castelló M, Martínez-Fernández R. 2013. Prediction of success in teamwork of secondary students[J]. Revista De Psicodidactica, 18 (2): 235-255.

Nash J. 1951. Non-cooperative games[J]. Annals of Mathematics, 54 (2): 286-295.

Nash J. 1953. Two-person cooperative games[J]. Econometrica, 21 (1): 128-140.

Nonaka I. 2000. A dynamic theory of organizational knowledge creation[A]. In Knowledge, groupware and the internet: 3-42.

Noor N L M, Hashim M, Haron H, et al. 2005. Community acceptance of knowledge sharing system in the travel and tourism websites: An application of an extension of TAM[C]. ECIS: 640-651.

Ortega J L, Aguillo I F, Prieto J A. 2006. Longitudinal study of contents and elements in the scientific web environment[J]. Journal of Information Science, (4): 344-351.

Park N, Oh H S, Kang N. 2012. Factors influencing intention to upload content on Wikipedia in south Korea: The effects of social norms and individual differences[J]. Computers in Human Behavior,

28（3）：898-905.

Persico D，Pozzi F，Sarti L. 2010. Monitoring collaborative activities in CSCL：A quantitative and qualitative approach[J]. Distance Education，31（1）：5-22.

Polanyi M. 1966. The logic of tacit inference[J]. Philosophy，41（155）：1-18.

Popov V，Noroozi O，Barrett J B，et al. 2014. Perceptions and experiences of，and outcomes for，university students in culturally diversified dyads in a computer-supported collaborative learning environment[J]. Computers in Human Behavior，32：186-200.

Pöyry E，Parvinen P，Malmivaara T. 2013. Can we get from liking to buying? Behavioral differences in hedonic and utilitarian facebook usage[J]. Electronic Commerce Research and Applications，12（4）：224-235.

Price D J D S. 1965. Networks of scientific papers[J]. Science，510-515.

Qu H，Lee H. 2011. Travelers' social identification and membership behaviors in online travel community[J]. Tourism Management，32（6）：1262-1270.

Quinn C. 2009. Social Networking：Bridging Formal and Informal Learning[DB/OL]. https://www.learningsolutionsmag.com/articles/57/social-networking-bridging-formal-and-informal-learning [2018-6-26].

Reagans R，Mcevily B. 2003. Network structure and knowledge transfer：The effects of cohesion and range[J]. Administrative Science Quarterly，48（2）：240-267.

Rheingold H. 2000. The Virtual Community：Homesteading on the Electronic Frontier[M]. Boston：MIT press.

Richardson J G. 1986. Handbook of Theory and Research for the Sociology of Education[M]. New York：Greenwood Press.

Ridings C，Gefen D，Arinze B. 2006. Psychological barriers：Lurker and poster motivation and behavior in online 300 communities[J]. Communications of the Association for Information Systems，18：329-354.

Roberts T S. 2004. Online collaborative learning：Theory and practice[J]. Journal of Educational Technology & Society，7（3）：139-140.

Romm C，Pliskin N，Clarke R. 1997. Virtual communities and society：Toward an integrative three phase model[J]. International Journal of Information Management the Journal for Information Professionals，17（4）：261-270.

Schumm J S，Moody S W，Vaughn S. 2000. Grouping for reading instruction: Does one size fit all?[J]. Journal of Learning Disabilities，33（5）：477-488.

Shih S G，Hu T P，Chen C N. 2006. A game theory-based approach to the analysis of cooperative learning in design studios[J]. Design Studies，27（6）：711-722.

Siemens G. 2005. Connectivism：A learning theory for the digital age[J]. International journal of instructional technology and distance learning，2（1）：3-10.

Simonin B L. 1999. Transfer of marketing know-how in international strategic alliance an empirical investigation of the role and antecedence of knowledge ambiguity[J]. Journal of International Business Studies，30（3）：463-490.

Skyrme D. 1999. Knowledge Networking：Creating the Collaborative Enterprise[M]. New York：Routledge.

参 考 文 献

Sopka S, Biermann H, Rossaint R, et al. 2013. Resuscitation training in small-group setting—gender matters[J]. Scandinavian Journal of Trauma Resuscitation & Emergency Medicine, 21 (1): 1-10.

Stahl G, Koschmann T, Suthers D. 2006. Computer-supported Collaborative Learning: An Historical Perspective[M]//Sawyer R K. Cambridge handbook of the learning sciences. Cambridge: Cambridge University Press: 409-426.

Stefanou C E, Lord S M, Prince M J, et al. 2014. Effect of classroom gender composition on students' development of self-regulated learning competencies[J]. International Journal of Engineering Education, 30 (2): 1-10.

Stephenson S D. 1994. The use of small groups in computer-based training: A review of recent literature[J]. Computers in Human Behavior, 10 (3): 243-259.

Stevens M J, Campion M A. 1994. The knowledge, skill, and ability requirements for teamwork: Implications for human resource management[J]. Journal of Management, 20 (2): 503-530.

Stewart T A. 1997. Intellectual Capital: The New Wealth of Organizations[M]. London: Nicholas Brealey.

Suh B, Hong L, Pirolli P, et al. 2010. Want to be retweeted? Laige scale analytics on factors impacting retweet in twitter network[C]. IEEE Second International Conference on Social Computing, IEEE: 177-184.

Sun Y, Gao F. 2016. Comparing the use of a social annotation tool and a threaded discussion forum to support online discussions[J]. Internet & Higher Education, 32: 72-79.

Takeda S, Homberg F. 2014. The effects of gender on group work process and achievement: An analysis through self-and peer-assessment[J]. British Educational Research Journal, 40 (2): 373-396.

Tan H H, Tan C S F. 2000. Toward the differentiation of trust in supervisor and trust in organization[J]. Genetic, Social, and General Psychology Monographs, 126 (2): 241-260.

Tan S H. 2006. Social networks in online learning environments[D]. Lansing: Michigan State University.

Taylor E Z. 2006. The effecct of incentives on knowledge sharing in computer-mediated communication: An experimental investigation[J]. Journal of information systems, 20 (1): 103-116.

Toral S L, Martinez-Torres M R, Barrero F. 2010. Analysis of virtual communities supporting OSS projects using social network analysis[J]. Information and Software Technology, 52 (3): 296-303.

Tsui L. 2002. Fostering critical thinking through effective pedagogy[J]. Journal of Higher Education, (6): 740-763.

Underwood G, McCaffrey M, Underwood J. 1990. Gender differences in a cooperative computer-based language task[J]. Educational Research, 32 (1): 44-49.

Underwood J, Underwood G, Wood D. 2000. When does gender matter? Interactions during computer-based problem solving[J]. Learning and Instruction, 10 (5): 447-462.

UNESCO. 2002. Guidelines for Open Educational Resources (OER) in Higher Education[M]. Paris: United Nations Educational, Scientific and Cultural Organization.

van den Hooff B, de Ridder J A. 2004. Knowledge sharing in context: The influence of organizational commitment, communication climate and CMC use on knowledge sharing[J]. Journal of knowledge management, 8 (6): 117-130.

von Neumann J, Morgenstern O. 1944. Theory of Games and Economic Behavior[M]. Princeton: Princeton University Press.

Vroom V H. 1994. Work and motivation[J]. Industrial Organization Theory & Practice, 35 (2): 2-33.

Walton H J, Matthews M B. 1989. Essentials of problem-based learning[J]. Medical education, 23 (6): 542-558.

Wand A. 2008. The reason why foreign university develop open course wares[J]. Educ. Inform. Briefing, (2): 1-4.

Wang C Y, Liu T C, Lin Y C. 2009. Gender Heterogeneous Groups in Cooperative Learning Applied in "Robots in Creative Course": A Pilot Study[M]// Chang M, Kuo R, Kinshuk, et al. Learning by Playing. Game-based Education System Design and Development. Springer Berlin Heidelberg: 506-511.

Wang S, Noe R A. 2010. Knowledge sharing: A review and directions for future research[J]. Human Resource Management Review, 20 (2): 115-131.

Wang Y, Yu Q, Fesenmaier D R. 2002. Defining the virtual tourist community: Implications for tourism marketing[J]. Tourism Management, 23 (4): 407-417.

Wasserman S, Faust K. 1994. Social Network Analysis: Methods and Application[M]. Cambridge: Cambridge University Press.

Watts D J, Strongatz S H. 1998. Collective dynamics of "small-world" networks[J]. Nature, 393 (6684): 440-442.

Webb N M, Mastergeorge A M. 2003. The development of students' helping behavior and learning in peer-directed small groups[J]. Cognition & Instruction, 21 (4): 361-428.

Willoughby T, Wood E, Desjarlais M, et al. 2009. Social interaction during computer-based activities: Comparisons by number of sessions, gender, school-level, gender composition of the group, and computer-child ratio[J]. Sex Roles, 61 (11-12): 864-878.

Wu Y C, Huang S K, Kuo L, et al. 2010. Management education for sustainability: A web-based content analysis[J]. Academy of Management Learning & Education, 9 (3): 520-531.

Xie B. 2011. Older Adults, E-Health Literacy, And Collaborative Learning: An Experimental Study[J]. Journal of the American Society for Information Science and Technology, 62 (5): 933-946.

Yang H L, Lai C Y. 2011. Understanding knowledge-sharing behavior in Wikipedia[J]. Behavior and Information Technology, 30 (1): 131-142.

Yang J T. 2007. Knowledge sharing: Investigating appropriate leadership roles and collaborative culture[J]. Tourism Management, 28 (2): 530-543.

Yang S J H, Chen I Y L. 2008. A social network-based system for supporting interactive collaboration in knowledge sharing over peer-to-peer network[J]. International Journal of Human-Computer Studies, 66 (1): 36-50.

Yu J. 2013. Talk about the UGC community: Enable core users to create value[EB/OL]. http://www.geekpark.net/topics/178244[2018-05-31].

Zander U, Kogut B. 1995. Knowledge and the speed of the transfer and imitation of organizational capabilities: An empirical test[J]. Organization Science, 6（1）: 76-92.

Zhan Z H, Mei H. 2011. A comparison and reflection of open online course quality status between China and UK[C]. Singapore: International Society for Optics and Photonics, Fourth International Conference on Machine Vision（ICMV 11）.

Zhan Z, Mei H. 2013. Academic self-concept and social presence in face-to-face and online learning: Perceptions and effects on students' learning achievement and satisfaction across environments[J]. Computers & Education, 69: 131-138.

Zhan Z H, Fong P S W, Mei H, et al. 2015a. Sustainability education in massive open online courses: A content analysis approach[J]. Sustainability, （7）: 2274-2300.

Zhan Z H, Fong P S W, Mei H, et al. 2015b. Effects of gender grouping on students' group performance, individual achievements and attitudes in computer-supported collaborative learning[J]. Computers in Human Behavior, 48（C）: 587-596.

Zhang J, Yuan C, Liu W. 2009. Supervised learning based data mining technology with its application to life insurance dataset analysis[J]. International Journal of Business & Management, 2(1): 33-48.

Zhao X, Zhu F D, Qian W N, et al. 2013. Impact of Multimedia in Sina Weibo: Popularity and Life Span[A]//Li J, Qi G, Zhao D, et al. Semantic Web and Web Science. New York: Springer Proceedings in Complexity: 55-65.

Zhuge H. 2002. A knowledge flow model for peer-to-peer team knowledge sharing and management[J]. Expert systems with applications, 23（1）: 23-30.

附录 论坛数据获取的代码

1. 论坛信息数据代码

1.1 PostInfo：帖子信息结构

```
public class PostInfo{
    String tid="326670"; //帖子 id
    String subject=""; //帖子题目
    String uid=""; //发帖用户 id
    String dateString=""; //发帖时间
    String icosee=""; //查看次数, 网页中显示
    String icoReply=""; //评论次数
    public PostInfo(){…
    public PostInfo(String lineString){…
}
```

1.2 CommentInfo：评论信息结构

```
public class CommentInfo{
    String tid; //帖子 id
    String cid; //评论 id
    String uid1; //被评论用户 id
    String uid2; //评论用户 id
    String dateString; //评论时间
    int cengji=1;
    public CommentInfo(String tid, String cid, String uid1, String uid2, String dateString){…
    public CommentInfo(String line){…
}
```

1.3 ReplyCommentInfo：用于记录评论的评论, 数据预处理时与 CommentInfo 合并

```
public class ReplyCommentInfo{
    String tid; //帖子 id
    String cid; //评论 id
```

```
    String cid1;  //被评论评论id,通过该id可以找到uid2,作为被评论人
    String uid2;  //评论用户
    String dateString;  //评论时间
    int cengji=0;  //评论层级
    public ReplyCommentInfo(String tid, String cid, String cid1, String
    uid2, String dateString){…
    public ReplyCommentInfo(String line){…
}
```

1.4 UserInfo：用户信息记录

```
public class UserInfo{
    String uid;  //用户id
    String uname;  //用户名
    String mailState;  //是否邮箱认证
    String videoState;  //是否视频认证
    String numOfFriends;  //好友数
    String numOfPosts;  //日志数
    String numOfGallary;  //相册数
    String numOfComments;  //回帖数
    String numOfSubject;  //主题数
    String gender;  //性别
    String birDay;  //生日
    String group="-";  //用户组
    String TimeOnline="-";  //在线时长
    String TimeRegister="-";  //注册时间
    String TimeLastVis="-";  //最后访问时间
    String TimeLastActive="-";  //上次活跃时间
    String TimeLastPost="-";  //上次发表时间
    String TimeZone="-";  //所在时区
    String SpaceUsed="-";  //已用空间
    String jifen="-";  //积分
    String jingyan="-";  //经验
    String jinbi="-";  //金币
    public UserInfo(){…
    public UserInfo(String line){…
}
```

1.5 UserNameInfo：用户使用名称记录

```
public class UserNameInfo{
    String uid;  //用户id
```

```
String uname;  //用户名称
String tid;    //使用该名称所在的帖子
String dateTime;  //使用时间
public UserNameInfo(String uid, String uname, String tid, String dateTime){…
public boolean equals(Object obj){…
public int hashCode(){…
}
```

2.数据处理过程

2.1 ExcutePool：多线程抓取的线程池，20个线程限制

```
public class ExcutePool{
    public static ExecutorService pool = Executors.newFixedThreadPool(20);
    public static ExecutorService pool2 = Executors.newFixedThreadPool(10);
    public static Vector<String> urls=new Vector<String>();
    //线程中产生的URL
}
```

2.2 FetchHtmlBySocket：根据URL链接获取网页Reader

```
import java.io.BufferedReader; …
*Java通过Socket的形式抓取网页内容…
public class FetchHtmlBySocket{
Socket socket = null;
BufferedWriter writer = null;
BufferedReader reader = null;
public static void main(String[] args){…
public void EndConnection(){…
*抓取网页原代码
public String htmlContent(HtmlPage hp){…
public BufferedReader getBufferedReader(HtmlPage hp){…
static class HtmlPage{…
}
```

2.3 TNClawer：途牛论坛抓取的配置信息

```
import java.io.BufferedReader; …
public class TNClawer{
    HttpURLConnection conn;
    FetchHtmlBySocket fetchHtmlBySocket;
```

```
    boolean b1;
    public TNClawer(boolean b1){…
    /*public BufferedReader getBufferedReader(String urlString){…
    public BufferedReader getBufferedReader(String urlsString){…
    public void endConnection(){…
    public static void main(String[] args){…
}
```

2.4 InfoWriter：将信息写入本地文件

```
import java.io.FileWriter;…
public class InfoWriter{
    String filename;
    FileWriter fileWriter;
    int count=1;
    public InfoWriter(String filename){…
    public synchronized void Infowrite(String string){…
    public synchronized void Infowrite(PostInfo postInfo){…
    public synchronized void Infowrite(CommentInfo commentInfo){…
    public synchronized void Infowrite2(CommentInfo commentInfo){…
    public synchronized void Infowrite(ReplyCommentInfo commentInfo){…
    public synchronized void Infowrite(UserNameInfo userNameInfo){…
    public synchronized void Infowrite(UserInfo userInfo){
    public void Flush(){…
     * d1…
    public void Infowrite(HashSet<Integer>hashSet, int [][] matrix){…
    public static void main(String[] args){…
}
```

2.5 PageReader：从版块页面中读取信息

```
import java.io.BufferedReader;…
public class PageReader extends Thread{
    public InfoWriter infoWriter;
    public int pageType;
    public String urlString;
    public TNClawer tnClawer;
    public PageReader(InfoWriter infoWriter, int pageType, String urlString){…
    public void  getForumPage(){…
    public void getPostPage(){…
    public void getSpacePage(){…
```

253

```
    public void run(){…
    public static void main(String[] args){…
}
```

2.6 ForumPageClawer：管理版块中帖子 id 的多线程抓取

```
import java.io.BufferedReader; …
public class ForumPageClawer{
    String fidString="64";
    String tidsFilePath="";
    InfoWriter infoWriter;
    TNClawer tnClawer=new TNClawer(false);
    public ForumPageClawer(String fidString, String filename){…
    public void getTids(){…
    public static void main(String[] args){…
}
```

2.7 PostReader：根据帖子 id 读取该帖子下的信息

```
import java.io.BufferedReader; …
public class PostReader extends Thread{
    String tid;
    String uid;
    InfoWriter commentInfoWriter; //写评论信息
    InfoWriter useridWtriter; //写用户 id 信息
    InfoWriter usernameInfoWriter; //写用户名称信息
    InfoWriter replyCommentInfoWriter; //写回复信息
    String urlString;
    TNClawer tnClawer=new TNClawer(false);
    ArrayList<CommentInfo> commentInfos=new ArrayList<CommentInfo>();
    ArrayList<ReplyCommentInfo>replyCommentInfos=new ArrayList
    <ReplyCommentInfo>();
    HashSet <UserNameInfo>userNameInfos=new HashSet<UserNameInfo>();
    HashSet<String >uidHashSet=new HashSet<String>();
    public PostReader(String tid, String uid, InfoWriter commentInfo
    Writer, …
    public void getPostPage(){…
    public void run(){…
    public static void main(String[] args){…
}
```

2.8 PostClawer：管理多线程获取帖子 id 对应评论关系等信息

```
import java.io.BufferedReader;…
public class PostClawer extends Thread{...
   PostInfo postInfo;
   InfoWriter postInfoWriter; //写帖子信息
   InfoWriter commentInfoWriter; //写评论信息
   InfoWriter useridWtriter; //写用户 id 信息
   InfoWriter usernameInfoWriter; //写用户名称信息
   InfoWriter replyCommentInfoWriter; //写回复信息
   TNClawer tnClawer=new TNClawer(false);
   ArrayList<CommentInfo> commentInfos=new ArrayList<CommentInfo>();
   ArrayList<ReplyCommentInfo>replyCommentInfos=new ArrayList
   <ReplyCommentInfo>();
   HashSet <UserNameInfo>userNameInfos=new HashSet<UserNameInfo>();
   HashSet<String >uidHashSet=new HashSet<String>();
   public PostClawer(String tid, InfoWriter postInfoWriter, InfoWriter
   commentInfoWriter, InfoWriter useridWtriter, ..
   public void processPost(){…
public void run(){…
public static void clawer(String fid){…
   public static void main(String[] args){…
}
```

2.9 UserClawer：多线程抓取用户页面的信息

```
import java.io.BufferedReader;…
* @author benfenghua
public class UserClawer extends Thread{
   UserInfo userInfo;
   InfoWriter userInfoWriter;
   InfoWriter errorInfoWriter;
   TNClawer tnClawer=new TNClawer(false);
   public void getUserInfo(){
   //抓取失败的用户 id
   public void getUserFailed(){…
     //网页的编码有点不一样，所以要重新查看一下
   public void getUserFailed2(){…
     //网页的编码有点不一样，所以要重新查看一下
   public void getUserFailed3(){…
     //网页的编码有点不一样，所以要重新查看一下
   public static  void getUnClawed(){…
```

```
        public UserClawer(String uid, InfoWriter userInfoWriter,
InfoWriter errorInfoWriter){…
         * @param args…
        public static void main(String[] args){…
    }
```

2.10　DataProcess：数据的清洗和转换等预处理

```
import java.io.BufferedReader;…
* @author benfenghua
public class DataProcess{
    HashSet<Integer> uidsHashSet=new HashSet<Integer>();
    ArrayList<PostInfo>postInfos=new ArrayList<PostInfo>();
    String fid="64";
    SimpleDateFormat sdf= new SimpleDateFormat("yyyy-MM-ddHH:mm");
    public void getUidFromFile(String fileString){…
    public void saveUidsTOFile(String fileString){…
    public void getPostFromFile(String fileString){…
    public void savePostToFile(String fileString){…
    public static void processPost(String fidString){…
    public static void getUid(String fid){…
    HashMap<String, PostInfo> posts=new HashMap<String, PostInfo>();
    HashMap<String, CommentInfo> comments=new HashMap<String,
CommentInfo>();
    HashMap<String, UserInfo>users=new HashMap<String, UserInfo>();
    HashMap<String, ReplyCommentInfo> replys=new HashMap<String,
    public void LoadALL(){…
     * 合并reply，并且计算每个reply的层级，直到有一个所有reply的层级都大于1
    public void CombineReply2(){…
    void CheckData(){…
       //验证posts中用户是否存在
    public void SaveAll(){…
    public static void ProcessData(String fid){…
     * @param args
    public static void main(String[] args){…
    }
```

3.矩阵转换代码

MatrixGen：生成评论关系矩阵

```
import java.io.BufferedReader;…
```

```
public class MatrixGen{
    int limit=0;        //评论数阈值
    String fid="64"; //版块id
    HashMap<Integer, HashMap<Integer, Integer>> comMap=new
    HashMap<Integer, HashMap<Integer, Integer>>();
    HashSet<Integer> uSet=new HashSet<Integer>();
    int [][] matrix;
    void LoadData(){…
    void genMatrix(){…
     *  dl…
    void SaveData(){…
    public static void Gen(String fidString, int limit){…
    public static void main(String[] args){…
}
```